普通高等教育“十三五”国家级规划教材
全国高等医药教材建设研究会规划教材
辅导系列

基础化学学习与解题指南

（双语版）

（第二版）

主　编　冯　清　刘　敏
副主编　李海玲　徐　飞
编　者　（按姓氏笔画排序）

马汝海　中国医科大学
王兴坡　山东大学
王朝杰　温州医学院
冯　清　华中科技大学
刘　敏　华中科技大学
刘绍乾　中南大学
齐　伟　华中科技大学
孙雅量　华中科技大学
李　宝　华中科技大学
李海玲　华中科技大学
杨中柱　成都中医药大学
杨晓兰　重庆医科大学
张文华　华中师范大学
罗　钒　华中科技大学
周　军　华中科技大学
胡国志　华中科技大学
袁红玲　华中科技大学
钱　频　中南大学
徐　飞　南京中医药大学
高中洪　华中科技大学
唐　乾　华中科技大学

华中科技大学出版社
中国·武汉

内容简介

本书是普通高等教育“十三五”国家级规划教材的配套辅导教材。全书分为上、下篇，对应为中文部分和英文部分，内容包括稀溶液的依数性、电解质溶液、沉淀溶解平衡、缓冲溶液、胶体、化学热力学基础、化学平衡、化学反应速率、氧化还原反应与电极电位、原子结构和元素周期律、共价键与分子间作用力、配位化合物、滴定分析、可见分光光度法和紫外分光光度法等各章节的学习目的及要点回顾，每章节都配有相关例题、研讨式教学思考题及自测题，有助于学生掌握每章节的重难点，并加以巩固，提高学生学习的积极性。

本书可供医学（临床医学、预防医学、医学影像、法医、医学检验、中西医结合、儿科、口腔、护理、药学、生药）、生命科学和工程化学等相关专业本科生学习使用，也可以供化学相关专业研究生考试复习使用。

图书在版编目(CIP)数据

基础化学学习与解题指南：双语版：汉英对照/冯清，刘敏主编. —2版. —武汉：华中科技大学出版社，2018.8（2024.8重印）
ISBN 978-7-5680-4412-7

Ⅰ.①基… Ⅱ.①冯… ②刘… Ⅲ.①化学-双语教学-高等学校-教学参考资料-汉、英 Ⅳ.①O6

中国版本图书馆CIP数据核字(2018)第204301号

基础化学学习与解题指南(双语版)(第二版) 冯 清 刘 敏 主编
Jichu Huaxue Xuexi yu Jieti Zhinan (Shuangyuban)(Di-erBan)

策划编辑：荣 静
责任编辑：李 佩
封面设计：原色设计
责任校对：李 琴
责任监印：周治超
出版发行：华中科技大学出版社（中国·武汉） 电话：(027)81321913
武汉市东湖新技术开发区华工科技园 邮编：430223
录 排：华中科技大学惠友文印中心
印 刷：武汉市籍缘印刷厂
开 本：787mm×1092mm 1/16
印 张：16.75
字 数：353千字
版 次：2024年8月第2版第4次印刷
定 价：39.80元

前　言

为进一步推进医学基础化学理论教学的改革和发展，更好地与国际接轨，以适应国际交流的需要，本书根据教育部有关医药院校和生命科学相关专业基础化学、无机化学和分析化学的教学规划，结合编者多年基础化学教学改革、双语教学和全英语教学实践，借鉴和吸收国内外相应教材的优点编写而成。该教材旨在通过两大板块和四个层次，建立有利于PBL的教学模式，使学生的自主学习、创新思维、科学素养等综合素质得到全面培养，并使其树立不断学习、终生学习的观念，掌握科学的思维方法。本书具有下列特点：

(1) 本书主要内容分为两大板块：中文板块和英文板块。各板块自成体系，通过灵活取舍分别供中文教学、全英文教学和双语教学使用。

(2) 各板块的安排以能力与素质一体化培养为目标，其中中文板块包括：学习目的要求、本章要点回顾、典型例题、研讨式教学思考题、自测题及自测题参考答案(二维码)。英文板块包括：Performance Goals、Overview of the Chapter、Examples、Self-help Test、Answers for Self-help Test(二维码)。各章学习目的要求和要点回顾根据大纲要求，简明扼要地阐明本章基本内容、要点、重点、难点及易混淆之处，内容清晰实用，力求使读者一目了然，起到提纲挈领的作用。

(3) 典型例题特别注重解题思路，指导学生学习解题方法和技巧，培养学生科学思维方法，启发学生的创新思维。

(4) 研讨式教学思考题为PBL教学模式，翻转课堂、微课移动学习平台或慕课的自主学习起到引导作用。

(5) 自测题分别为选择题、填空题、判断题、简答题和计算题等类型。所选习题注重和医学及生物学结合，具有典型性、代表性、趣味性、实用性、启发性和科学性，力求帮助读者在真正掌握《基础化学》理论内容的同时，引导学生进行创新性学习，在科学思维方式上有所突破。

(6) 自测题参考答案通过二维码扫一扫给出，既节约版面，又与时俱进地体现了现代教材编写的时代运用。

本书在整个筹划编写过程中得到华中科技大学化学与化工学院全体同仁的大力支持和帮助。在此一并表示衷心的感谢。

尽管在本书的编写过程中，我们力求做到选材恰当，翻译准确，但由于编者学识水平有限，教材中欠妥甚至错误之处，恳请同行专家及读者批评指正。

编　者

目　　录

上篇　中文部分

下篇　英文部分

上篇　中文部分

第一章　稀溶液的依数性

学习目的要求

1. 掌握物质的量、物质的量浓度、摩尔分数和质量摩尔浓度的定义、表示方法及计算；

2. 熟悉稀溶液的蒸气压下降、沸点升高、凝固点降低的概念、计算及几种依数性之间的换算，会利用稀溶液的依数性计算溶质的相对分子质量；

3. 掌握溶液渗透压的概念、渗透现象发生的条件和方向、van't Hoff 方程式；熟悉渗透压在医学上的意义，明确电解质溶液的依数性、渗透浓度、等渗、高渗和低渗等概念。

本章要点回顾

1. 常用浓度的定义、表示方法及相互转换

<table>
<tr><th>浓　度</th><th>定　义</th><th>表达式</th><th>常用单位</th><th>备　注</th></tr>
<tr><td>质量分数
(w_B)</td><td>溶质 B 的质量除以
溶液的质量 m</td><td>$w_B=m_B/m$</td><td>无</td><td rowspan="5">1. $n_B=m_B/M_B$
（摩尔质量 $g\cdot mol^{-1}$）
2. $c_B=\frac{w_B\times1000\times d}{M_B}$
$=\frac{\rho_B}{M_B}=\frac{1000db_B}{1000+b_BM_B}$
d 为溶液的密度 $g\cdot mL^{-1}$</td></tr>
<tr><td>质量浓度
(ρ_B)</td><td>溶质 B 的质量除以
溶液的体积 V</td><td>$\rho_B=m_B/V$</td><td>$g\cdot L^{-1}$</td></tr>
<tr><td>物质的量浓度
(c_B)</td><td>溶质 B 的物质的量 n_B
除以溶液的体积 V</td><td>$c_B=n_B/V$</td><td>$mol\cdot L^{-1}$
$mmol\cdot L^{-1}$</td></tr>
<tr><td>质量摩尔浓度
(b_B)</td><td>溶质 B 的物质的量
除以溶剂 A 的质量</td><td>$b_B=n_B/m_A$</td><td>$mol\cdot kg^{-1}$</td></tr>
<tr><td>摩尔分数
(x_B)</td><td>溶质 B 的物质的量与溶液
总的物质的量 n 之比</td><td>$x_B=n_B/n$</td><td>无</td></tr>
</table>

2. 稀溶液的依数性

性　质	定　义	关系式
蒸气压下降	$\Delta p=p^0-p$	$\Delta p=p^0x_B=Kb_B$；$p=p^0x_A$
沸点升高	$\Delta T_b=T_b-T_b^0$	$\Delta T_b=K_bb$
凝固点降低	$\Delta T_f=T_f^0-T_f$	$\Delta T_f=K_fb$
渗透压		$\Pi=cRT\approx bRT$

续表

性　质	定　义	关 系 式
备注	1. 稀溶液的 4 个依数性可以互相联系起来,互相换算: $b_B(ib_B)=\frac{\Delta p}{K}=\frac{\Delta T_b}{K_b}=\frac{\Delta T_f}{K_f}\approx\frac{\Pi}{RT}$ 2. 等渗范围:临床上规定渗透浓度在 280 ～ 320 $mmol\cdot L^{-1}$为等渗溶液	

典型例题

例 1　市售浓硫酸密度为 1.84 $g\cdot mL^{-1}$,H_2SO_4的质量分数为 96%,计算物质的量浓度 $c(H_2SO_4)$和 $c\left(\frac{1}{2}H_2SO_4\right)$,单位用 $mol\cdot L^{-1}$。

解　H_2SO_4的摩尔质量为 98 $g\cdot mol^{-1}$,$\frac{1}{2}H_2SO_4$的摩尔质量为 49 $g\cdot mol^{-1}$。H_2SO_4的质量分数为 96%意味着 100 g 溶液中含溶质 96 g。即

$$c(H_2SO_4)=\frac{n_B}{V(L)}=\frac{96\ g/98\ g\cdot mol^{-1}}{(100\ g/1.84\ g\cdot mL^{-1})\times(1000\ mL/1\ L)}=18\ mol\cdot L^{-1}$$

$$c\left(\frac{1}{2}H_2SO_4\right)=\frac{n_B}{V(L)}=\frac{96\ g/49\ g\cdot mol^{-1}}{(100\ g/1.84\ g\cdot mL^{-1})\times(1000\ mL/1\ L)}=36\ mol\cdot L^{-1}$$

例 2　一种体液的凝固点是－0.50 ℃,求其沸点、溶液在 0 ℃时的渗透压和在 20 ℃时的蒸气压。(已知水的 $K_f=1.86\ K\cdot kg\cdot mol^{-1}$,$K_b=0.512\ K\cdot kg\cdot mol^{-1}$,20 ℃时水的蒸气压为 2.34 kPa)。

解　稀溶液的四个依数性是通过溶液的质量摩尔浓度相互关联的,即

$$b_B=\frac{\Delta p}{K}=\frac{\Delta T_b}{K_b}=\frac{\Delta T_f}{K_f}\approx\frac{\Pi}{RT}$$

因此,只要知道四个依数性中的任一个,即可通过 b_B计算其他的三个依数性。

由

$$\Delta T_f=K_f b_B$$

$$b_B=\frac{\Delta T_f}{k_f}=\frac{0.500\ K}{1.86\ K\cdot kg\cdot mol^{-1}}=0.269\ mol\cdot kg^{-1}$$

$$\Delta T_b=K_b b_B=0.512\ K\cdot kg\cdot mol^{-1}\times 0.269\ mol\cdot kg^{-1}=0.138\ K$$

故其沸点为:100 ℃+0.138 ℃=100.138 ℃

0 ℃时溶液的渗透压为:

$$\begin{aligned}\Pi&=cRT\approx b_BRT=0.269\ mol\cdot L^{-1}\times 8.314\ J\cdot K^{-1}\cdot mol^{-1}\times 273\ K\\&=0.269\ mol\cdot L^{-1}\times 8.314\ kPa\cdot L\cdot K^{-1}\cdot mol^{-1}\times 273\ K\\&=611\ kPa\end{aligned}$$

溶液的质量摩尔浓度为 0.269 $mol\cdot kg^{-1}$意味着 1000 g 水中含 0.269 mol 溶质。则水的摩尔分数为:

$$x_A = \frac{n_A}{n_A + n_B} = \frac{\frac{1000\ \text{g}}{18.02\ \text{g}\cdot\text{mol}^{-1}}}{\frac{1000\ \text{g}}{18.02\ \text{g}\cdot\text{mol}^{-1}} + 0.269\ \text{mol}} = \frac{55.49\ \text{mol}}{(55.49 + 0.269)\ \text{mol}}$$

$$= 0.995$$

20 ℃时溶液的蒸气压为：$p = p^0 x_A = 2.34\ \text{kPa} \times 0.995 = 2.32\ \text{kPa}$。

例 3　某电解质 HA 溶液，其质量摩尔浓度 $b(\text{HA})$为 0.1 mol·kg^{-1}，测得此溶液的 ΔT_f为 0.19 ℃，求该物质的解离度。

解　设该物质的解离度为 α，HA 在水溶液中达到解离平衡时，则有：

$$\text{HA} \rightleftharpoons \text{H}^+ + \text{A}^-$$

平衡时　$0.1 - 0.1\alpha$　　0.1α　　0.1α

HA 达到解离平衡后，溶液中所含未解离部分和已解离成离子部分的总浓度为：

$$[\text{HA}] + [\text{H}^+] + [\text{A}^-] = (0.1 - 0.1\alpha) + 0.1\alpha + 0.1\alpha$$
$$= 0.1(1 + \alpha)$$

根据　$\Delta T_f = K_f b$ 得：$0.19 = 1.86 \times 0.1(1 + \alpha)$

$$\alpha = 0.022 = 2.2\%$$

因此，HA 的解离度为 2.2%。

研讨式教学思考题

1. 试述物质的量浓度、质量摩尔浓度、质量浓度的区别和相互转化。
2. 什么是稀溶液的依数性？具体包括哪些？它们之间有什么联系？
3. 什么是 Raoult 定律？稀溶液的蒸气压通常是指溶剂在该温度下的蒸气压，为什么？
4. 为什么稀溶液的沸点与凝固点是指溶液开始沸腾与溶剂开始结晶析出时的温度？为什么溶液的沸点升高？为什么溶液的凝固点降低？
5. 利用稀溶液的依数性来测定溶质的相对分子质量有几种方法，各有何特点？
6. 温度一定，浓度均为 0.1 mol·L^{-1}时，下列物质中哪种物质的渗透压最小，为什么？

CH_3I、HIO_3、KI、CaI_2

7. 什么是渗透现象？渗透现象发生的原因和条件是什么？渗透方向是什么？
8. 在临床补液时为什么一般要输入等渗溶液？

自测题

一、选择题

1. 阻止稀溶液向浓溶液渗透而在浓溶液液面上所施加的压力是(　　)。

A. 浓溶液的渗透压　　　　B. 稀溶液的渗透压

C. 纯溶剂的渗透压　　D. 两溶液的渗透压之差

2. 相同物质的量浓度的蔗糖溶液与氯化钠水溶液,其蒸气压(　　)。

A. 前者大于后者　　B. 两者相同

C. 后者大于前者　　D. 无法判定相对大小

3. 下列同浓度的稀溶液中,渗透压最高,冰点最低的是(　　)。

A. $AlCl_3$　　B. KCl　　C. $CaCl_2$　　D. $C_6H_{12}O_6$

4. 同浓度的下列稀溶液凝固点高低的顺序为(　　)。

A. $NaCl > CaCl_2 > C_6H_{12}O_6$　　B. $C_6H_{12}O_6 > NaCl > CaCl_2$

C. $CaCl_2 > NaCl > C_6H_{12}O_6$　　D. $C_6H_{12}O_6 > CaCl_2 > NaCl$

5. 会使红细胞发生溶血现象的溶液是(　　)。

A. 9 $g \cdot L^{-1}$ NaCl 溶液　　B. 50 $g \cdot L^{-1}$ 葡萄糖溶液

C. 生理盐水和等体积的水的混合液　D. 100 $g \cdot L^{-1}$ 葡萄糖溶液

6. 500 mL 生理盐水中,Na^+ 的渗透浓度为(　　)。

A. 77 $mmol \cdot L^{-1}$　　B. 190 $mmol \cdot L^{-1}$

C. 154 $mmol \cdot L^{-1}$　　D. 391 $mmol \cdot L^{-1}$

7. 在稀溶液凝固点降低公式 $\Delta T_f = K_f b$ 中,b 表示的是溶液的(　　)。

A. 摩尔分数　　B. 质量摩尔浓度

C. 物质的量浓度　　D. 质量分数

8. 将 4.50 g 某非电解质溶于 125 g 水中,其 $T_f = -0.372$ ℃,则溶质相对分子质量为(　　)。

A. 135　　B. 172.4　　C. 180　　D. 90

9. 某温度下,V(mL)NaCl 饱和溶液的质量为 W(g),其中含 NaCl a(g),则此溶液的物质的量浓度和质量摩尔浓度分别为(　　)。

A. $\dfrac{a}{VM_r(NaCl)}$;$\dfrac{a}{(W-a)M_r(NaCl)}$

B. $\dfrac{a \times 10^{-3}}{VM_r(NaCl)}$;$\dfrac{a \times 10^{-3}}{(W-a)M_r(NaCl)}$

C. $\dfrac{1000a}{VM_r(NaCl)}$;$\dfrac{1000a}{(W-a)M_r(NaCl)}$

D. $\dfrac{1000a}{VM_r(NaCl)}$;$\dfrac{1000a}{WM_r(NaCl)}$

10. 萘($M = 128\ g \cdot mol^{-1}$)的苯($M = 78\ g \cdot mol^{-1}$)溶液中,萘的摩尔分数为 0.100,该溶液的质量摩尔浓度 $b(mol \cdot kg^{-1})$ 为(　　)。

A. 6.12　　B. 1.20　　C. 1.42　　D. 2.80

11. 与血浆相比较,下列溶液中属于等渗溶液的是(　　)。

A. 5 $g \cdot L^{-1}$ 葡萄糖溶液

B. 90 $g \cdot L^{-1}$ NaCl 溶液

C. 0.9 $g \cdot L^{-1}$ NaCl 溶液

D. 50 $g \cdot L^{-1}$葡萄糖与生理盐水任意体积混合的混合液

12. 稀溶液依数性核心的性质是(　　)。

A. ΔT_b　B. ΔT_f　C. Π　D. Δp

13. 在无土栽培中需用 0.5 $mol \cdot L^{-1}$ NH_4Cl、0.16 $mol \cdot L^{-1}$ KCl、0.24 $mol \cdot L^{-1}$ K_2SO_4的培养液，若用 KCl、NH_4Cl 和$(NH_4)_2SO_4$三种物质来配制 1.00 L 上述营养液，所需三种盐的物质的量分别是(　　)。

A. 0.4 mol、0.5 mol、0.12 mol　B. 0.66 mol、0.5 mol、0.24 mol

C. 0.64 mol、0.5 mol、0.24 mol　D. 0.64 mol、0.02 mol、0.24 mol

14. 将红细胞置于含 0.1 $mol \cdot L^{-1}$ HAc-0.1 $mol \cdot L^{-1}$ NaAc 溶液中，红细胞将(　　)。

A. 胀大　B. 萎缩　C. 不变　D. 先萎缩后胀大

15. 与非电解质稀溶液依数性有关的因素是(　　)。

A. 溶液的体积　B. 溶质的本性

C. 溶液的密度　D. 单位体积溶液中溶质的质点数

16. 用理想半透膜将 0.02 $mol \cdot L^{-1}$蔗糖溶液和 0.02 $mol \cdot L^{-1}$ NaCl 溶液隔开时，将会发生的现象是(　　)。

A. 蔗糖分子从蔗糖溶液向 NaCl 溶液渗透

B. Na^+从 NaCl 溶液向蔗糖溶液渗透

C. 水分子从 NaCl 溶液向蔗糖溶液渗透

D. 水分子从蔗糖溶液向 NaCl 溶液渗透

17. 0.1 $mol \cdot kg^{-1}$下列水溶液中凝固点最低的是(　　)。

A. NaCl 溶液　B. $C_{12}H_{22}O_{11}$溶液

C. HAc 溶液　D. H_2SO_4溶液

18. 于 100 mL 0.1 $mol \cdot L^{-1}$ HCN 溶液中加入 0.4 g 的 NaOH(M=40 $g \cdot mol^{-1}$)固体形成的 A 溶液(设体积不变)和 100 mL 0.1 $mol \cdot L^{-1}$ KCl 的 B 溶液，两者用半透膜隔开(T 相同)，则溶剂水的渗透方向为(　　)。

A. 从 A 向 B 渗透

B. 从 B 向 A 渗透

C. 处于渗透平衡，向两边渗透溶剂分子数相等

D. 无法判断

19. 2.5 g 某聚合物溶于 100 mL H_2O 中，20 ℃时的渗透压为 1250 Pa，则该聚合物的摩尔质量($g \cdot mol^{-1}$) (R=8.314 $J \cdot mol^{-1} \cdot K^{-1}$)为(　　)。

A. 4.87×10^3　B. 4.87×10^5　C. 4.87×10^4　D. 4.87

20. 等温条件下，各取 10 g 下列物质分别溶解于 100 g 苯中，配成三种溶液，其中凝固点最低的溶液是(　　)。

A. CH_2Cl_2　　B. $CHCl_3$　　C. CCl_4　　D. 无法判断

21. 现有 400 mL 质量浓度为 11.2 $g \cdot L^{-1}$ 的 $C_3H_5O_3Na$(M=112 $g \cdot mol^{-1}$)溶液,其渗透浓度是(　　)。

A. 40 $mmol \cdot L^{-1}$　　B. 50 $mmol \cdot L^{-1}$

C. 80 $mmol \cdot L^{-1}$　　D. 200 $mmol \cdot L^{-1}$

22. 同温度下,均为 0.1 $mol \cdot L^{-1}$ 的水溶液,其渗透浓度由大到小的顺序是(　　)。

A. $[Pt(H_2O)_2Br_2]$>NaCl>甘油>$MgCl_2$

B. $[Pt(H_2O)_2Br_2]$>$MgCl_2$>NaCl>甘油

C. $MgCl_2$>NaCl>甘油=$[Pt(H_2O)_2Br_2]$

D. NaCl>$MgCl_2$>甘油=$[Pt(H_2O)_2Br_2]$

23. 在室温下将蛙肌细胞放入 0.2 $mmol \cdot L^{-1}$ NaCl 水溶液中,观察到蛙肌细胞皱缩,因此可得结论(　　)。

A. 蛙肌细胞内液的渗透浓度大于 NaCl 的渗透浓度

B. 蛙肌细胞内液的渗透浓度小于 NaCl 的渗透浓度

C. NaCl 水溶液的浓度大于蛙肌细胞内液的浓度

D. 氯化钠水溶液渗透压小

24. 某 AB 的水溶液按非电解质计算得 T_f 为 273.11 K,实际测得 T_f=273.10 K,已知:纯溶剂 T_f^0=273.16 K,则 AB 的 α 为(　　)。

A. 20%　　B. 10%　　C. 17%　　D. 83%

25. 已知环乙烷、醋酸、萘、樟脑的 K_f 分别为 6.5、16.6、80.2、173 $K \cdot kg \cdot mol^{-1}$。欲测定一未知物的相对分子质量,最适合的溶剂是(　　)。

A. 萘　　B. 樟脑　　C. 环乙烷　　D. 醋酸

二、判断题

(　　)1. 临床上以任意体积混合所得混合液都是等渗溶液。

(　　)2. 渗透压高的溶液,其物质的量浓度一定大。

(　　)3. 300 $mmol \cdot L^{-1}$ 葡萄糖溶液与 300 $mmol \cdot L^{-1}$ $CaCl_2$ 溶液渗透压相等。

(　　)4. $c\left(\frac{1}{2}H_2SO_4\right)$=1 $mol \cdot L^{-1}$,$c(H_2SO_4)$=0.5 $mol \cdot L^{-1}$,两溶液中 H^+ 浓度相等。

(　　)5. 欲精确测定大分子蛋白质的相对分子质量,最合适的方法是采用渗透压法。

(　　)6. 在温度一定条件下,0.5 $mol \cdot L^{-1}$ 葡萄糖溶液(1)与 0.3 $mol \cdot L^{-1}$ NaCl 溶液(2),其 $\Pi_1<\Pi_2$,$T_{b1}<T_{b2}$。

(　　)7. 欲配制 500 mL,渗透浓度为 300 $mmol \cdot L^{-1}$ 的 $CaCl_2$ 溶液(M=111

$g \cdot mol^{-1}$)，应取 $CaCl_2$ 固体 5.55 g。

(　　)8. 质量浓度与质量摩尔浓度是一个概念。

(　　)9. 渗透压等于使溶剂不从稀溶液向浓溶液扩散，必须加在浓溶液液面上的压力。

(　　)10. 若两溶液的渗透压相等，则物质的渗透浓度也相等。

三、填空题

1. ________称为渗透现象，渗透现象产生的必备条件是________和________。

2. 将红细胞放入 5 $g \cdot L^{-1}$ NaCl(M=58.5 $g \cdot mol^{-1}$)溶液中，红细胞会发生________现象，0.2 $mol \cdot L^{-1}$ NaCl 溶液比 0.2 $mol \cdot L^{-1}$ 葡萄糖溶液的渗透压________，临床上规定渗透浓度为________的溶液为等渗溶液。

3. 生理盐水的质量浓度为________，物质的量浓度为________，渗透浓度为________。

4. 相同浓度的 NaCl 和 $CaCl_2$ 溶液，凝固点较低的是________，若将两溶液用半透膜隔开，水将由________向________。________是高渗溶液。若要阻止渗透进行，则必须在________液面施加压力，其压力称为________。

5. 据报道 $2NaF_2PtF_4$ 于 25 ℃时在水中的溶解度为每 100 mL 水溶解 17.75 g，若 $2NaF_2PtF_4$ 的几何构型为八面体，则其分子式为________，名称为________，用其制成的饱和溶液的渗透浓度为________（Na 的相对原子质量为 23，F 的相对原子质量为 19，Pt 的相对原子质量为 195）。

四、简答题

1. 给出物质的量浓度、质量摩尔浓度和摩尔分数的相互换算方法。

2. 比较下列各物质同浓度下渗透压的大小(由大→小)：

$$C_6H_{12}O_6、NaCl、HAc、AlCl_3、[Ag(NH_3)_2]Cl$$

3. 何为 Raoult 定律？在水中加入少量葡萄糖后，凝固点将如何变化？为什么？

4. 在淡水中游泳，眼睛会红肿，并感到疼痛，为什么？

5. 在临床补液时为什么一般要输等渗溶液？

五、计算题

1. 欲将 42 $g \cdot L^{-1}$ 的 $NaHCO_3$(M=84 $g \cdot mol^{-1}$)溶液与 5.85 $g \cdot L^{-1}$ NaCl(M=58.5 $g \cdot mol^{-1}$)溶液混合，配制 500 mL 等渗溶液(0.30 $mol \cdot L^{-1}$)，应如何配制？

2. 25 ℃时将 2 g 某化合物(非电解质)完全溶于 1 kg 水中的渗透压与该温度下将 0.8 g $C_6H_{12}O_6$ 与 1.2 g $C_{12}H_{22}O_{11}$ 置于 1 kg 水中的渗透压相等。求：

(1) 此化合物的相对分子质量。

(2) 若使之与血浆等渗(300 $mmol \cdot L^{-1}$)需加 $MgCl_2$(M=95 $g \cdot mol^{-1}$)和 NaBr(M=103 $g \cdot mol^{-1}$)各多少克？(使 Mg^{2+} 与 Na^+ 等渗量)

3. 100 mL 溶液中 $C_6H_{12}O_6$ 18 g，NaCl 2.34 g，问：

(1) 此溶液与血浆比是高渗还是低渗溶液？

(2) 若使之与血浆等渗(300 $mmol \cdot L^{-1}$)，应如何操作？

4. 临床上用来治疗碱中毒的针剂 NH_4Cl (M_r=53.48)，其规格为 20.00 mL 一支，每支含 0.1600 g NH_4Cl，计算该针剂的物质的量浓度及该溶液的渗透浓度，在此溶液中红细胞的行为如何？

5. 溶解 0.1130 g 磷于 19.0400 g 苯中，苯的凝固点降低 0.245 ℃，求此溶液中的磷分子是由几个磷原子构成的。(苯的 K_f=5.10 $K \cdot kg \cdot mol^{-1}$，磷的相对原子质量为 30.97)

扫码看答案

第二章　电解质溶液

学习目的要求

1. 掌握质子酸碱理论，酸碱的定义、共轭酸碱对的概念；学会正确判断物质的酸碱性和书写相应的共轭酸或共轭碱；掌握共轭酸碱对 K_a 和 K_b 的关系；

2. 掌握一元弱酸（碱）水溶液、多元酸（碱）水溶液和两性物质溶液 pH 及有关物质浓度计算；熟悉同离子效应及其有关计算。

本章要点回顾

1. 酸碱质子理论

凡能给出质子的物质是酸；凡能接受质子的物质是碱。既能给出质子、又能接受质子的物质称为两性物质。酸（如 HB）给出一个质子生成其共轭碱（B^-，共轭碱的写法是比原来的酸少一个 H，多一个负电荷）；反之亦然。把仅仅相差一个 H^+ 的共轭酸碱称为共轭酸碱对（$HB\text{-}B^-$）。酸碱反应实质是两对共轭酸碱对之间的质子传递反应。

2. 一元弱酸（碱）水溶液、多元酸（碱）水溶液和两性物质溶液 pH

在水溶液中（$K_w=[H_3O^+][OH^-]$ 或 $pH+pOH=14$），共轭酸碱对（$HB\text{-}B^-$）之间存在：$K_a(HB)K_b(B^-)=K_w$。由此可知：酸的酸性越强其共轭碱的碱性越弱。

一元弱酸 HB 在水中的解离平衡为 $HB(aq)+H_2O(l) \rightleftharpoons B^-(aq)+H_3O^+(aq)$，对应平衡常数为酸常数 $K_a=\dfrac{[H_3O^+][B^-]}{[HB]}$（$K_a$ 值愈大，酸性愈强），解离度定义为 $\alpha=\dfrac{[H_3O^+]}{c_a}$。一元弱酸溶液当 $K_a c_a \geqslant 20K_w$，且 $c_a/K_a \geqslant 500$ 时，即可采用最简式计算 $[H_3O^+]=\sqrt{K_a c_a}$。

一元弱碱 B^- 在水中的解离平衡为 $B^-(aq)+H_2O(l) \rightleftharpoons HB(aq)+OH^-(aq)$，对应平衡常数为碱常数 $K_b=\dfrac{[OH^-][HB]}{[B^-]}$（$K_b$ 值愈大，碱性愈强），解离度定义为 $\alpha=\dfrac{[OH^-]}{c_b}$。一元弱碱溶液当 $K_b c_b \geqslant 20K_w$，且 $c_b/K_b \geqslant 500$ 时，即可采用最简式计算 $[OH^-]=\sqrt{K_b c_b}$。

对于离子型弱酸（如 NH_4Cl 等）或离子型弱碱（如 NaAc）溶液的 pH 计算方法与弱酸弱碱的计算相同。

在弱酸或弱碱的水溶液中，加入与弱酸或弱碱含有相同离子的易溶性强电解质，使弱酸或弱碱的解离度降低的现象称为同离子效应。

多元弱酸(或多元弱碱)在水中是分步解离的。大多数的多元酸的 $K_{a1} \gg K_{a2} \gg K_{a3}$,第一级解离是主要的,其他级解离生成的 H_3O^+ 极少,可忽略不计。当多元弱酸的 $K_{a1}c_a \geqslant 20K_w$, $K_{a1}/K_{a2} > 10^2$,且 $c_a/K_{a1} \geqslant 500$ 时,可按一元弱酸的处理方式,即用 $[H_3O^+] = \sqrt{K_{a1}c_a}$ 计算。多元弱酸第二步质子传递平衡所得共轭碱的浓度近似等于 K_{a2}。多元弱碱在溶液中的分步解离与多元弱酸相似,根据类似的条件,可按一元弱碱溶液计算其 $[OH^-] = \sqrt{K_{b1}c_b}$。

两性物质当 $cK_a > 20K_w$, $c > 20K'_a$ 时,$[H_3O^+] = \sqrt{K_aK'_a}$ 或 $pH = \frac{1}{2}(pK_a + pK'_a)$。其中 K_a 为两性物质作为酸时的酸常数;K'_a 为两性物质作为碱时所对应的共轭酸的酸常数。

典型例题

例 已知某二元弱酸 H_2A 的解离常数为 $K_{a1} = 1.0 \times 10^{-4}$, $K_{a2} = 1.0 \times 10^{-7}$,试计算下列溶液的 pH 及渗透压(温度为 298 K):

(1) $c(Na_2A) = 0.1\ mol \cdot L^{-1}$ 的 Na_2A 溶液;

(2) $c(NaHA) = 0.05\ mol \cdot L^{-1}$ 的 NaHA 溶液。

解 (1) Na_2A 为二元碱:

$$K_{b1} = \frac{K_w}{K_{a2}} = \frac{1.0 \times 10^{-14}}{1.0 \times 10^{-7}} = 10^{-7}; \quad K_{b2} = \frac{K_w}{K_{a1}} = \frac{1.0 \times 10^{-14}}{1.0 \times 10^{-4}} = 10^{-10}$$

根据多元碱 pH 计算规则,当 $K_{b1}/K_{b2} > 10^2$, $c/K_{b1} > 500$ 可作为一元碱处理,则

$$[OH^-] = \sqrt{K_bc_b} = \sqrt{(1.0 \times 10^{-7}) \times 0.1} = 1.0 \times 10^{-4}$$

$$pOH = 4 \quad pH = 14 - 4 = 10$$

$$\Pi = icRT = 3 \times 0.1 \times 8.314 \times 298\ kPa = 743.2\ kPa$$

(2) NaHA 为两性物质,则

$$pH = \frac{1}{2}(pK_{a1} + pK_{a2}) = \frac{1}{2} \times (4 + 7) = 5.5$$

$$\Pi = icRT = 2 \times 0.05 \times 8.314 \times 298 = 247.8\ kPa$$

研讨式教学思考题

1. 说明下列概念的区别和联系。

(1) 质子碱、质子酸及共轭酸碱对;(2) Lewis 碱和 Lewis 酸;

(3) pH 和 pOH;(4)拉平效应和区分效应;

(5) 解离度、解离常数和稀释定律;(6)同离子效应和盐效应

2. 请写出下列物质与水之间的质子传递反应方程式和配合常数表达式。

(1) 排列它们共轭酸的强弱顺序:NH_3、CH_3COO^-、H_3O^+、OH^-

(2) 排列它们共轭碱的强弱顺序:HS^-、H_2O、H_3O^+、$[Zn(H_2O)_6]^{2+}$

3. 根据酸碱质子理论，下列物质哪些是酸？哪些是碱？哪些是两性物质？写出其共轭酸碱。

$[Fe(H_2O)_6]^{3+}$、$[Cr(H_2O)_5(OH)]^{2+}$、CO_3^{2-}、HPO_4^{2-}、NH_4^+、NH_3、Ac^-、OH^-、H_2O、S^{2-}、H_2S、HS^-。

4. 计算下列水溶液的 pH：

(1) 0.1 mol·L^{-1} NH_4Cl；

(2) 1.00 mol·L^{-1}甲胺(CH_3NH_2)，$K_b=4.38\times10^{-4}$；

(3) 0.3 mol·L^{-1} NaF；

(4) 5.0 mol·L^{-1} NaH_2PO_4

5. 在剧烈运动时，肌肉组织中会积累一些乳酸($CH_3CHOHCOOH$)，使人产生疼痛或疲劳的感觉。在 0.100 mol·L^{-1}乳酸水溶液中，其电离度为 3.7%，求乳酸的酸常数。

6. 两种溶液混合如何求 pH？请总结出求 pH 的步骤和规律？书写出一元弱酸或碱、多元弱酸或碱、两性物质求 pH 的公式及条件。

自测题

一、选择题

1. HSO_3^- 的共轭酸为(　　)。

A. $H_2SO_3{}^+$　　B. H_2SO_3　　C. SO_3^{2-}　　D. H_2SO_4

2. 已知某弱碱的 $K_b=10^{-6}$，则其共轭酸的 K_a为(　　)。

A. 10^{-10}　　B. 10^{-8}　　C. 10^{-6}　　D. 10^{-7}

3. 室温下 0.10 mol·L^{-1} HB 的 pH 为 3.0，则 0.10 mol·L^{-1} NaB 溶液的 pH 为(　　)。

A. 12.0　　B. 10.0　　C. 9.0　　D. 8.0

4. 下列说法不符合酸碱质子理论的是(　　)。

A. 酸碱反应的实质是两对共轭酸碱对之间的质子转移反应

B. 酸的酸性愈强，其共轭碱的碱性愈强

C. 在水溶液中 NH_4^+ 属于一元弱酸

D. $[Fe(H_2O)_5(OH)]^{2+}$的共轭酸是$[Fe(H_2O)_6]^{3+}$

5. 同温同浓度的 HCl、HAc、$NH_3 \cdot H_2O$ 水溶液(　　)。

A. pH 相等　　B. HAc 的 pH 最小

C. $[H^+]$和$[OH^-]$的乘积相等　　D. $NH_3 \cdot H_2O$ 的 pH 最小

6. 将浓度皆为 2 c mol·L^{-1}的 HCl 和 $NH_3 \cdot H_2O$ 稀溶液等体积混合，其混合溶液的 H^+ 浓度为(　　)。

A. $[H^+]=(cK_b)^{1/2}$　　B. $[H^+]=(cK_w/K_b)^{1/2}$

C. $[H^+]=K_w/(cK_b)^{1/2}$　　D. $[H^+]=K_w/(cK_w/K_b)^{1/2}$

7. 0.1 $mol \cdot L^{-1}$ HA 溶液中有 1% 的 HA 离解，则 HA 的离解常数 K_a 是(　　)。

A. 1.0×10^{-5}　　B. 1.0×10^{-3}　　C. 1.0×10^{-8}　　D. 1.0×10^{-9}

8. 将同浓度的 HAc 与 NaOH 溶液等体积混合，溶液显(　　)。

A. 酸性　　B. 碱性　　C. 中性　　D. 两性

9. 某一元弱酸 60 mL 0.10 $mol \cdot L^{-1}$，与同浓度的 NaOH 溶液 30 mL 混合，测得其 pH=5.0，则该弱酸的 K_a 为(　　)。

A. 2.0×10^{-9}　　B. 2.0×10^{-5}　　C. 1.0×10^{-5}　　D. 1.0×10^{-9}

10. 正常成人胃液的 pH 为 1.4，婴儿胃液的 pH 为 5.0。成人胃液的 H_3O^+ 浓度是婴儿胃液的(　　)倍。

A. 3.6　　B. 0.28　　C. 4.0　　D. 4.0×10^3

11. 使 HCN 溶液解离度降低的被加物质是(　　)。

A. NaCN　　B. NaCl　　C. NaOH　　D. H_2O

12. 根据酸碱质子理论，下列物质既可作为酸又可作为碱的是(　　)。

A. $PO_4{}^{3-}$　　B. NH_4^+　　C. H_2O　　D. H_3O^+

13. 下列同浓度物质等体积混合后，pH 最大的是(　　)。

A. Na_3PO_4+HCl　　B. $Na_3PO_4+NaH_2PO_4$

C. $Na_3PO_4+Na_2HPO_4$　　D. $Na_3PO_4+H_3PO_4$

14. 在纯水中，加入一些酸，其溶液的(　　)。

A. $[H^+]$与$[OH^-]$乘积变大　　B. $[H^+]$与$[OH^-]$乘积变小

C. $[H^+]$与$[OH^-]$乘积不变　　D. $[H^+]$等于$[OH^-]$

15. 根据酸碱质子理论，下列叙述中不正确的是(　　)。

A. 水溶液中的酸碱离解反应、水解反应及中和反应三者都是质子转移反应

B. 不存在盐的概念

C. 强酸反应后变成弱碱

D. 酸越强，其共轭碱也越强

16. 同浓度等体积的 Na_3PO_4 与 HCl 混合后所得物质是(　　)。

A. 酸　　B. 碱　　C. 两性物质　　D. 中性物质

17. 在下列溶液中加入(　　)，HCN 的解离度最大。

A. 含 0.1 $mol \cdot L^{-1}$ NaCN

B. 含 0.1 $mol \cdot L^{-1}$ KCl 与 0.2 $mol \cdot L^{-1}$ NaCl 的混合液

C. 含 0.2 $mol \cdot L^{-1}$ NaCl

D. 含 0.1 $mol \cdot L^{-1}$ NaCN 与 0.1 $mol \cdot L^{-1}$ KCl 的混合液

18. 按酸碱质子理论，NH_2CH_2COOH 是(　　)。

A. 一元弱碱　　B. 一元弱酸　　C. 二元弱酸　　D. 两性物质

19. 已知 CCl_3COOH 的 $K_a=0.3$，HCN 的 $K_a=4.9\times10^{-10}$，C_6H_5OH 的 $K_a=1.3\times10^{-10}$，HNO_2 的 $K_a=4.3\times10^{-4}$。下列酸中所对应的共轭碱碱性最强的是(　　)。

A. CCl_3COOH　B. HCN　C. C_6H_5OH　D. HNO_2

20. 将 0.20 mol·L^{-1} H_3PO_4($pK_{a_1}=2.12$,$pK_{a_2}=7.21$,$pK_{a_3}=12.67$)溶液与 0.20 mol·L^{-1} Na_3PO_4 溶液等体积混合,该混合溶液的 pH 等于(　　)。

A. 2.12　B. 4.66　C. 7.21　D. 12.67

21. 使 $NH_3\cdot H_2O$ 溶液的解离度增大,应加入的物质是(　　)。

A. NH_4Cl　B. H_2O　C. KOH　D. NaOH

22. 已知 H_2A 的 K_{a1} 为 10^{-7},K_{a2} 为 10^{-13},那么 0.1 mol·L^{-1} H_2A 水溶液的 pH 为(　　)。

A. 13　B. 7　C. 3　D. 4

23. 将 pH=3 的强电解质溶液 V_1 和 pH=9 的强电解质溶液 V_2 混合,混合液的 pH=7.0。这两个溶液的体积比($V_1:V_2$)是(　　)。

A. $10^4:1$　B. $10^2:1$　C. $1:1$　D. $1:10^2$

24. 已知酸的酸性强弱顺序为：$HNO_3>HF>CH_3COOH>HCN$,则下列物质中碱性最强的是(　　)。

A. CN^-　B. CH_3COO^-　C. F^-　D. NO_3^-

25. 下列(　　)的溶液的 pH 与浓度基本无关。

A. NaOH　B. Na_3PO_4　C. NaAc　D. NH_4CN

二、判断题

(　　)1. 在一定温度下,弱电解质溶液的浓度影响其解离度,但对其解离常数无影响。

(　　)2. 已知 K_a(HAc)$>K_a$(HCN),故相同浓度的 NaAc 溶液的 pH 比 NaCN 溶液的 pH 大。

(　　)3. 在 Na_2HPO_4 溶液中加入 Na_3PO_4 会产生同离子效应,但不会产生盐效应。

(　　)4. $[Al(H_2O)_6]^{3+}$ 的共轭碱是 $[Al(H_2O)_5OH]^{2+}$。

(　　)5. 在 H_2S 溶液中,S^{2-} 浓度等于 H_2S 的第二级离解常数 K_{a2},则三元弱酸 H_3A 溶液中,A^{3-} 浓度等于 H_3A 的第三级离解常数 K_{a3}。

(　　)6. 将 0.1 mol·L^{-1} HAc 溶液稀释时,其离解度将增大,$[H^+]$升高,而 K_a 将不变。

(　　)7. 在弱电解质 HA 溶液中,加入 NaCl 晶体(假如不影响溶液的体积),由于不会产生同离子效应,因此 HA 解离平衡不会移动,$[H^+]$也不会改变。

(　　)8. 已知:K_a(HAc)$=1.0\times10^{-5}$,K_a(HCN)$=4.0\times10^{-10}$,K_b($NH_3\cdot$

H_2O)$=1.0\times10^{-5}$。将浓度均为0.1 mol·L^{-1}的NaCl、NH_4Cl、NaCN、NaAc溶液,按[H^+]由大到小顺序的排列是NH_4Cl>NaCl>NaAc>NaCN。

(　　)9. $H_2PO_4^-$的[H^+]约等于$\sqrt{K_{a1}K_{a2}}$,与溶液的初始浓度无关。

(　　)10. 相同浓度的HCN溶液与NaOH溶液等体积混合时,恰好能完全中和,所以混合后溶液是显中性的。

三、填空题

1. 25 ℃时,0.10 mol·L^{-1}的某一元弱酸HA的pH为4.0,此温度下该弱酸的离解度是________。

2. 向0.1 mol·L^{-1} $NH_3\cdot H_2O$溶液中,加入少量固体NH_4Cl,则氨水的离解度将________,K_b将________,溶液pH将________,水的离子积将________。(填"升高""降低"或"不变")

3. $HClO_4$与HNO_3在水中的酸度相同,因为水能起________作用,在液态HAc中酸的强度________,因为HAc能起________作用。

4. 按酸碱质子理论,酸碱反应的实质是________,酸碱反应的方向是________。

5. NH_4^+与H_2O的质子转移反应式是________,H_2NCH_2COOH的质子自递反应式是________。

四、简答题

1. 根据质子理论,判断S^{2-}、HS^-、H_2S各属什么物质,并写出其相应的共轭酸或共轭碱。

2. 运用K_a与K_b关系,解释为什么NaH_2PO_4的水溶液是酸性而Na_2HPO_4的水溶液是碱性?

3. 试用质子理论判断甘氨酸($H_2N—CH_2—COOH$)分别在强酸、强碱和水中的存在形式?

4. 按酸碱质子理论,试说明O^{2-}在水中能存在吗?为什么?

5. 区别Arrhenius的电离理论和酸碱质子理论。

五、计算题

1. 已知$K_b(NH_3\cdot H_2O)=1.0\times10^{-5}$,$K_a(HAc)=1.0\times10^{-5}$。计算下列溶液的pH:

(1) 50 mL 0.15 mol·L^{-1}HAc与100 mL 0.075 mol·$L^{-1}$$NH_3\cdot H_2O$混合;

(2) 将0.1 mol NaOH和0.1 mol NH_4NO_3溶于水中,并用水稀释至1 L。

2. 实验测得浓度均为0.1 mol·L^{-1}的NaX、NaY、NaZ水溶液的pH分别为8.0、9.0、10.0。试问:

(1) HX、HY、HZ三种酸的酸性大小顺序。

(2) 对应共轭酸的酸常数。

3. 有一固体混合物，仅由 NaH_2PO_4 和 Na_2HPO_4 组成，称取该混合物 1.91 g，用水溶解后，用容量瓶配成 100 mL 溶液，测得该溶液的凝固点为 −0.651 ℃。试计算：(1)该溶液的 pH；(2)溶液的渗透浓度（忽略离子强度的影响）。已知 H_3PO_4 的 $pK_{a1}=2.12$、$pK_{a2}=7.21$、$pK_{a3}=12.67$；$M_r(NaH_2PO_4)=120.0$，$M_r(Na_2HPO_4)=141.9$；$K_f=1.86\ K\cdot kg\cdot mol^{-1}$。

4. 已知 0.1 $mol\cdot L^{-1}$ HB 的 $T_f=-0.188$ ℃，求 K_a。

5. 计算 0.010 $mol\cdot L^{-1}$ HF 溶液的 pH。（HF 的 $K_a=3.0\times10^{-4}$）

扫码看答案

第三章　沉淀溶解平衡

学习目的要求

1. 熟悉难溶强电解质的溶度积 K_{sp}表达式的书写及其与溶解度的关系；

2. 掌握溶度积规则的含义，并能应用溶度积规则判断沉淀的生成和溶解及沉淀的先后顺序。

本章要点回顾

1. 溶度积

难溶电解质的沉淀溶解达到平衡时，

$$A_aB_b(s) \rightleftharpoons aA^{n+}(aq) + bB^{m-}(aq)$$

平衡时　　　　　　　　aS　　　　bS

$$K_{sp} = [A^{n+}]^a[B^{m-}]^b = (aS)^a(bS)^b \qquad S = \sqrt[a+b]{\frac{K_{sp}}{a^ab^b}}$$

K_{sp}为难溶电解质 A_aB_b的溶度积常数；S 为 $A_aB_b(s)$的溶解度（$mol \cdot L^{-1}$）。

同类型难溶电解质（如 A_2B 型或 AB_2 型），溶度积常数愈大，溶解度也愈大。不同类型难溶电解质不能根据溶度积常数直接比较，可通过 K_{sp}来计算出溶解度再行比较。

2. 溶度积规则

在任一条件下，离子浓度幂的乘积为离子积 Q。Q 与 K_{sp}的关系有三种情况：

当 $Q=K_{sp}$时，溶液达饱和，既无沉淀析出，又无沉淀溶解；

当 $Q<K_{sp}$时，溶液未饱和，不会析出沉淀，若加入此难溶电解质，则会继续溶解；

当 $Q>K_{sp}$时，溶液过饱和，有沉淀析出，直至溶液处于饱和状态。

这是溶度积规则，它是判断沉淀生成和溶解的依据。

3. 沉淀平衡的移动

加入含有共同离子的强电解质而产生的同离子效应使难溶电解质的溶解度降低。

在溶液中有两种以上的离子可与同一试剂反应产生沉淀，谁先满足离子积等于溶度积，谁就优先沉淀，这种按先后顺序沉淀的现象，称为分步沉淀。

生成难解离的物质如水、弱酸、弱碱、配离子等，或者利用氧化还原反应，使难溶电解质饱和溶液中某一离子的浓度降低，都能使沉淀溶解。

典型例题

例 1　在浓度均为 0.010 $mol \cdot L^{-1}$的 KCl 和 K_2CrO_4的混合溶液中，逐滴加入 $AgNO_3$溶液时，AgCl 和 Ag_2CrO_4哪个先沉淀析出？当第二种离子刚开始沉淀时，溶液中的第一种离子浓度为多少？（忽略溶液体积的变化）。{已知：$K_{sp}(AgCl)=1.77\times10^{-10}$，$K_{sp}(Ag_2CrO_4)=1.12\times10^{-12}$}

解 AgCl 开始沉淀时：

$$[Ag^+]_{AgCl}=\frac{K_{sp}(AgCl)}{[Cl^-]}=\frac{1.77\times10^{-10}}{0.010}\text{mol}\cdot\text{L}^{-1}=1.77\times10^{-8}\text{mol}\cdot\text{L}^{-1}$$

Ag_2CrO_4 开始沉淀时：

$$[Ag^+]_{Ag_2CrO_4}=\sqrt{\frac{K_{sp}(Ag_2CrO_4)}{[CrO_4^{2-}]}}=\sqrt{\frac{1.12\times10^{-12}}{0.010}}\text{mol}\cdot\text{L}^{-1}$$
$$=1.06\times10^{-5}\text{mol}\cdot\text{L}^{-1}$$

沉淀 Cl^- 所需$[Ag^+]$较小，AgCl 沉淀先生成。当$[Ag^+]=1.06\times10^{-5}\text{mol}\cdot\text{L}^{-1}$时，$Ag_2CrO_4$ 开始沉淀，此时溶液中剩余的 Cl^- 浓度为：

$$[Cl^-]=\frac{K_{sp}(AgCl)}{[Ag^+]}=\frac{1.77\times10^{-10}}{1.06\times10^{-5}}\text{mol}\cdot\text{L}^{-1}=1.6\times10^{-5}\text{mol}\cdot\text{L}^{-1}$$

例 2 在 100.0 mL 0.20 mol·L^{-1} $MnCl_2$ 溶液中，加入含有 NH_4Cl 的 0.10 mol·L^{-1} $NH_3\cdot H_2O$溶液 100.0 mL，为了不使 $Mn(OH)_2$ 沉淀形成，需含 NH_4Cl 多少克？{已知：$K_{sp}(Mn(OH)_2)=2.06\times10^{-13}$，$K_b(NH_3\cdot H_2O)=1.8\times10^{-5}$，$M(NH_4Cl)=53.5\ \text{g}\cdot\text{mol}^{-1}$}

解 溶液中，$[Mn^{2+}]=0.20\ \text{mol}\cdot\text{L}^{-1}\times100.0\ \text{mL}/(100.0\ \text{mL}+100.0\ \text{mL})=0.10\ \text{mol}\cdot\text{L}^{-1}$

$[NH_3]=0.10\ \text{mol}\cdot\text{L}^{-1}\times100.0\ \text{mL}/(100.0\ \text{mL}+100.0\ \text{mL})=0.050\ \text{mol}\cdot\text{L}^{-1}$

由 $K_{sp}=[Mn^{2+}][OH^-]^2$，得 $[OH^-]=\sqrt{K_{sp}/[Mn^{2+}]}=\sqrt{2.06\times10^{-13}/0.10}\ \text{mol}\cdot\text{L}^{-1}=1.4\times10^{-6}\ \text{mol}\cdot\text{L}^{-1}$

由 $K_b=\dfrac{[NH_4^+][OH^-]}{[NH_3]}$，得 $[NH_4^+]=\dfrac{[NH_3]K_b}{[OH^-]}=\dfrac{0.050\times1.8\times10^{-5}}{1.4\times10^{-6}}\ \text{mol}\cdot\text{L}^{-1}=0.64\ \text{mol}\cdot\text{L}^{-1}$

$m(NH_4Cl)=0.64\ \text{mol}\cdot\text{L}^{-1}\times0.200\ \text{L}\times53.5\ \text{g}\cdot\text{mol}^{-1}=6.8\ \text{g}$

研讨式教学思考题

1. 说明下列基本概念的区别和联系。

(1) 溶解度、离子积与溶度积的区别；(2)沉淀反应中同离子效应和盐效应；

(3) 分步沉淀和沉淀的转化。

2. 写出难溶电解质 PbI_2、AgBr、$Ba_3(PO_4)_2$、$Fe(OH)_3$、Ag_2S 的溶度积常数的表达式。

3. 对于不同类型的难溶电解质，能否直接根据溶度积来比较溶解度的大小？

4. 假设溶于水中的 $Mn(OH)_2$ 完全解离，试计算：(1)$Mn(OH)_2$ 在水中的溶解度(mol·L^{-1})；(2)$Mn(OH)_2$ 饱和溶液中的$[Mn^{2+}]$和$[OH^-]$；(3)$Mn(OH)_2$ 在 0.10

mol · L^{-1} NaOH 溶液中的溶解度{假如 $Mn(OH)_2$ 在 NaOH 溶液中不发生其他变化};(4)$Mn(OH)_2$ 在 0.20 mol · L^{-1} $MnCl_2$ 溶液中的溶解度。已知 $K_{sp}(Mn(OH)_2)=2.06\times10^{-13}$。

5. 什么是溶度积规则？如何用它判断沉淀生成与沉淀溶解？

6. 通过实例，总结出影响难溶电解质溶解度的因素，以及溶解沉淀的常用方法。

7. 分别用 Na_2CO_3 和 $(NH_4)_2S$ 溶液处理 AgI，沉淀能否转化，为什么？如果在 1.0 L 的 $(NH_4)_2S$ 溶液中转化 0.01 mol 的 AgI，则 $(NH_4)_2S$ 溶液的初始浓度应该是多少？已知 $K_{sp}(AgI)=8.52\times10^{-17}$，$K_{sp}(Ag_2S)=6.3\times10^{-50}$，$K_{sp}(Ag_2CO_3)=8.46\times10^{-12}$。

自测题

一、选择题

1. 有一难溶强电解质 M_2X_3，其溶度积为 K_{sp}，溶解度为(　　)。

A. $\sqrt[5]{\dfrac{K_{sp}}{2^3\times3^2}}$　　B. $\sqrt[3]{K_{sp}}$　　C. $\sqrt[5]{K_{sp}}$　　D. $\sqrt[5]{\dfrac{K_{sp}}{2^2\times3^3}}$

2. 室温下，微溶电解质饱和溶液中，加入含相同离子的强电解质时，溶液的(　　)。

A. 溶解度不变　　B. 溶度积不变

C. 离子浓度幂的乘积不变　　D. 溶解度和溶度积都不变

3. 含有大量固体 BaS 的饱和溶液中，加少量什么物质对其溶解度无影响？(　　)

A. Na_2S　　B. KCl　　C. H_2O　　D. $BaCl_2$

4. Hg_2Cl_2 的 K_{sp} 为 4×10^{-15}，则 Hg_2Cl_2 饱和水溶液中 Cl^- 浓度是(　　)mol · L^{-1}。

A. 8×10^{-15}　　B. 4×10^{-5}　　C. 2×10^{-5}　　D. 6×10^{-7}

5. 难溶电解质饱和溶液中，加入含有相同离子的易溶强电解质溶液，则溶液中(　　)。

A. $Q=K_{sp}$　　B. $Q<K_{sp}$　　C. $Q>K_{sp}$　　D. Q 和 K_{sp} 都不变

6. $Ca_3(PO_4)_2$ 的溶度积常数表达式为(　　)。

A. $K_{sp}=[Ca^{2+}]^3[PO_4{}^{3-}]^2$　　B. $K_{sp}=[Ca^{2+}]^2[PO_4{}^{3-}]^3$

C. $K_{sp}=[3Ca^{2+}][2PO_4{}^{3-}]$　　D. $K_{sp}=[3Ca^{2+}]^3[2PO_4{}^{3-}]^2$

7. 要使 0.02 mol · L^{-1} Ca^{2+} 溶液生成沉淀，所需的草酸根离子浓度是(　　)mol · L^{-1}。已知 $K_{sp}(CaC_2O_4)=2.6\times10^{-9}$。

A. 1.0×10^{-9}　　B. 1.3×10^{-7}　　C. 2.2×10^{-5}　　D. 5.2×10^{-10}

8. MX 是难溶强电解质，0 ℃时在 100 g 水中只能溶解 0.8195 g MX，设其溶解度随温度变化不大，测得饱和 MX 溶液的凝固点为－0.293 ℃[已知 $K_f(H_2O)$＝1.86 K·kg·mol^{-1}]，则 MX 的摩尔质量为(　　)。

A. 52.0　　B. 104　　C. 28.0　　D. 10.4

9. Ag_2CrO_4在下列溶液或溶剂中，溶解度最小的是(　　)。

A. 0.01 mol·L^{-1}$NaNO_3$　　B. 0.010 mol·L^{-1}$AgNO_3$

C. 0.01 mol·L^{-1}K_2CrO_4　　D. 纯水

10. 向浓度均为 0.1 mol·L^{-1} KCl、KBr、KI 混合溶液中，逐滴加入 0.1 mol·L^{-1}$AgNO_3$ 溶液中，首先沉淀的是(　　)。已知 $K_{sp}(AgCl)=1.77\times10^{-10}$，$K_{sp}(AgBr)=5.38\times10^{-13}$，$K_{sp}(AgI)=8.52\times10^{-17}$。

A. AgCl　　B. AgBr　　C. AgI　　D. 同时沉淀

11. 一难溶性电解质 A_2B，水溶液中达平衡时：[A]＝x，[B]＝y，则 K_{sp}可表示为(　　)。

A. x^2y　　B. xy　　C. $4x^2y$　　D. $x^2y^{1/2}$

12. 于 AgCl 饱和溶液中，加入 $AgNO_3$固体，则溶液中 Cl^- 的浓度将(　　)。

A. 变小　　B. 增大　　C. 不变　　D. 不存在

13. CaF_2饱和溶液的浓度是 2×10^{-4} mol·L^{-1}，它的溶度积常数是(　　)。

A. 2.6×10^{9}　　B. 4.0×10^{-8}　　C. 3.2×10^{-11}　　D. 8.0×10^{-12}

14. 在下列难溶盐的饱和溶液中，$[Ag^+]$最大的是(　　)。已知 $K_{sp}(AgCl)=1.77\times10^{-10}$，$K_{sp}(AgBr)=5.38\times10^{-13}$，$K_{sp}(Ag_2CrO_4)=1.12\times10^{-12}$。

A. AgCl　　B. AgBr　　C. Ag_2CrO_4　　D. 以上三者相同

15. 向银离子溶液中滴加 HCl，设产生 AgCl 沉淀，直到溶液中的$[Cl^-]$为 0.20 mol·L^{-1}时，理论上此时溶液中$[Ag^+]$为(　　)mol·L^{-1}。已知 $K_{sp}(AgCl)=1.77\times10^{-10}$。

A. 1.77×10^{-5}　　B. 8.85×10^{-10}　　C. 7.8×10^{-9}　　D. 1.77×10^{-10}

16. SrF_2在 1 L 纯水中的溶解的物质的量为(　　) mol。已知 $K_{sp}(SrF_2)=7.9\times10^{-10}$。

A. 2.8×10^{-5}　　B. 7.9×10^{-10}　　C. 5.8×10^{-4}　　D. 5.8×10^{-5}

17. 将难溶电解质 $Mg(OH)_2$固体加入下列溶液中，$Mg(OH)_2$溶解度最小的是(　　)。

A. 0.010 mol·L^{-1}NaOH 溶液　　B. 0.010 mol·L^{-1}NH_3溶液

C. 0.010 mol·L^{-1}$MgCl_2$溶液　　D. 0.010 mol·L^{-1}NH_4Cl 溶液

18. 含有大量固体 BaS 的饱和溶液中，加少量(　　)使其溶解度增大。

A. Na_2S　　B. KCl　　C. H_2O　　D. $BaCl_2$

19. 下列化合物在水中溶解达到饱和，溶解度最大的是(　　)。

A. 碘化银　　B. 碘化铅　　C. 硫酸锶　　D. 氢氧化锌

20. 已知 $K_{sp}(BaCO_3)=2.6\times10^{-9}$，$K_{sp}(BaSO_4)=1.1\times10^{-10}$，$K_{sp}(CaCO_3)=$

4.9×10^{-9}，$K_{sp}(CaSO_4)=7.1\times10^{-9}$。溶解度从小到大的排布顺序正确的是(　　)。

A. $BaCO_3$、$BaSO_4$、$CaCO_3$、$CaSO_4$　　B. $BaSO_4$、$CaCO_3$、$CaSO_4$、$BaCO_3$

C. $CaSO_4$、$CaCO_3$、$BaCO_3$、$BaSO_4$　　D. $BaSO_4$、$BaCO_3$、$CaCO_3$、$CaSO_4$

21. 下列原因中可减少沉淀溶解度的是(　　)。

A. 酸效应　　B. 盐效应　　C. 同离子效应　　D. 配位效应

22. 下列叙述正确的是(　　)。

A. $PbCrO_4$难溶于水，水溶液导电性不显著，故为弱电解质

B. 同温度时，已知两种难溶强电解质的K_{sp}，则K_{sp}大的，溶解度必定大

C. 溶度积大的沉淀都易转化为溶度积小的沉淀

D. CuS溶于稀硝酸但难溶于稀硫酸

23. 已知难溶强电解质 MX 的K_{sp}和弱酸 HX 的K_a。则反应 $MX(s)+H^+(aq)\rightleftharpoons M^+(aq)+HX$ 的平衡常数K_{eq}为(　　)。

A. $K_{sp}(MX)/K_a(HX)$　　B. $K_a(HX)/K_{sp}(MX)$

C. $K_a(HX)+K_{sp}(MX)$　　D. $K_{sp}(MX)-K_a(HX)$

24. 已知$K_{sp}(Mg(OH)_2)=1.5\times10^{-11}$，$K_b(NH_3\cdot H_2O)=1.8\times10^{-5}$。某温度下 1 L 溶液中含有 $0.010\ mol\cdot L^{-1}$ $Mg(NO_3)_2$与 $0.10\ mol\cdot L^{-1}$ $NH_3\cdot H_2O$，为防止沉淀析出需要加入NH_4Cl(　　)。

A. 0.018 mol　　B. 0.046 mol　　C. 0.020 mol　　D. 0.040 mol

25. SrF_2在 1 L $0.10\ mol\cdot L^{-1}$ $Sr(NO_3)_2$中溶解的物质的量为(　　)mol。已知$K_{sp}(SrF_2)=7.9\times10^{-10}$。

A. 2.8×10^{-5}　　B. 7.9×10^{-8}　　C. 7.9×10^{-9}　　D. 4.4×10^{-5}

二、判断题

(　　)1. 在一定温度下，加少量水稀释含有 ZnS 固体的溶液，其K_{sp}不变，溶解度也不变。

(　　)2. 难溶电解质的K_{sp}越大，其溶解度也越大。

(　　)3. 在$Mg(OH)_2$饱和溶液里，$[OH^-]$等于其溶解度。

(　　)4. 加入沉淀剂于含多种离子的溶液中，离子沉淀反应发生的先后顺序不仅与溶度积K_{sp}有关，而且还与溶液中离子的起始浓度有关。

(　　)5. AgCl 在$AgNO_3$溶液中的溶解度要小于在纯水中的溶解度。

(　　)6. 当难溶电解质的离子积等于其溶度积常数时，该溶液没有沉淀生成，所以此溶液是未饱和的溶液。

(　　)7. 已知：$K_{sp}(AgCl)=1.77\times10^{-10}$，$K_{sp}(Ag_2CrO_4)=1.12\times10^{-12}$。向相同浓度的 NaCl 和$K_2CrO_4$混合溶液中，逐滴加入$AgNO_3$时，将首先生成$Ag_2CrO_4$沉淀。

(　　)8. 利用溶度积规则，既可判断沉淀的生成，也可判断沉淀的溶解。

(　　)9. AgCl 在 NaCl 溶液中比在水中的溶解度减小的效应称为盐效应。

(　　)10. 在 $Mg(OH)_2$ 饱和溶液里，$[Mg^{2+}]$ 等于其溶解度。

三、填空题

1. 在 $BaSO_4$ 溶液中加入 $BaCl_2$，$BaSO_4$ 溶解度将________，此为________；若加入 NaCl，其溶解度将________，此又为________。

2. $Ca_3(PO_4)_2$ 的溶度积常数表达式为________。Q 的表达式为________。当 $Q<K_{sp}$ 时，将有________，$Q>K_{sp}$ 时，将有________。

3. 某温度下 $K_{sp}(AgCl)=1\times10^{-10}$，$K_{sp}(AgBr)=1\times10^{-12}$，$K_{sp}(Ag_2CrO_4)=4\times10^{-12}$，在浓度均为 0.1 $mol \cdot L^{-1}$ 的 Cl^-、Br^-、CrO_4^{2-} 溶液中，当逐滴加入 $AgNO_3$ 时，沉淀的先后次序是________。

4. 某一温度下 AgCl 的 K_{sp} 应该等于该温度下 AgCl 饱和溶液中银离子和氯离子活度的乘积，而一般简化为银离子和氯离子浓度的乘积。原因是________。

5. 难溶强电解质的同离子效应使其溶解度________，而其盐效应使其溶解度________。

四、简答题

1. 向含有 AgCl 沉淀的水溶液中，分别加入下列物质，简述对 AgCl 沉淀的影响，并说明理由。(1)少量 KNO_3 固体；(2)少量 NaCl 固体；(3)$NH_3 \cdot H_2O$ 溶液；(4)KI固体；(5)少量水(设固体物质未能完全溶解)。

2. 根据溶度积规则，解释下列现象：(1)$Mg(OH)_2$ 能溶于 NH_4Cl 溶液中；(2)$BaCO_3$ 溶于稀 HCl 中；(3)AgCl 溶于氨水中；(4)CuS 溶于 HNO_3 中。

3. 在洗涤 $BaSO_4$ 沉淀时，往往使用稀 H_2SO_4 而不使用蒸馏水，为什么？

4. 写出 $PbCl_2$、$Ba_3(PO_4)_2$ 和 $Fe(OH)_3$ 难溶电解质的溶度积表示式。

5. KI 能从 $[Ag(NH_3)_2]NO_3$ 溶液中使 Ag^+ 沉淀，但不能使 $K[Ag(CN)_2]$ 溶液中 Ag^+ 沉淀，为什么？(已知 $K_f([Ag(NH_3)_2]^+)=1.0\times10^8$，$K_f([Ag(CN)_2]^-)=1.0\times10^{21}$，$K_{sp}(AgI)=1.0\times10^{-18}$)

五、计算题

1. 欲用 1.0 L Na_2CO_3 溶液将 0.01 mol $BaSO_4$ 转化为 $BaCO_3$，Na_2CO_3 溶液的最低浓度是多少？

2. 某温度下：Ag_2CrO_4 的 $K_{sp}=4.0\times10^{-12}$，试求：

(1) 在水中的溶解度；(2)在 0.1 $mol \cdot L^{-1}$ $AgNO_3$ 中的溶解度；

(3) 在 0.1 $mol \cdot L^{-1}$ Na_2CrO_4 中的溶解度。

3. 已知 $K_{sp}(Mg(OH)_2)=4.0\times10^{-12}$，$K_b(NH_3 \cdot H_2O)=1.0\times10^{-5}$。某温度下将 0.002 $mol \cdot L^{-1}$ $MgCl_2$ 溶液与 0.200 $mol \cdot L^{-1}$ $NH_3 \cdot H_2O$ 溶液等体积混合，是否有沉淀析出。

4. 计算在 100 mL 0.20 mol·L^{-1} $CaCl_2$溶液中，加入 150 mL 0.20 mol·L^{-1} $Na_2C_2O_4$溶液后残留的Ca^{2+}浓度为多少？(CaC_2O_4的 $K_{sp}=2.6\times10^{-9}$)

5. 在浓度均为0.010 mol·L^{-1}的CrO_4^{2-}和Cl^-混合溶液中，可否通过加入Ag^+达到分步沉淀的目的将两种离子分离？(AgCl 的 $K_{sp}=2.0\times10^{-10}$；$Ag_2C_rO_4$ 的 $K_{sp}=1.0\times10^{-12}$)

扫码看答案

第四章　缓冲溶液

学习目的要求

1. 掌握缓冲溶液的概念、组成和作用机制；
2. 掌握影响缓冲溶液 pH 的因素——Henderson-Hasselbalch 方程式及应用；
3. 熟悉缓冲范围的概念；掌握缓冲溶液的配制原理、方法和步骤；
4. 了解医学常用缓冲溶液；熟悉血液缓冲系及其作用。

本章要点回顾

能够抵抗外来少量强酸、强碱或在稍加稀释时，保持溶液 pH 基本不变的溶液称为缓冲溶液。缓冲溶液一般由足够浓度、一定比例的共轭酸碱对组成(称为缓冲系或缓冲对)；共轭酸起到抗碱作用，称为抗碱成分；共轭碱起到抗酸作用，称为抗酸成分。

在 HB-B^- 组成的缓冲溶液中，用 Henderson-Hasselbalch 方程式 $pH=pK_a+\lg\frac{[B^-]}{[HB]}$ 或 $pH=pK_a+\lg\frac{n(B^-)}{n(HB)}$ 计算缓冲溶液 pH，其中 $[B^-]$ 与 $[HB]$ 的比值称为缓冲比，$[B^-]+[HB]$ 之和称为缓冲溶液的总浓度。由 Henderson-Hasselbalch 方程式可见：缓冲溶液的 pH 主要取决于 K_a，其次还取决于缓冲比 $c(B^-)/c(HB)$。缓冲溶液在一定缓冲比范围内(1/10～10/1)，才具有缓冲能力，其相应 pH 范围称为缓冲范围 $pH=pK_a\pm1$。

配制缓冲溶液时一般选用总浓度在 0.05～0.5 $mol\cdot L^{-1}$ 范围，同时 pK_a 与 pH 接近的缓冲系。然后根据 Henderson-Hasselbalch 方程式计算所需共轭酸碱的量。

人体中存在多种缓冲系，其中碳酸缓冲系(H_2CO_3-HCO_3^-)是人体最重要的缓冲系，由于肺和肾的生理调节功能可保持缓冲比为 20∶1，在其他缓冲系的协同作用下，血液 pH 保持在 7.35～7.45 范围内。

典型例题

例 1　今有三种有机酸 $H_2N(CO)_3NHCOOH$、$ClCH_2COOH$、CH_3COOH，它们的解离常数分别等于 2.29×10^{-7}，1.40×10^{-3}，1.76×10^{-5}。试问：

(1) 配制 pH＝6.50 的缓冲溶液，哪种酸最好？

(2) 需要多少克这种酸和多少克 NaOH 固体配制 1.00 L 缓冲溶液？其中酸和它的共轭碱的总浓度等于 0.100 $mol\cdot L^{-1}$。

解　(1) 缓冲溶液的最大缓冲范围是 $pH=pK_a\pm1$，在 $H_2N(CO)_3NHCOOH$、$ClCH_2COOH$、CH_3COOH 三种酸中，$H_2N(CO)_3NHCOOH$ 的 $K_a=2.29\times10^{-7}$，$pK_a=6.64$，比较靠近要配制的缓冲溶液的 pH 范围，因此，用 $H_2N(CO)_3NHCOOH$

最好。

(2) $pH = pK_a + \lg\frac{[B^-]}{[HB]}$　$6.5 = 6.64 + \lg\frac{[B^-]}{[HB]}$　$\frac{[B^-]}{[HB]} = 0.724$

$[B^-] = 0.724[HB]$

已知$[B^-]+[HB]=0.100\ mol \cdot L^{-1}$，即$0.724[HB]+[HB]=0.100\ mol \cdot L^{-1}$；$[HB]=0.058\ mol \cdot L^{-1}$，$[B^-]=0.100\ mol \cdot L^{-1}-0.0580\ mol \cdot L^{-1}=0.0420\ mol \cdot L^{-1}$，1 L 溶液中达平衡时 $n(HB)=0.058$ mol，$n(B^-)=0.042$ mol，而 B^- 来源于下列反应：$HB + NaOH \rightleftharpoons NaB + H_2O$。可知生成 0.0420 mol 的 B^-，必须消耗 0.0420 mol 的 HB 和 0.0420 mol 的 NaOH，因此共需 HB 为：0.0420 mol+0.0580 mol=0.100 mol

又 $M_r(H_2N(CO)_3NHCOOH)=160\ g \cdot mol^{-1}$　$M_r(NaOH)=40.0\ g \cdot mol^{-1}$

故需加入 $H_2N(CO)_3NHCOOH$ 为：$160\ g \cdot mol^{-1} \times 0.100\ mol = 16.0\ g$

需加入 NaOH 的质量为：$40.0\ g \cdot mol^{-1} \times 0.0420\ mol = 1.68\ g$

例 2　用 $0.2\ mol \cdot L^{-1}\ Na_3PO_4$ 和 $0.6\ mol \cdot L^{-1}\ H_3PO_4$ 溶液等体积混合配成 500 mL 缓冲溶液，计算缓冲溶液的 pH，当向此溶液中加入 0.005 mol NaOH 固体后，溶液的 pH 又为多少？(已知 H_3PO_4：$pK_{a1}=2.12$，$pK_{a2}=7.21$，$pK_{a3}=12.67$)

解　$Na_3PO_4 + H_3PO_4 \rightleftharpoons NaH_2PO_4 + Na_2HPO_4$

	Na_3PO_4	H_3PO_4	NaH_2PO_4	Na_2HPO_4
始态	0.1	0.3	0	0
反应	0.1	0.1	0.1	0.1
终态	0	0.2	0.1	0.1

$Na_2HPO_4 + H_3PO_4 \rightleftharpoons 2NaH_2PO_4$

	Na_2HPO_4	H_3PO_4	$2NaH_2PO_4$
始态	0.1	0.2	0.1
反应	0.1	0.1	0.2
终态	0	0.1	0.3

此溶液为 $0.3\ mol \cdot L^{-1}\ NaH_2PO_4$ 和 $0.1\ mol \cdot L^{-1}\ H_3PO_4$ 构成的缓冲溶液。

$$pH = pK_{a1} + \lg\frac{[A^-]}{[HA]} = 2.12 + \lg\frac{0.3}{0.1} = 2.60$$

加入 0.005 mol NaOH 固体后：

$$pH = pK_{a1} + \lg\frac{n(A^-)+n(OH^-)}{n(HA)-n(OH^-)} = 2.12 + \lg\frac{0.3\ mol \cdot L^{-1} \times 0.5\ mL + 5\ mmol}{0.1\ mol \cdot L^{-1} \times 0.5\ mL - 5\ mmol}$$
$$= 2.66$$

研讨式教学思考题

1. 正常人体血液的 pH 范围为 7.35～7.45，然而我们每天吃的各种食物中含有酸碱类物质，却没有出现酸中毒或碱中毒症状，为什么？

2. 什么是缓冲溶液？缓冲溶液具有什么作用？如何解释缓冲作用的缓冲机制？缓冲溶液的组成？与同离子效应有什么关系？什么是抗酸成分？什么是抗碱成分？

如何设计实验观察缓冲溶液的缓冲作用?

3. 缓冲溶液的 pH 如何计算? 影响缓冲溶液 pH 的因素有哪些? 其中主要因素是什么? 什么是缓冲溶液的缓冲比、总浓度?

4. 请总结求两种混合溶液 pH 的步骤和规律。

5. 在缓冲溶液中加入少量强酸或强碱后 pH 是否改变? 加酸、加碱之后的 pH 如何计算? 能否自己总结出计算的规律?

6. 在缓冲溶液中加入大量强酸、强碱后 pH 是否改变? 缓冲溶液的缓冲能力是否有一定限度? 什么是缓冲容量? 如何计算缓冲容量? 影响缓冲容量的因素有哪些?

7. 根据缓冲容量的要求,配制缓冲溶液的原则和步骤如何? 请总结配制缓冲溶液的几种方法。下列化学组合中,哪些可用来配制缓冲溶液?

(1) $HCl+NH_3 \cdot H_2O$;　(2) HCl+Tris;　(3) HCl+NaOH;

(4) $Na_2HPO_4+Na_3PO_4$;　(5) H_3PO_4+NaOH;　(6) NaCl+NaAc

8. 人体血液中存在的缓冲系主要有哪些? 其中最主要的是什么? 其抗酸成分和抗碱成分分别是什么? 虽然血浆中 $HCO_3^- - CO_{2(溶解)}$ 缓冲系的缓冲比为 20∶1,已超出体外缓冲溶液有效缓冲比(即 1∶10～10∶1)的范围,但碳酸盐缓冲系仍然是血液中的一个重要的缓冲系。为什么? 什么是酸中毒? 什么是碱中毒?

自测题

一、选择题

1. 0.1 $mol \cdot L^{-1}$ Na_3PO_4　10.00 mL 与 0.1 $mol \cdot L^{-1}$ HCl 5.00 mL 混合,其溶液 pH 等于(　　)。(H_3PO_4:$pK_{a1}=2.12$,$pK_{a2}=7.21$,$pK_{a3}=12.67$)

A. 2.12　　B. 7.21　　C. 12.67　　D. 9.70

2. 10 mL Na_3PO_4溶液与同浓度的 HCl 溶液混合成缓冲能力最强的 H_3PO_4-$H_2PO_4^-$ 缓冲溶液,需加入 HCl(　　)。

A. 10 mL　　B. 15 mL　　C. 20 mL　　D. 25 mL

3. 欲配制 pH=4.75 的与血液(0.3 $mol \cdot L^{-1}$)等渗的缓冲溶液,若选择 HAc-NaAc 缓冲系(pK_a(HAc)=4.75),则 NaAc 的浓度为(　　)。

A. 0.1 $mol \cdot L^{-1}$　B. 0.15 $mol \cdot L^{-1}$　C. 0.2 $mol \cdot L^{-1}$　D. 0.3 $mol \cdot L^{-1}$

4. 40 mL 0.1 $mol \cdot L^{-1}$ $NH_3 \cdot H_2O$($pK_b=4.75$)与 20 mL 0.1 $mol \cdot L^{-1}$ HCl 溶液混合,则溶液的 pH 为(　　)。

A. 4.75　　B. 7.00　　C. 9.25　　D. 14.00

5. 于 1 L 0.6 $mol \cdot L^{-1}$ HAc($pK_a=4.75$)和 0.4 $mol \cdot L^{-1}$ NaAc 混合溶液中加入 0.1 mol 固体 NaOH($M=40\ g \cdot mol^{-1}$) 后,该溶液的 pH 为(　　)。

A. 4.75　　B. 9.25　　C. 7.0　　D. 小于 4.75

6. 0.1 mol·L^{-1} $K_2C_2O_4$ 与 0.1 mol·L^{-1} KHC_2O_4 等体积混合后，pH 等于(　　)。($K_{a1}=10^{-2}$，$K_{a2}=10^{-5}$)

A. 2　　B. 5　　C. 7　　D. 6

7. 在 KH_2PO_4 ($pK_{a2}=7.21$)溶液中加入固体 KOH(假设体积不变)，配制 pH =7.21 的与血液等渗的缓冲溶液，原 KH_2PO_4 浓度应为(　　)。

A. 0.3 mol·L^{-1}　B. 0.15 mol·L^{-1}　C. 0.12 mol·L^{-1}　D. 0.06 mol·L^{-1}

8. 欲配制 pH=3 的缓冲溶液，从缓冲容量考虑，应选用的最佳弱酸是(　　)。

A. 草酸($pK_{a1}=1.27$)　　B. 邻苯二甲酸($pK_{a1}=2.95$)

C. 酒石酸($pK_{a1}=4.37$)　　D. 磷酸($pK_{a1}=2.12$)

9. 缓冲容量在一定范围内与浓度成正比，浓度 c 是指(　　)。

A. [共轭酸]　　B. [共轭碱]

C. [共轭酸]+[共轭碱]　　D. [共轭酸]/[共轭碱]

10. 将 10 mL 0.1 mol·L^{-1}的 HCl 溶液加到 10 mL 0.2 mol·L^{-1}的 NaAc 溶液中混匀后分为两份，然后分别加 1 滴浓 HCl 与 NaOH 溶液，则 pH 将(　　)。

A. 前者增加，后者减少　　B. 前者减少，后者减少

C. 均改变不大　　D. 无法判断

11. 下列哪种溶液可以形成缓冲溶液？(　　)

A. HAc+少量 HCl　　B. HAc+少量 NaOH

C. HAc+少量 NaCl　　D. HAc+少量 NH_4Cl

12. 下列各组溶液，等体积混合后能组成缓冲溶液的是(　　)。

A. 0.1 mol·L^{-1} KH_2PO_4和 0.1 mol·L^{-1} Na_2HPO_4溶液

B. 0.1 mol·L^{-1} HAc 和 0.1 mol·L^{-1} NaOH 溶液

C. 0.1 mol·L^{-1} $NH_3·H_2O$ 和 0.1 mol·L^{-1} HCl 溶液

D. 0.1 mol·L^{-1} $NaHCO_3$和 0.1 mol·L^{-1} NaOH 溶液

13. 10 mL 0.2 mol·L^{-1}的 H_3PO_4溶液中加入 10 mL 0.1 mol·L^{-1}的 Na_3PO_4溶液，其溶液的 pH 为(　　)。

A. $pH=pK_{a1}+\lg([H_2PO_4^-]/[H_3PO_4])$

B. $pH=1/2[pK_{a1}+pK_{a2}]$

C. $pH=pK_{a2}+\lg([HPO_4^{2-}]/[H_2PO_4^-])$

D. $pH=1/2[pK_{a2}+pK_{a3}]$

14. 于 0.3 mol·L^{-1} HAc ($pK_a=4.75$)和 0.1 mol·L^{-1} NaAc 缓冲溶液 1 L 中，加入 0.1 mol NaOH 固体后(假设体积不变)，该溶液的 pH 是(　　)。

A. >4.75　　B. <4.75　　C. =4.75　　D. 都不对

15. 某一元弱酸 60 mL 0.10 mol·L^{-1}，与同浓度的 NaOH 30 mL 混合，测得其 pH=5.0，则该弱酸的 K_a为(　　)。

A. 2.0×10^{-9}　　B. 2.0×10^{-5}　　C. 1.0×10^{-5}　　D. 1.0×10^{-9}

16. 下列有关缓冲溶液的叙述中,错误的是(　　)。

A. β表示缓冲容量,β越大,缓冲能力越大

B. 缓冲范围的 pH 在 $pK_a \pm 1$

C. 缓冲溶液稀释后,缓冲比不变所以 pH 不变,β也不变

D. 总浓度一定时,缓冲比为 1∶1,β值最大

17. 下列缓冲溶液中,缓冲能力最强的是(　　)。

A. 0.1 $mol \cdot L^{-1}$ HAc 和 0.1 $mol \cdot L^{-1}$ NaAc 溶液

B. 0.2 $mol \cdot L^{-1}$ HAc 和 0.1 $mol \cdot L^{-1}$ NaAc 溶液

C. 0.20 $mol \cdot L^{-1}$ HAc 和 0.15 $mol \cdot L^{-1}$ NaAc 溶液

D. 0.2 $mol \cdot L^{-1}$ HAc 和 0.2 $mol \cdot L^{-1}$ NaAc 溶液

18. 0.1 $mol \cdot L^{-1}$的 HAc 与 0.1 $mol \cdot L^{-1}$ NaAc 等体积混合液,加水稀释 1 倍,稀释前后 $[H^+]$和 pH 变化分别为(　　)。

A. 原来的 0.5 倍和增大　　B. 原来的 0.5 倍和减小

C. 减小和增大　　D. 基本不变和基本不变

19. 人体血浆中最主要缓冲对中的抗酸成分的共轭酸是(　　)。

A. HCO_3^-　　B. H_2CO_3　　C. CO_3^{2-}　　D. $H_2PO_4^-$

20. 用 H_3PO_4 和 NaOH 来配制 pH=7.0 的缓冲溶液,此缓冲溶液中的抗碱成分是(　　)。

A. $H_2PO_4^-$　　B. HPO_4^{2-}　　C. H_3PO_4　　D. H_3O^+

21. 总浓度为 0.20 $mol \cdot L^{-1}$ NH_3-NH_4Cl 溶液,其缓冲容量较大时的 pH 是(　　)。(NH_3:$K_b=1.0\times10^{-5}$)

A. 5　　B. 6　　C. 8　　D. 9

22. 人体血液的 pH 总是维持在 7.35～7.45 这一狭小的范围内,其主要原因是由于(　　)。

A. 血液中的 HCO_3^- 和 H_2CO_3 只允许在一定的比例范围内

B. 人体内有大量的水分(约占体重的 70%)

C. 排出的 CO_2 气体一部分溶在血液中

D. 排出的酸性物质和碱性物质溶在血液中

23. 下列有关缓冲溶液的叙述中,错误的是(　　)。

A. 缓冲溶液的缓冲比一定,缓冲溶液的总浓度越大,缓冲容量也越大

B. 缓冲溶液稀释后,缓冲比不变所以 pH 不变,但β却要改变

C. 酸性缓冲溶液可抵抗少量外来碱的影响,但不能抵抗少量外来酸的影响

D. 当缓冲溶液的缓冲比大于 10 或小于 0.1 时,缓冲溶液的缓冲容量较小

24. 某弱酸 HA($pK_a=5.3$)与其共轭碱 NaA 以 2∶1 体积比相混合,所得混合液的 pH 为 5.0,由此可知,其共轭碱与共轭酸的初始浓度之比为(　　)。

A. 1∶1　　B. 1∶2　　C. 2∶1　　D. 4∶1

25. 欲配制与血浆等渗，且与血浆 pH 也相近的溶液，则应是 1 L 溶液含 KH_2PO_4 和 K_2HPO_4 分别为(　　)。(已知 H_3PO_4 的 $pK_{a1}=2.12$，$pK_{a2}=7.21$，$pK_{a3}=12.67$)

A. 0.06 mol 与 0.06 mol　　B. 0.045 mol 与 0.07 mol

C. 0.07 mol 与 0.045 mol　　D. 0.15 mol 与 0.15 mol

二、判断题

(　　)1. pH 大于 pK_a 的缓冲溶液，则该缓冲溶液的抗碱能力大于抗酸能力。

(　　)2. 共轭酸加任意量的碱，共轭碱加任意量的酸，都一定能配制缓冲溶液。

(　　)3. 缓冲溶液适当稀释时，缓冲溶液的 pH 基本不变，但缓冲容量要改变。

(　　)4. 具有相同 $\beta_{极大值}$ 的缓冲溶液，其总浓度一定相等。

(　　)5. 配制缓冲溶液首要的条件是选择 pK_a 与 pH 接近的缓冲对。

(　　)6. 相同的缓冲系，具有相同的缓冲范围，不一定具有相同的缓冲容量。

(　　)7. 人体血液中最重要的抗碱成分是 CO_2，抗酸成分 HCO_3^-。

(　　)8. 已知 HAc 的 $pK_a=4.74$，若要配制 pH=6.0 的缓冲溶液，只要 $[Ac^-]/[HAc]=18.2$ 就可以配成。

(　　)9. 正常人的血浆中 $[HCO_3^-]/[CO_2]_{溶解}$ 约为 20/1。

(　　)10. 具有相同缓冲对，相同总浓度的缓冲溶液，其缓冲能力相同。

三、填空题

1. 当缓冲范围为________时，溶液才具有缓冲作用，缓冲比为________时，缓冲溶液的缓冲能力最强。

2. 血浆中存在多种缓冲系，其中最重要的是________，其抗酸成分为________。

3. 影响缓冲溶液 pH 的主要因素是________，缓冲溶液加入少量水稀释，pH________，缓冲容量________。

4. 通常用缓冲容量 β 来比较缓冲溶液的________，β 的大小与缓冲溶液的________和________有关，缓冲溶液的缓冲范围是________。

5. 在 100 mL 0.1 $mol \cdot L^{-1}$ NaH_2PO_4 和 50 mL 0.1 $mol \cdot L^{-1}$ NaOH 的混合溶液中，抗酸成分的共轭酸是________，其有效缓冲 pH 范围是________。

四、简答题

1. 影响缓冲溶液的 pH 的因素有哪些？为什么说共轭酸的 pK_a 是主要因素？

2. 举例说明为什么正常人体血液 pH 能保持在 7.40±0.05 范围内。

3. 简要说明用酒石酸氢钾一种物质就能配成满意的标准缓冲液(酒石酸：$H_2C_4H_4O_6$)　$pK_{a1}=2.98$　$pK_{a2}=4.30$，而硫酸氢钾($pK_{a2}=1.92$)的水溶液却不能？

4. 怎样配制具有一定 pH 的缓冲溶液？举例说明。

5. 简要说明缓冲容量与缓冲范围两个概念的关系如何。

五、计算题

1. 配制 500 mL，pH=7.21 的缓冲溶液，需要 0.10 $mol \cdot L^{-1}$ NaH_2PO_4 和 0.20 $mol \cdot L^{-1}$ NaOH 各多少毫升？（H_3PO_4：$pK_{a1}=2.12$，$pK_{a2}=7.21$，$pK_{a3}=12.67$）

2. 取 0.10 $mol \cdot L^{-1}$ 某一元弱酸 30 mL 和 10 mL 0.1 $mol \cdot L^{-1}$ KOH 溶液混合，混合液稀释至 100 mL，测得此液的 pH 为 6.0，此一元弱酸的 K_a 为多少？

3. 将 pH=4.82 的 NH_4Cl 溶液与 pH=11.43 的 $NH_3 \cdot H_2O$ 溶液等体积混合，试计算混合溶液 pH。已知 $NH_3 \cdot H_2O$ 的 $K_b=1.8\times10^{-5}$。

4. 用 0.2 $mol \cdot L^{-1}$ Na_3PO_4 和 0.6 $mol \cdot L^{-1}$ H_3PO_4 溶液等体积混合配成 500 mL 缓冲溶液，计算缓冲溶液的 pH，当向此溶液中加入 0.005 mol NaOH 固体后，溶液的 pH 又为多少。（已知 H_3PO_4：$pK_{a1}=2.12$，$pK_{a2}=7.21$，$pK_{a3}=12.67$）

5. 欲配制 100 mL pH=7.21，$\beta=0.144$ 的 KH_2PO_4（$M=136\ g \cdot mol^{-1}$）缓冲溶液，应取 KH_2PO_4 和 NaOH（$M=40\ g \cdot mol^{-1}$）各多少克？（H_3PO_4：$pK_{a1}=2.12$，$pK_{a2}=7.21$，$pK_{a3}=12.67$）

扫码看答案

第五章　胶　　体

学习目的要求

1. 了解分散系、分散度的概念；熟悉胶体分散系的特点；

2. 掌握溶胶的基本性质和胶团结构；理解溶胶的稳定因素及聚沉作用；

3. 了解高分子溶液与溶胶的区别；熟悉高分子溶液的稳定性与破坏条件；了解高分子溶液的形成特征及高分子电解质溶液；

4. 了解溶液表面的吸附现象及正(负)吸附的区别；熟悉表面活性剂的结构特点及其在溶液中的状态；了解两种类型的乳状液、乳化作用。

本章要点回顾

1. 根据分散相粒子的大小分类：可分为真溶液、胶体分散系和粗分散系三类

分散相粒子大小	分散系统类型		分散相粒子的组成	一般性质	实例
＜1 nm	真溶液		小分子或离子	均相；热力学稳定体系；分散相粒子扩散快，能透过滤纸和半透膜，形成真溶液	NaCl、NaOH $C_6H_{12}O_6$ 等水溶液
1～100 nm	胶体分散系	溶胶	胶粒（分子、离子、原子的聚集体）	非均相；热力学不稳定体系；分散相粒子扩散慢，能透过滤纸，不能透过半透膜	氢氧化铁、硫化砷、碘化银及金、银、硫等单质溶胶
		高分子溶液	高分子	均相；热力学稳定体系；分散相粒子扩散慢，能透过滤纸，不能透过半透膜，形成溶液	蛋白质、核酸等水溶液，橡胶的苯溶液
		缔合胶体	胶束	均相；热力学稳定体系；分散相粒子扩散慢，能透过滤纸，不能透过半透膜，形成胶囊溶液	超过一定浓度的十二烷基硫酸钠溶液
＞100 nm	粗分散系（乳状液、悬浮液）		粗粒子	非均相；热力学不稳定体系；分散相粒子不能透过滤纸和半透膜	乳汁、泥浆等

2. 溶胶的基本性质

(1) 基本特性:多相性、高度分散性、聚结不稳定性。

(2) 基本性质:溶胶的光学性质、动力学性质和电学性质。

	电　　泳	电　　渗
定义	在电场作用下,带电胶粒在介质中运动称为电泳	在外电场作用下,分散介质的定向移动现象称为电渗
移动物质	胶粒(分散相)	介质
移动方向	胶粒带负电,称为负溶胶(金属硫化物),向正极迁移;胶粒带正电,称为正溶胶(金属氢氧化物),向负极迁移	
结论	胶粒带电	介质带与胶粒相反的电荷
意义	氨基酸、多肽、蛋白质及核酸等物质的分离和鉴定方面有广泛的应用	

3. 溶胶和高分子溶液的异同点

溶　　胶	高分子溶液
相同性质:胶粒大小在 1～100 nm;扩散速度慢;可以透过滤纸,不能透过半透膜	
不同的性质	
1. 性质:多相,不稳定体系,黏度和渗透压小,Tyndall 现象明显	1. 性质:均相,稳定体系,黏度和渗透压较大,Tyndall 现象不明显
2. 稳定原因:布朗运动;胶粒带电;水化膜	2. 稳定原因:均相稳定体系;高度溶剂化-水化膜
3. 破坏方法:加入少量电解质,或反电荷胶粒(反离子的价数越高,聚沉能力越强);或加热	3. 破坏方法:加入大量电解质,使 pH＝pI,降低溶解度
4. 除去分散介质后,粒子聚结沉淀,除非采用特殊方法,否则不易再分散	4. 在一定条件下可形成凝胶;于某些干凝胶中再加入分散介质后又成为溶液
5. 差异原因:相界面	5. 差异原因:高分子的柔顺性
联系:高分子物质对溶胶有保护作用(加一定量高分子溶液)和敏化作用(加入少量的高分子溶液)	

4. 表面活性剂

(1) 定义:能显著降低水的表面张力的物质。

(2) 表面活性剂的结构特点:具有性质相反的两亲性基团,一类是亲脂性非极性基团，另一类是亲水性极性基团。

5. 乳状液是一种液体分散在另一种不相溶的液体中所形成的粗分散系。要使乳状液稳定必须加乳化剂。乳化剂分为两类："水包油"(O/W 型)和"油包水"(W/O 型)。钠肥皂形成 O/W 型乳状液，钙肥皂形成 W/O 型乳状液。

典型例题

例 0.008 $mol \cdot L^{-1}$ KI 和 0.01 $mol \cdot L^{-1}$ $AgNO_3$ 等体积混合制成 AgI 溶胶。试写出 AgI 溶胶的结构；指出各组成部分名称；并指出胶粒在电场中的运动方向；若将 $MgSO_4$、Na_3PO_4 及 $AlCl_3$ 等三种电解质的同浓度等体积溶液分别加入上述溶胶后，试写出三种电解质对溶胶聚沉能力的大小顺序。若将 0.01 $mol \cdot L^{-1}$ KI 和 0.008 $mol \cdot L^{-1}$ $AgNO_3$ 等体积混合制成 AgI 溶胶，结果又将如何。

解 0.008 $mol \cdot L^{-1}$ KI 和 0.01 $mol \cdot L^{-1}$ $AgNO_3$ 等体积混合后：

$c(I^-)=0.004\ mol \cdot L^{-1}$；$c(Ag^+)=0.005\ mol \cdot L^{-1}$。因此 $AgNO_3$ 过量。

所以此种 AgI 溶胶的胶团结构：

$$\{\underbrace{\underbrace{(AgI)_m}_{\text{胶核}} \cdot \underbrace{nAg^+ \cdot (n-x)NO_3^-}_{\text{吸附层}}\}^{x+}}_{\text{胶粒}} \cdot \underbrace{x\,NO_3^-}_{\text{扩散层}}$$

胶团

由于胶粒带正电，电泳时将向负极迁移。聚沉正溶胶靠负电荷，则：$MgSO_4$、Na_3PO_4 及 $AlCl_3$ 三种电解质对溶胶聚沉能力的大小顺序为：$Na_3PO_4 > MgSO_4 > AlCl_3$。

若将 0.01 $mol \cdot L^{-1}$ KI 和 0.008 $mol \cdot L^{-1}$ $AgNO_3$ 等体积混合制成 AgI 溶胶，则 $c(I^-)=0.005\ mol \cdot L^{-1}$；$c(Ag^+)=0.004\ mol \cdot L^{-1}$。因此 KI 过量。

所以此种 AgI 溶胶的胶团结构：

$$\{\underbrace{\underbrace{(AgI)_m}_{\text{胶核}} \cdot \underbrace{nI^- \cdot (n-x)K^+}_{\text{吸附层}}\}^{x-}}_{\text{胶粒}} \cdot \underbrace{x\,K^+}_{\text{扩散层}}$$

胶团

由于胶粒带负电，电泳时将向正极迁移。聚沉负溶胶靠正电荷，则：$MgSO_4$、Na_3PO_4 及 $AlCl_3$ 三种电解质对溶胶聚沉能力的大小顺序为：$AlCl_3 > MgSO_4 > Na_3PO_4$。

研讨式教学思考题

1. 什么是分散系、分散相、分散介质？试举例说明。
2. 何为表面能和表面张力？两者有何关系？表面能自动减小的途径有哪几种？

3. 真溶液与溶胶有什么区别？溶胶有哪些基本性质？为什么溶胶是热力学不稳定体系，同时溶胶又具有动力学稳定性？

4. 硅酸溶胶的胶粒是由硅酸聚合而成。胶核为 SiO_2 分子的聚集体，其表面的 H_2SiO_3 可以解离成 SiO_3^{2-} 和 H^+，H^+ 扩散到介质中去。写出硅胶的结构式，指出硅胶的双电层结构及胶粒的电性。胶粒怎样带电？所带电荷性质由什么决定？

5. Tyndall 效应的本质是什么？试说明溶胶产生 Tyndall 效应的原因。

6. 什么是表面活性剂？它的结构有什么特点？试从其结构特点说明它能降低溶液表面张力的原因。

7. 什么是乳状液？为什么乳化剂能使乳状液稳定？乳状液有哪些类型？它们的意义如何？

8. 高分子溶液的盐析作用和溶胶的聚沉作用有何不同？

9. 蛋白质的电泳与溶液的 pH 有什么关系？某蛋白质的等电点为 6.5，如溶液的 pH 为 8.6 时，该蛋白质分子的电泳方向如何？

自测题

一、选择题

1. “雾”属于分散体系，其分散介质是（　　）。

A. 液体　　B. 气体　　C. 固体　　D. 气体或固体

2. 将高分子溶液作为胶体体系来研究，因为它（　　）。

A. 是多相体系　　B. 是热力学不稳定体系

C. 对电解质很敏感　　D. 粒子大小在胶体范围内

3. 溶胶的基本特性之一是（　　）。

A. 热力学上和动力学上皆属于稳定体系

B. 热力学上和动力学上皆属不稳定体系

C. 热力学上不稳定而动力学上稳定体系

D. 热力学上稳定而动力学上不稳定体系

4. 用下列两种方法制备溶胶：(1) $FeCl_3$ 在热水中水解得的溶胶；(2)将 12 mL 的 0.5 $mol \cdot L^{-1}$ NaCl 与 10 mL 0.5 $mol \cdot L^{-1}$ $AgNO_3$ 制得；两种溶胶所带电荷的符号分别是（　　）。

A. (1)正电荷，(2)负电荷　　B. (1)负电荷，(2)正电荷

C. (1)与(2)都是正电荷　　D. (1)与(2)都是负电荷

5. 大分子溶液和普通小分子非电解质溶液的主要区别是大分子溶液（　　）。

A. 渗透压大　　B. 丁铎尔效应显著

C. 不能透过半透膜　　D. 对电解质敏感

6. 阳光从窗子射进房间时，从侧面可以看到空气中有一条光柱，这是由于

(　　)。

A. 布朗运动　B. 丁铎尔效应　C. 沉降作用　D. 胶粒带电

7. 对由各种方法制备的溶胶进行半透膜渗析或电渗析的目的是(　　)。

A. 除去杂质,提高纯度

B. 除去小胶粒,提高均匀性

C. 除去过多的电解质离子,提高稳定性

D. 除去过多的溶剂,提高浓度

8. 在$AgNO_3$溶液中加入稍过量KI溶液,得到溶胶的胶团结构可表示为(　　)。

A. $[(AgI)_m \cdot nI^- \cdot (n-x)K^+]^{x-} \cdot xK^+$

B. $[(AgI)_m \cdot nNO_3^- \cdot (n-x)Ag^+]^{x-} \cdot xAg^+$

C. $[(AgI)_m \cdot nK^+ \cdot (n-x)I^-]^{x+} \cdot xI^-$

D. $[(AgI)_m \cdot nAg^+ \cdot (n-x)NO_3^-]^{x+} \cdot xNO_3^-$

9. 区别溶胶、真溶液和悬浮液最简单、最灵敏的方法是(　　)。

A. 电泳　B. 观察丁铎尔效应

C. 布朗运动　D. 渗析

10. 对于胶团$[(AgBr)_m \cdot nAg^+ \cdot (n-x)NO_3^-]^{x+} \cdot xNO_3^-$,下列说法中不正确的是(　　)。

A. 胶核是$(AgBr)_m$

B. $m=n+x$

C. 胶粒是$[(AgBr)_m \cdot nAg^+ \cdot (n-x)NO_3^-]^{x+}$

D. 在电场中胶粒向负极移动

11. 实验室为了将不同的蛋白质分子分离,通常采用的方法是利用溶胶性质中的(　　)。

A. 电泳　B. 沉降　C. 电渗　D. 扩散

12. 金溶胶的胶团结构为$[(Au)_m \cdot nAuO_2^- \cdot (n-x)Na^+]^{x-} \cdot xNa^+$,下面各电解质对此溶胶的聚沉能力次序是(　　)。

A. $MgSO_4 > AlCl_3 > KCl$　B. $KCl > MgSO_4 > AlCl_3$

C. $KCl > AlCl_3 > MgSO_4$　D. $AlCl_3 > MgSO_4 > KCl$

13. 乳化剂使乳浊液稳定的原因,以下说法错误的是(　　)。

A. 降低界面张力和界面能

B. 形成保护膜

C. 乳化剂分子分别吸附在油-水界面上减少聚结

D. 增加界面张力

14. 蛋白质溶液属于(　　)。

A. 真溶液　B. 乳状液　C. 悬浊液　D. 溶胶

15. 离浆是指(　　)现象。

A. 超速离心使胶体与溶剂分离　　B. 加热蛋白质溶液使蛋白质沉淀

C. 加入反离子使溶胶聚沉　　D. 凝胶脱液，发生收缩

16. 沉降是指(　　)现象。

A. 胶粒受重力作用下沉　　B. 胶粒稳定性被破坏而聚结下沉

C. 蛋白质盐析而析出　　D. 高分子溶液黏度增大失去流动性

17. 胶体溶液中，决定溶胶电性的物质是(　　)。

A. 胶团　　B. 吸附离子　　C. 反离子　　D. 胶粒

18. $Fe(OH)_3$溶胶在电泳和电渗中的移动现象分别是(　　)。

A. 胶粒向正极，介质向正极　　B. 胶粒向正极，介质向负极

C. 胶粒向负极，介质向负极　　D. 胶粒向负极，介质向正极

19. 表面吸附是自发过程，其结果是(　　)。

A. 降低表面张力　B. 增大表面积　　C. 增大表面张力　D. 缩小表面积

20. As_2S_3溶胶电泳时胶粒向正极移动，那么欲使其聚沉所需浓度最小的电解质溶液是(　　)。

A. $NaNO_3$　　B. K_3PO_4　　C. $MgSO_4$　　D. $AlCl_3$

21. 蛋白质溶液处于等电点时，有(　　)。

A. 溶液中正、负离子数相等　　B. 溶液中正、负电荷数相等

C. 溶液中 H^+ 和 OH^- 数相等　　D. 蛋白质分子所带正、负电荷数相等

22. 物质间发生物理吸附时的作用力是(　　)。

A. 共价键　　B. 范德华力　　C. 配位键　　D. 离子键

23. 下列关于溶胶与大分子溶液的关系的描述不正确的是(　　)。

A. 溶胶与大分子溶液的相似性是分散相粒子大小相近

B. 溶胶在大量大分子溶液作用下会发生聚沉

C. 溶胶与大分子溶液的丁铎尔效应的强弱不同

D. 溶胶与大分子溶液的区别在于相状态和热力学稳定性不同

24. 蛋白质溶液中加入大量无机盐后会产生的现象是(　　)。

A. 聚沉　　B. 沉降平衡　　C. 盐析　　D. 胶凝

25. 关于乳状液，以下说法不正确的是(　　)。

A. 乳状液是粗分散系　　B. 乳状液是热力学及动力学稳定系统

C. 加入表面活性剂后比较稳定　　D. 高度分散的油水系统是乳状液

二、判断题

(　　)1. 用电解质使一定量溶胶在一定时间内完全聚沉，则电解质的聚沉值越小，其聚沉能力越强。

(　　)2. 在外电场作用下，分散介质的定向移动现象称为电泳。

(　　)3. 胶体带电的原因是胶核的选择性吸附和胶核表面分子的解离所引起

的。

(　　)4. $Fe(OH)_3$溶胶在Na_3PO_4溶液中比在$AlCl_3$溶液中更容易聚沉。

(　　)5. 胶体分散系都是多相体系。

(　　)6. 胶团结构中扩散双电层是指吸附层和扩散层构成的电性相反的两层结构。

(　　)7. 高分子化合物在溶剂中表现得舒展松弛。

(　　)8. 加入大量蛋白质可以使胶体稳定,加入少量蛋白质可以使胶体聚沉;二者并不矛盾。

(　　)9. 加水后,能均匀混合的是W/O型乳状液。

(　　)10. 加入少量电解质盐类,引起胶粒聚结沉降的作用称为盐析。

三、填空题

1. 溶胶具有相对稳定性的原因是________、________和________。

2. 蛋白质溶液稳定的主要因素是蛋白质的________作用。加入大量无机盐使蛋白质析出的作用称为________。

3. 溶胶的基本性质有________、________和________等性质。

4. 溶胶是________体系,具有动力学________性和聚结________性。

5. 沉降平衡是________和________两种相反作用达到平衡的结果,此时溶液中胶粒数目形成________状况。

四、简答题

1. 苯和水混合后加入钠肥皂摇动,得到哪种类型的乳状液?加入钙肥皂摇动又得到哪种类型的乳状液?

2. 什么是分散系?根据分散相粒子的大小可将分散系可分为哪几种类型?

3. 0.02 mol·L^{-1} KI和0.01 mol·L^{-1} $AgNO_3$等体积混合制成AgI溶胶。试写出AgI溶胶的结构;指出各组成部分名称;并指出胶粒在电场中的运动方向;若将$MgSO_4$、Na_3PO_4及$AlCl_3$等三种电解质的同浓度等体积溶液分别加入上述溶胶后,试写出三种电解质对溶胶聚沉能力的大小顺序。若将0.01 mol·L^{-1} KI和0.02 mol·L^{-1} $AgNO_3$等体积混合制成AgI溶胶,结果又将如何。

4. 溶胶和高分子溶液同属胶体分散系,试从分散相粒子大小、扩散性能、滤纸和半透膜透过性能及体系的热力学稳定性方面简述其异同。

五、计算题

1. 将$Al(OH)_3$溶胶平均分装在3个烧杯中,分别加入NaCl、Na_2SO_4、Na_3PO_4三种溶液使$Al(OH)_3$溶胶聚沉,它们的最低加入量各为:0.1 mol·L^{-1} NaCl 20 mL;0.05 mol·L^{-1} Na_2SO_4 12 mL;0.003 mol·L^{-1} Na_3PO_4 7.5 mL。通过计算推断$Al(OH)_3$溶胶的电泳方向。

2. 向0.002 mol·L^{-1} $AgNO_3$溶液中加入等体积的0.0018 mol·L^{-1} NaCl溶

液制备 AgCl 溶胶，这种溶胶的电泳方向如何？

3. 指出血清白蛋白（pI＝4.64）和血红蛋白（pI＝6.9）在由 $c(KH_2PO_4)=0.45$ mol·L^{-1}的溶液 80 mL 和 $c(Na_2HPO_4)=0.15$ mol·L^{-1}的溶液 50 mL 混合而成的溶液中的电泳方向。（已知 H_3PO_4 的 $pK_{a1}=2.12$、$pK_{a2}=7.21$、$pK_{a3}=12.67$）

4. 在四个各盛有 20.0 mL 某溶胶的烧瓶中加入电解质溶液使其聚沉，加入电解质的最小量分别为：500 mmol·L^{-1}的 KCl 溶液 2.0 mL；5.0 mmol·L^{-1}的 K_2SO_4 溶液 1.3 mL；2.0 mmol·L^{-1}的 $K_3[Fe(CN)_6]$溶液 0.8 mL；2.0 mmol·L^{-1}的 $K_4[Fe(CN)_6]$溶液 0.5 mL。试计算各电解质的临界聚沉浓度，并指出胶粒的电性。

5. 为制备带负电荷的 AgI 负溶胶，应向 25 mL 0.016 mmol·L^{-1}的 KI 溶液中加入多少毫升 0.005 mmol·L^{-1}的 $AgNO_3$溶液？

扫码看答案

第六章　化学热力学基础

学习目的要求

1. 了解热力学常用术语；掌握状态函数概念及特征；熟悉内能、焓(H)、熵(S)、Gibbs自由能(G)等状态函数的概念、特征及其变量的意义、符号；

2. 熟悉Hess定律；掌握标准摩尔生成焓的定义；掌握用Hess定律和标准摩尔生成焓计算反应焓变的方法；

3. 熟悉自发反应的特征；掌握化学反应自发进行的判据；熟悉热力学标准态；掌握Gibbs自由能计算公式；掌握标准态下化学反应的Gibbs自由能变的计算方法；

4. 掌握公式$\Delta G=\Delta H-T\Delta S$及应用；熟悉恒压条件下温度对反应自发性的影响。

本章要点回顾

1. 化学反应热效应的计算方法

封闭体系无非体积功的等压热效应Q_p等于焓变：$Q_p=\Delta H$(热化学方程式：定量表示化学反应与热效应关系的方程式，如：$H_2(g)+\frac{1}{2}O_2(g)$ ══ $H_2O(l)$　$\Delta_r H^{\ominus}_{m,298.15}=-285.8\ kJ\cdot mol^{-1}$)

由已知的热化学方程式计算反应热(Hess定律)：一定条件下(等容或等压)，如果反应可以分几步进行，则各步反应的反应热的总和等于该反应一步完成的反应热。

由标准摩尔生成热计算反应热：$\Delta_r H^{\ominus}_m=\sum\nu_j\Delta_f H^{\ominus}_m$(产物)$-\sum\nu_i\Delta_f H^{\ominus}_m$(反应物)($\Delta H>0$为吸热反应；$\Delta H<0$为放热反应。)

热力学标准态是指在温度T和标准压力$p^{\ominus}$(100 kPa)下物质的状态。气体为标准压力下的纯气体或混合气体中分压为标准压力，且具有理想气体的性质。纯液体(或纯固体)为标准压力下的纯液体(或纯固体)。溶液为标准压力下，浓度为1 $mol\cdot L^{-1}$或质量摩尔浓度为1 $mol\cdot kg^{-1}$，且符合理想稀溶液定律的溶质。

标准摩尔生成焓指在标准压力$p^{\ominus}$和指定的温度T下，由稳定单质生成1 mol该物质的焓变。如$Ag(s)+1/2Cl_2(g)\longrightarrow AgCl(s)$，$\Delta_r H^{\ominus}_m=-127\ kJ\cdot mol^{-1}=\Delta_f H^{\ominus}_m$[AgCl(s)]

2. 三个重要的状态函数

焓(H)、熵(S)、自由能(G)的比较与相互联系。

<table>
<tr><th>状态函数</th><th>$H=U+pV$</th><th>S</th><th>$G=H-TS$</th></tr>
<tr><td>共同点</td><td colspan="3">1. 都是状态函数，具有状态函数的性质：体系状态一定，状态函数就具有确定的值；当体系状态改变时，状态函数的变化值只与始态和终态（反应物和产物）有关，与过程无关。
2. 都可以使用 Hess 定律，利用几个已知反应的 $\Delta_r H_m^\ominus$（$\Delta_r S_m^\ominus$、$\Delta_r G_m^\ominus$）值，求算未知反应的 $\Delta_r H_m^\ominus$（$\Delta_r S_m^\ominus$、$\Delta_r G_m^\ominus$）值。
3. 都属广度性质，与反应式的写法有关：反应方程式相加减，则反应 $\Delta_r H_m^\ominus$（$\Delta_r S_m^\ominus$、$\Delta_r G_m^\ominus$）相加减；反应式乘以系数 n，则 $\Delta_r H_m^\ominus$（$\Delta_r S_m^\ominus$、$\Delta_r G_m^\ominus$）乘以相同系数 n；正逆反应 $\Delta_r H_m^\ominus$（$\Delta_r S_m^\ominus$、$\Delta_r G_m^\ominus$）大小相等、符号相反。</td></tr>
<tr><td rowspan="4">区别</td><td>绝对值无法测定，规定标准摩尔生成焓 $\Delta_f H_m^\ominus$（最稳定单质）=0</td><td>有规定熵：纯物质完整有序晶体在 0 K 时的熵值为零（热力学第三定律）</td><td>绝对值无法测定，规定标准摩尔生成吉布斯自由能 $\Delta_f G_m^\ominus$（最稳定单质）=0</td></tr>
<tr><td>以 $\Delta_f H_m^\ominus$（最稳定单质）=0</td><td>$S_m^\ominus$（最稳定单质）$\neq 0$</td><td>$\Delta_f G_m^\ominus$（最稳定单质）=0</td></tr>
<tr><td>以每种物质的 $\Delta_f H_m^\ominus$ 计算反应 298.15 K 时 $\Delta_r H_m^\ominus$：$\Delta_r H_m^\ominus = \sum \nu_j \Delta_f H_m^\ominus$(产物) $- \sum \nu_i \Delta_f H_m^\ominus$ (反应物)（注意系数）</td><td>以每种物质的 $S_m^\ominus$ 计算反应 298.15 K 时 $\Delta_r S_m^\ominus$：$\Delta_r S_m^\ominus = \sum \nu_j S_m^\ominus$(产物) $- \sum \nu_i S_m^\ominus$ (反应物)（注意系数）</td><td>以每种物质的 $\Delta_f G_m^\ominus$ 计算反应 298.15 K 时 $\Delta_r G_m^\ominus$：$\Delta_r G_m^\ominus = \sum \nu_j \Delta_f G_m^\ominus$(产物) $- \sum \nu_i \Delta_f G_m^\ominus$ (反应物)（注意系数）</td></tr>
<tr><td>$\Delta_r H_m^\ominus$ 随温度变化不大：$\Delta_r H_{m,298.15}^\ominus \approx \Delta_r H_m^\ominus$</td><td>$\Delta_r S_m^\ominus$ 随温度变化不大：$\Delta_r S_{m,298.15}^\ominus \approx \Delta_r S_m^\ominus$</td><td>$\Delta_r G_m^\ominus$ 随温度发生显著变化：$\Delta_r G_{m,298.15}^\ominus \neq \Delta_r G_m^\ominus$</td></tr>
<tr><td>联系</td><td colspan="3">Gibbs 方程式：
$\Delta_r G_m^\ominus = \Delta_r H_{m,298.15}^\ominus - T\Delta_r S_{m,298.15}^\ominus$（注意单位）$\begin{cases} <0，正反应自发进行； \\ =0，反应达到平衡； \\ >0，逆反应自发进行。 \end{cases}$
$\Delta_r H_{m,298.15}^\ominus$，$\Delta_r S_{m,298.15}^\ominus$ 对反应自发性的影响：
$\Delta_r H_{m,298.15}^\ominus < 0$，$\Delta_r S_{m,298.15}^\ominus < 0$，则低温 $\Delta_r G_m^\ominus < 0$，低温下正反应自发进行；
$\Delta_r H_{m,298.15}^\ominus > 0$，$\Delta_r S_{m,298.15}^\ominus > 0$，则高温 $\Delta_r G_m^\ominus < 0$，高温下正反应自发进行；
$\Delta_r H_{m,298.15}^\ominus > 0$，$\Delta_r S_{m,298.15}^\ominus < 0$，则 $\Delta_r G_m^\ominus > 0$，正反应任何温度都非自发进行。</td></tr>
<tr><td>备注</td><td colspan="3">$S_m^\ominus$ 的变化规律：同一物质的不同聚集态，$S_m^\ominus$（气态）>$S_m^\ominus$（液态）>$S_m^\ominus$（固态）；温度升高，$S_m^\ominus$ 增大；同一状态，复杂分子的 $S_m^\ominus$>简单分子 $S_m^\ominus$。</td></tr>
</table>

典型例题

例 1　已知

(1) $Fe_2O_3(s)+3CO(g)\longrightarrow 2Fe(s)+3CO_2(g)$的 $\Delta_r H_{m,1}^{\ominus}=-24.8\ kJ\cdot mol^{-1}$；$\Delta_r G_{m,1}^{\ominus}=-29.4\ kJ\cdot mol^{-1}$。

(2) $3Fe_2O_3(s)+CO(g)\longrightarrow 2Fe_3O_4(s)+CO_2(g)$的 $\Delta_r H_{m,2}^{\ominus}=-47.2\ kJ\cdot mol^{-1}$；$\Delta_r G_{m,2}^{\ominus}=-61.41\ kJ\cdot mol^{-1}$。

(3) $Fe_3O_4(s)+CO(g)\longrightarrow 3FeO(s)+CO_2(g)$的 $\Delta_r H_{m,3}^{\ominus}=19.4\ kJ\cdot mol^{-1}$；$\Delta_r G_{m,3}^{\ominus}=5.21\ kJ\cdot mol^{-1}$。

试求反应(4)$FeO(s)+CO(g)\longrightarrow Fe(s)+CO_2(g)$在 298.15 K，标准态下的 $\Delta_r H_{m,4}^{\ominus}$、$\Delta_r G_{m,4}^{\ominus}$、$\Delta_r S_{m,4}^{\ominus}$。

解　考察各热化学方程式知：$-\frac{1}{3}\times(3)+\frac{1}{2}\times(1)-\frac{1}{6}\times(2)$即可得热化学方程式(4)，所以由 Hess 定律得：

$$
\begin{aligned}
\Delta_r H_{m,4}^{\ominus} &= -\frac{1}{3}\Delta_r H_{m,3}^{\ominus}+\frac{1}{2}\Delta_r H_{m,1}^{\ominus}-\frac{1}{6}\Delta_r H_{m,2}^{\ominus}\\
&= -\frac{1}{3}\times 19.4\ kJ\cdot mol^{-1}+\frac{1}{2}\times(-24.8)\ kJ\cdot mol^{-1}\\
&\quad -\frac{1}{6}\times(-47.2)\ kJ\cdot mol^{-1}\\
&= -11\ kJ\cdot mol^{-1}
\end{aligned}
$$

$$
\begin{aligned}
\Delta_r G_{m,4}^{\ominus} &= -\frac{1}{3}\times\Delta_r G_{m,3}^{\ominus}+\frac{1}{2}\times\Delta_r G_{m,1}^{\ominus}-\frac{1}{6}\times\Delta_r G_{m,2}^{\ominus}\\
&= -\frac{1}{3}\times 5.21\ kJ\cdot mol^{-1}+\frac{1}{2}\times(-29.4)\ kJ\cdot mol^{-1}\\
&\quad -\frac{1}{6}\times(-61.4)\ kJ\cdot mol^{-1}\\
&= -6.21\ kJ\cdot mol^{-1}
\end{aligned}
$$

$$
\begin{aligned}
\Delta_r S_{m,4}^{\ominus} &= \frac{\Delta_r H_{m,4}^{\ominus}-\Delta_r G_{m,4}^{\ominus}}{298.15\ K}=\frac{(-11)\times 10^3\ J\cdot mol^{-1}-(-6.20)\times 10^3\ J\cdot mol^{-1}}{298.15\ K}\\
&= -16.1\ J\cdot mol^{-1}\cdot K^{-1}
\end{aligned}
$$

例 2　今有反应和相应热力学数据如下：$NH_4Cl(s) = NH_3(g)+HCl(g)$

	$NH_4Cl(s)$	$NH_3(g)$	$HCl(g)$
$\Delta_f H_m^{\ominus}/(kJ\cdot mol^{-1})$	−314.4	−45.9	−92.3
$S_m^{\ominus}/(J\cdot K^{-1}\cdot mol^{-1})$	94.6	192.8	186.9
$\Delta_f G_m^{\ominus}/(kJ\cdot mol^{-1})$	−202.9	−16.4	−95.3

(1) 用两种方法求此反应在 298.15 K，标准态下的 $\Delta_r G_m^{\ominus}$，并判断反应能否自发

进行。

(2) 求标准态下此反应自发进行的最低温度。

解　$\Delta_r G_m^\ominus = \Delta_f G_m^\ominus(NH_3,g) + \Delta_r G_m^\ominus(HCl,g) - \Delta_r G_m^\ominus(NH_4Cl,s)$

$= -16.4\ kJ \cdot mol^{-1} - 95.3\ kJ \cdot mol^{-1} + 202.9\ kJ \cdot mol^{-1}$

$= 91.2\ kJ \cdot mol^{-1}$

$\Delta_r H_m^\ominus = \Delta_f H_m^\ominus(NH_3,g) + \Delta_f H_m^\ominus(HCl,\ g) - \Delta_f H_m^\ominus(NH_4Cl,\ s)$

$= -45.9\ kJ \cdot mol^{-1} - 92.3\ kJ \cdot mol^{-1} + 314.4\ kJ \cdot mol^{-1}$

$= 176.2\ kJ \cdot mol^{-1}$

$\Delta_r S_m^\ominus = S_m^\ominus(NH_3,g) + S_m^\ominus(HCl,g) - S_m^\ominus(NH_4Cl,s)$

$= 192.8\ J \cdot mol^{-1} \cdot K^{-1} + 186.9\ J \cdot mol^{-1} \cdot K^{-1} - 94.6\ J \cdot mol^{-1} \cdot K^{-1}$

$= 285.1\ J \cdot mol^{-1} \cdot K^{-1}$

$\Delta_r G_m^\ominus = \Delta_r H_m^\ominus - T\Delta_r S_m^\ominus$

$= 176.2\ kJ \cdot mol^{-1} - 298.15\ K \times 285.1 \times 10^{-3}\ kJ \cdot K^{-1} \cdot mol^{-1}$

$= 91.2\ kJ \cdot mol^{-1}$

可见,两种方法求得的 $\Delta_r G_m^\ominus$ 值是一致的,由于 $\Delta_r G_m^\ominus > 0$,所以在 298.15 K,标准态下此反应不能自发进行。

由于此过程的 $\Delta_r H_m^\ominus > 0$,$\Delta_r S_m^\ominus > 0$,升高温度有利于反应自发进行,则

$$T > \frac{\Delta_r H_{m,T}^\ominus}{\Delta_r S_{m,T}^\ominus} \approx \frac{\Delta_r H_{m,298.15}^\ominus}{\Delta_r S_{m,298.15}^\ominus} = \frac{176.2 \times 10^3\ kJ \cdot mol^{-1}}{285.1\ J \cdot k^{-1} \cdot mol^{-1}} = 618\ K$$

即 $T > 618$ K 时,此过程自发进行。因此,NH_4Cl 不应在高温下保存。

研讨式教学思考题

1. 系统和环境的定义?热力学主要研究的是哪一种体系?什么是广度性质,什么是强度性质?

2. 状态函数的含义及其基本特征是什么?T、p、V、ΔU、ΔH、ΔG、S、G、Q_p、Q_v、Q、W、$W_{f,最大}$ 中哪些是状态函数?哪些属于广度性质?哪些属于强度性质?

3. 什么是 Hess 定律?Hess 定律的理论基础是什么?如何通过 Hess 定律计算反应热?对理想气体,等压焓变和等容焓变有什么关系?焓变和吉布斯自由能变之间有什么区别?

4. 什么是热化学方程式?热力学中的标准态是怎样规定的?

5. 什么是标准摩尔生成焓?如何通过标准摩尔生成焓计算反应热?

6. 什么是自发过程?其具有什么特点?

7. 什么是熵?如何判断物质在相同条件下熵值的大小?如(1)气态甲烷和乙烷;(2)固体氯化铵和溴化铵;(3)液态溴和气态溴;(4)He(1 MPa)、He(10 MPa),怎么定性判断一个反应 $\Delta_r S_m^\ominus$ 的正负?怎么定量计算?

8. 什么是 Gibbs 方程式?决定化学反应自发性的因素有哪些?什么情况下温

度对化学反应自发进行方向有影响？请总结规律。

9. 什么是热力学第一定律？热力学第二定律？热力学第三定律？各解决什么问题？

自测题

一、选择题

1. 在等温、等压下，某一化学反应的 $\Delta_r H_m < 0$、$\Delta_r S_m > 0$，则此反应(　　)。

A. 正向进行　　B. 逆向进行

C. 处于平衡状态　　D. 无法判断反应方向

2. 298 K，标准压力下，反应 $2H_2(g)+O_2(g)$ ══ $2H_2O(l)$ 的 $\Delta_r H_m^{\ominus} = -517.8$ kJ·mol^{-1}，下列各式中正确的是(　　)。

A. $\Delta_r U_m^{\ominus} = -571.8$ kJ·mol^{-1}

B. $\Delta_f H_m^{\ominus}(H_2O,l) = -258.9$ kJ·mol^{-1}

C. $\Delta_f H_m^{\ominus}(H_2O,l) = -571.9$ kJ·mol^{-1}

D. $\Delta_r H_m^{\ominus} > \Delta_r U_m^{\ominus}$

3. $H_2O(g)$和 $CO(g)$在 298 K 的标准摩尔生成焓 $\Delta_f H_m^{\ominus}$ 分别为 -241.8 kJ·mol^{-1} 和 -110.5 kJ·mol^{-1}，则在 298 K 时反应 $H_2O(g)+C$(石墨)══$CO(g)+H_2(g)$的 $\Delta_r H_m^{\ominus}$ 为(　　)。

A. -352.3 kJ·mol^{-1}　　B. -131.3 kJ·mol^{-1}

C. 131.3 kJ·mol^{-1}　　D. 352.3 kJ·mol^{-1}

4. 一系统由 A 态沿途径Ⅰ到 B 态放热 100 J，得到 50 J 的功，当系统由 A 态沿途径Ⅱ到 B 态做功 30 J，则 Q 为(　　)。

A. 70 J　　B. -70 J　　C. -20 J　　D. 20 J

5. 已知 298 K 时，C(石墨)$+\frac{1}{2}O_2(g)$══$CO(g)$ $\Delta_r H_m^{\ominus} = -110.52$ kJ·mol^{-1}，$3Fe(s)+2O_2(g)$══$Fe_3O_4(s)$ $\Delta_r H_m^{\ominus} = -1117.13$ kJ·mol^{-1}，则反应 $Fe_3O_4(s)+4C$(石墨)══$3Fe(s)+4CO(g)$在 298 K 时的 $\Delta_r H_m^{\ominus}$ 为(　　)。

A. 1006.61 kJ·mol^{-1}　　B. -1006.61 kJ·mol^{-1}

C. 675.05 kJ·mol^{-1}　　D. -675.05 kJ·mol^{-1}

6. 某化学反应的 $\Delta_r H_m^{\ominus} = 17.2$ kJ·mol^{-1}、$\Delta_r S_m^{\ominus} = 56.2$ J·mol^{-1}·K^{-1}，则该反应自发进行的最低温度是(　　)。

A. 0.30 ℃　　B. 33 ℃　　C. 122 ℃　　D. 306 ℃

7. 系统从状态 A 到状态 B 沿Ⅰ、Ⅱ两条不同途径，则有(　　)。

A. $Q_Ⅰ = Q_Ⅱ$　　B. $W_Ⅰ = W_Ⅱ$

C. $\Delta H = 0$　　D. $Q_Ⅰ + W_Ⅰ = Q_Ⅱ + W_Ⅱ$

8. 甲烷的燃烧反应为：$CH_4(g)+2O_2(g)$══$CO_2(g)+2H_2O(l)$。已知 298 K

时 $\Delta_r H_m^\ominus$ 为 $-890.0\ kJ\cdot mol^{-1}$，$CO_2(g)$ 和 $H_2O(l)$ 的标准摩尔生成焓分别是 $-390.0\ kJ\cdot mol^{-1}$ 和 $-290.0\ kJ\cdot mol^{-1}$，则 298 K 时，甲烷的标准摩尔生成焓为(　　)。

A. $-80.0\ kJ\cdot mol^{-1}$　　B. $80.0\ kJ\cdot mol^{-1}$

C. $-210.0\ kJ\cdot mol^{-1}$　　D. $210.0\ kJ\cdot mol^{-1}$

9. 在任一可逆反应中，正向反应和逆向反应的吉布斯自由能变(ΔG)之间的关系是(　　)。

A. 绝对值相等、符号相反　　B. 绝对值不等、符号相反

C. 绝对值相等、符号相同　　D. 绝对值不等、符号相同

10. 今有下列物质：(1)$NaCl(s)$、(2)$Cl_2(g)$、(3)$Na(s)$、(4)$He(g)$、(5)$I_2(g)$，其 $S_m^\ominus$ 值的大小顺序应为(　　)。

A. (3)＜(1)＜(4)＜(2)＜(5)　　B. (3)＜(4)＜(1)＜(2)＜(5)

C. (4)＜(3)＜(1)＜(2)＜(5)　　D. (3)＜(1)＜(4)＜(5)＜(2)

11. 在恒定的温度和压力下，已知反应 $A = 2B$ 的标准摩尔反应焓 $\Delta_r H_{m1}^\ominus$ 及反应 $2A = C$ 的标准摩尔反应焓 $\Delta_r H_{m2}^\ominus$，则反应 $C = 4B$ 的标准摩尔反应焓 $\Delta_r H_{m3}^\ominus$ 是(　　)。

A. $2\Delta_r H_{m1}^\ominus + \Delta_r H_{m2}^\ominus$　　B. $\Delta_r H_{m2}^\ominus - 2\Delta_r H_{m1}^\ominus$

C. $\Delta_r H_{m2}^\ominus + \Delta_r H_{m1}^\ominus$　　D. $2\Delta_r H_{m1}^\ominus - \Delta_r H_{m2}^\ominus$

12. 已知 $\Delta_f H_m^\ominus(H_2O, g) = -241.8\ kJ\cdot mol^{-1}$，$\Delta_f H_m^\ominus(H_2O, l) = -285.84\ kJ\cdot mol^{-1}$，$\Delta_f H_m^\ominus(CO_2, g) = -393.51\ kJ\cdot mol^{-1}$，$\Delta_f H_m^\ominus(CH_4, g) = -74.81\ kJ\cdot mol^{-1}$，则在 298 K 时反应 $CH_4(g) + 2\ O_2(g) = CO_2(g) + 2H_2O(g)$ 的 $\Delta_r H_m^\ominus$ 为(　　)$kJ\cdot mol^{-1}$。

A. $-393.51-2\times241.83+74.81$　　B. $-393.51-2\times285.84-74.81$

C. $-393.51-2\times285.84+74.81$　　D. $-393.51+2\times241.83-74.81$

13. 下列各组函数中，均为状态函数的是(　　)。

A. S、ΔG、H、Q　　B. H、U、W、Q　　C. p、V、S、G　　D. Q_v、Q_p、ΔU、ΔS

14. 标准态下，反应 $CH_3OH(l) = CH_4(g) + 1/2O_2(g)$ 的 $\Delta_r S_m^\ominus$ 为(　　)。

A. >0　　B. <0

C. $=0$　　D. 考虑温度后才能确定

15. 等温等压条件下，某化学反应在室温下非自发，在高温下自发，则(　　)。

A. $\Delta_r H_m>0$、$\Delta_r S_m>0$　　B. $\Delta_r H_m>0$、$\Delta_r S_m<0$

C. $\Delta_r H_m<0$、$\Delta_r S_m<0$　　D. $\Delta_r H_m<0$、$\Delta_r S_m>0$

16. 等温等压条件下，反应 $HCl(g) + NH_3(g) = NH_4Cl(g)$ 可自发进行，由此可推出(　　)。

A. $\Delta_r H_m>0$、$\Delta_r S_m>0$　　B. $\Delta_r H_m>0$、$\Delta_r S_m<0$

C. $\Delta_r H_m<0$、$\Delta_r S_m<0$　　D. $\Delta_r H_m<0$、$\Delta_r S_m>0$

17. 下列反应中 $\Delta_r S_m<0$ 的是(　　)。

A. $C_6H_6(s)$══$C_6H_6(l)$

B. $2NO_2(g)$══$N_2(g)+2O_2(g)$

C. $2IBr(g)$══$I_2(s)+Br_2(l)$

D. $(NH_4)_2CO_3(s)$══$2NH_3(g)+H_2O(g)+CO_2(g)$

18. 在任何热力学循环过程中,下列物理量变化情况正确的是(　　)。

A. $Q=0$　　B. $W=0$　　C. $Q+W=0$　　D. 以上均不等于 0

19. 某温度的标准态下,已知反应 $4Fe(s)+3O_2(g)$══$2Fe_2O_3(s)$ 的 $\Delta_r G_m^{\ominus}=-1484.4\ kJ\cdot mol^{-1}$。下列叙述正确的是(　　)。

A. 该温度的标准态下,此反应自发进行,且反应自发进行的主要推动力为 $\Delta_r H_m^{\ominus}$

B. 该温度的标准态下,此反应非自发进行,在低温下自发进行

C. 该温度的标准态下,此反应自发进行,但反应自发进行的推动力既不是 $\Delta_r H_m^{\ominus}$,也不是 $\Delta_r S_m^{\ominus}$

D. 该温度的标准态下,此反应自发进行,且反应自发进行的主要推动力为 $\Delta_r S_m^{\ominus}$

20. 下列反应中,$\Delta_r H_m^{\ominus}$ 与产物 $\Delta_f H_m^{\ominus}$ 相同的是(　　)。

A. $2H_2(g)+O_2(g)$══$2H_2O(l)$　　B. $2NO(g)+O_2(g)$══$2NO_2(g)$

C. C(金刚石)══C(石墨)　　D. $H_2(g)+\frac{1}{2}O_2(g)$══$H_2O(l)$

21. 在标准态下的反应 $H_2(g)+Cl_2(g)\longrightarrow 2HCl(g)$,其 $\Delta_r H_m^{\ominus}=-184.61\ kJ\cdot mol^{-1}$,由此可知 HCl(g)的标准摩尔生成焓应为(　　)。

A. $-184.61\ kJ\cdot mol^{-1}$　　B. $-92.30\ kJ\cdot mol^{-1}$

C. $-369.23\ kJ\cdot mol^{-1}$　　D. $-46.15\ kJ\cdot mol^{-1}$

22. 下列热力学函数的数值等于零的是(　　)。

A. $S_m^{\ominus}(O_2,g)$　　B. $\Delta_f H_m^{\ominus}(I_2,g)$　　C. $\Delta_f G_m^{\ominus}$(金刚石)　　D. $\Delta_f G_m^{\ominus}(P_4,s)$

23. 1 mol 水在其沸点汽化时,则(　　)。

A. $\Delta_r G_m^{\ominus}=0$, $\Delta_r H_m^{\ominus}>0$, $\Delta_r S_m^{\ominus}>0$　　B. $\Delta_r G_m^{\ominus}<0$, $\Delta_r H_m^{\ominus}>0$, $\Delta_r S_m^{\ominus}>0$

C. $\Delta_r G_m^{\ominus}=0$, $\Delta_r H_m^{\ominus}>0$, $\Delta_r S_m^{\ominus}<0$　　D. $\Delta_r G_m^{\ominus}<0$, $\Delta_r H_m^{\ominus}<0$, $\Delta_r S_m^{\ominus}<0$

24. 某吸热反应是一熵减少过程,若欲使其反应发生,则应(　　)。

A. 升高温度　　B. 降低温度　　C. 加催化剂　　D. 上述方法均不行

25. KNO_3固体的溶解过程中(　　)。

A. $\Delta_r G_m^{\ominus}<0$, $\Delta_r H_m^{\ominus}>0$, $\Delta_r S_m^{\ominus}>0$　　B. $\Delta_r G_m^{\ominus}<0$, $\Delta_r H_m^{\ominus}<0$, $\Delta_r S_m^{\ominus}<0$

C. $\Delta_r G_m^{\ominus}<0$, $\Delta_r H_m^{\ominus}>0$, $\Delta_r S_m^{\ominus}<0$　　D. $\Delta_r G_m^{\ominus}<0$, $\Delta_r H_m^{\ominus}<0$, $\Delta_r S_m^{\ominus}>0$

二、判断题

(　　)1. 若某一反应的 $\Delta_r G_m$ 和 $\Delta_r S_m$ 均为正值,则当温度升高时 $\Delta_r G_m$ 减小。

(　　)2. 当温度接近 0 K 时,所有放热反应均能自发进行。

(　　)3. 稳定单质的 $\Delta_f H_m^{\ominus}$ 和 $\Delta_f G_m^{\ominus}$ 均为零。

(　　)4. 温度对化学反应的 $\Delta_r H_m$ 和 $\Delta_r S_m$ 的影响都比较小，因此温度对其反应 $\Delta_r G_m$ 的影响也比较小。

(　　)5. 焓的绝对值是可以测量的。

(　　)6. 利用 $\Delta_r S_m>0$ 或 $\Delta_r G_m<0$ 均可判断任一体系的自发进行方向。

(　　)7. 0 ℃、101.3 kPa 的条件下，任何纯物质的完整晶体的熵值为 0。

(　　)8. 某系统由状态 A 经不可逆过程到 B，再以可逆过程回复到 A，则系统的 ΔU、ΔH、ΔS、ΔG 均等于零，Q、W 也等于零。

(　　)9. $H_2(g)$ 的 $\Delta_f H_m^\ominus$ 就是 $H_2O(g)$ 的 $\Delta_f H_m^\ominus$。

(　　)10. 反应 $SO_2(g)+2\ H_2(g) \longrightarrow S(s)+2\ H_2O(g)$，$\Delta_r G_m^\ominus=-156.7\ kJ \cdot mol^{-1}$。在 298 K 标准态下，该反应自发进行的主要推动力是焓变。

三、填空题

1. 在 298 K 时，已知金刚石的标准生成焓 $\Delta_f H_m^\ominus$ 为 $1.9\ kJ \cdot mol^{-1}$，则反应：石墨$\longrightarrow$金刚石的 $\Delta_r H_m^\ominus=$________。

2. 正常沸点下，乙醇(l)变成乙醇(g)的过程中，$\Delta_r G_m^\ominus$ ________，$\Delta_r H_m^\ominus$ ________，$\Delta_r S_m^\ominus$ ________。(用>0、<0 或$=0$ 表示)。

3. 在等温或等压条件下，不论化学反应是一步完成或分几步完成，这个过程的热效应________，这个定律称为________。

4. 对于任何物质，H 和 U 的相对大小为 H ________ U，这是因为________。

5. 反应 $N_2(g)+3H_2(g) = 2NH_3(g)$ $\Delta_r H_m^\ominus<0$，若在一定范围内升高温度，则 $\Delta_r H_m$ ________，$\Delta_r S_m$ ________，$\Delta_r G_m$ ________。

四、简答题

1. 什么是 Hess 定律？Hess 定律的理论基础是什么？

2. 自发过程有哪些特征？决定化学反应自发性的因素有哪些？什么情况下温度对化学反应自发进行方向有影响？

3. 在熔化、蒸发、溶解过程中，请指出其 ΔH 总是大于零的过程。

4. 热力学中的标准态是怎样规定的？

5. 标准态下，判断下列反应随温度变化，反应自发进行的情况，并简述原因。

(1) $2N_2(g)+O_2(g) = 2N_2O(g)$　$\Delta_r H_m^\ominus=163\ kJ \cdot mol^{-1}$；

(2) $NO(g)+NO_2(g) = N_2O_3(g)$　$\Delta_r H_m^\ominus=-42\ kJ \cdot mol^{-1}$；

(3) $2C(s)+O_2(g) = 2CO(g)$　$\Delta_r H_m^\ominus=-22\ kJ \cdot mol^{-1}$

五、计算题

1. 已知下列热化学方程式：

(1) $Fe_2O_3(s)+3CO(g) = 2Fe(s)+3CO_2(g)$　$\Delta_r H_{m,1}^\ominus=-26.8\ kJ \cdot mol^{-1}$

(2) $3Fe_2O_3(s)+CO(g) = 2Fe_3O_4(s)+CO_2(g)$　$\Delta_r H_{m,2}^\ominus=-58.2\ kJ \cdot mol^{-1}$

(3) $Fe_3O_4(s)+CO(g) = 3FeO(s)+CO_2(g)$　$\Delta_r H_{m,3}^\ominus=-38.4\ kJ \cdot mol^{-1}$

计算反应 $FeO(s)+CO(g)$══$Fe(s)+CO_2(g)$的 $\Delta_r H_m^\ominus$。

2. 甘油三油酸酯是一种典型的脂肪,当它被人体代谢时发生下列反应:

$C_{57}H_{106}O_6(s)+80O_2(g)$══$57CO_2(g)+52H_2O(l)$　$\Delta_r H_m^\ominus=-3.35\times10^4\ kJ\cdot mol^{-1}$

问消耗这种脂肪 1000 g 时,将有多少热量放出。

3. 已知反应　$H_2O(g)+C(石墨)\longrightarrow CO(g)+H_2(g)$

	$H_2O(g)$	C(石墨)	$CO(g)$	$H_2(g)$
$\Delta_f H_m^\ominus/(kJ\cdot mol^{-1})$	−241.8	0	−110.5	0
$S_m^\ominus/(J\cdot K^{-1}\cdot mol^{-1})$	188.8	5.7	197.7	130.7
$\Delta_f G_m^\ominus/(kJ\cdot mol^{-1})$	−228.6	0	−137.2	0

(1) 试用两种方法求算该反应在 298.15 K 时的 $\Delta_r G_m^\ominus$,并指出在标准条件下反应能否自发进行;

(2) 若此反应不能自发进行,可否改变温度使其成为自发?温度至少达到多少度才能自发进行?

4. 已知 298 K 时,反应 $N_2(g)+3H_2(g)$══$2NH_3(g)$的 $\Delta_f H_m^\ominus(NH_3,g)=-46.3\ kJ\cdot mol^{-1}$,$\Delta_f G_m^\ominus(NH_3,g)=-16.5\ kJ\cdot mol^{-1}$,试计算 298 K、100 kPa 时 $\Delta_r H_m^\ominus$、$\Delta_r S_m^\ominus$ 和 1000 K 时 $\Delta_r G_m^\ominus$。

5. 1 mol 水在其沸点汽化,其等压汽化热为 $2.26\ kJ\cdot g^{-1}$,求 W,Q_p,Q_v,ΔH,ΔU,ΔS,ΔG。

扫码看答案

第七章　化学平衡

学习目的要求

1. 掌握化学平衡的概念，标准平衡常数的表达方式、意义及其与热力学函数的关系；了解实验平衡常数与标准平衡常数间的区别；熟悉有关化学平衡的计算；

2. 掌握浓度、压力和温度对化学平衡的影响以及相应的计算；了解 Le Chatelier 原理；

3. 掌握化学反应等温式 $\Delta_r G_m = RT\ln(Q/K^\ominus)$，并能判断反应的方向和限度。

本章要点回顾

1. 化学平衡特点及平衡常数

化学平衡特点：从动力学的角度看，达平衡时，正逆反应速率相等；从热力学的角度看，各物质的浓度或分压不再发生变化，反应达到动态平衡，$\Delta_r G_m = 0$；物质浓度或分压的幂的乘积比值为常数——平衡常数；平衡条件破坏后，平衡会发生移动。

对于任意一个反应：$aA + bB \rightleftharpoons dD + eE$，$\Delta_r G_m^\ominus = -RT\ln K^\ominus$，$K^\ominus$ 为标准平衡常数。对于溶液反应：$K^\ominus = \dfrac{([D]/c^\ominus)^d\ ([E]/c^\ominus)^e}{([A]/c^\ominus)^a\ ([B]/c^\ominus)^b}$（浓度平衡常数 $K_c = \dfrac{[D]^d\ [E]^e}{[A]^a\ [B]^b}$，来源于实验且有单位）；对于气体反应：$K^\ominus = \dfrac{(p_D/p^\ominus)^d\ (p_E/p^\ominus)^e}{(p_A/p^\ominus)^a\ (p_B/p^\ominus)^b}$（压力平衡常数 $K_p = \dfrac{p_D^d p_E^e}{p_A^a p_B^b}$，来源于实验且有单位）；对于多相反应：$aA(s) + bB(aq) \rightleftharpoons cC(aq) + dD(g)$），$K^\ominus = \dfrac{([C]/c^\ominus)^c\ (p_D/p^\ominus)^d}{([B]/c^\ominus)^b}$，纯固体或纯液体或溶剂不写入平衡常数表达式，气体用 $p/p^\ominus$，溶液用 $c/c^\ominus$ 代入。

标准平衡常数的确定：标准平衡常数与 $\Delta_r G_m^\ominus$ 的关系为：$\Delta_r G_m^\ominus = -RT\ln K^\ominus$。在多重平衡系统中，如果一个反应由两个或多个反应相加或相减得来，则该反应的平衡常数等于这两个或多个反应平衡常数的乘积或商。正、逆反应的标准平衡常数互为倒数。

2. 用标准平衡常数判断自发反应的方向——非标准态下化学反应自发性的判据：

$$\Delta_r G_m = RT\ln(Q/K^\ominus)\begin{cases} Q<K^\ominus\text{，则 }\Delta_r G_m<0\text{，正向反应自发；}\\ Q>K^\ominus\text{，则 }\Delta_r G_m>0\text{，逆向反应自发；}\\ Q=K^\ominus\text{，则 }\Delta_r G_m=0\text{，化学反应达到平衡。}\end{cases}$$

3. 外界条件（浓度、压力、温度、催化剂）改变对化学平衡移动的影响

浓度：增加反应物的浓度或减少生成物的浓度，$Q<K^\ominus$，则 $\Delta_r G_m = RT\ln(Q/K^\ominus)$

<0,平衡向右移动;反之,平衡向左移动。改变浓度不能改变平衡常数的大小。

压力(仅影响气体参与的反应):增加反应物分压或减小产物分压,$Q<K^{\ominus}$,$\Delta_r G_m<0$,平衡向右移动;反之,平衡向左移动。改变体系的总压,当反应物气体分子总数与生成物气体分子总数相等时,有 $Q=K^{\ominus}$,平衡不发生移动;如果反应物气体分子总数与生成物气体分子总数不相等时,则 $Q\neq K^{\ominus}$,增加体系的总压,平衡将向着气体分子数减少的方向移动;减小总压力,平衡将向气体分子总数增加的方向移动。向平衡体系中引入惰性气体,在恒温恒容条件下,体系中各物质的分压未变,有 $Q=K^{\ominus}$,平衡不发生移动;在恒温恒压条件下,相当于减小体系总压,平衡将向气体分子总数增加的方向移动。同样,压力不能改变平衡常数的大小。

温度:温度对化学平衡的影响体现在它能改变反应的平衡常数:$\ln\dfrac{K_2^{\ominus}}{K_1^{\ominus}}=\dfrac{\Delta_r H_m^{\ominus}}{R}\left(\dfrac{T_2-T_1}{T_1T_2}\right)$。升高温度,平衡向吸热反应方向移动;降低温度,平衡向放热反应方向移动。

催化剂:加入(正)催化剂只能加快化学反应的速率,使平衡快速达到,但是却不能改变平衡常数和转化率,使平衡移动。

Le Chatelier 原理:改变平衡体系的条件,平衡就向减弱这个改变的方向移动。

典型例题

例 1 二氧化氮的热分解反应 $NO_2(g) \rightleftharpoons NO(g)+\frac{1}{2}O_2(g)$ 的反应速率是通过测定一定体积中压力的增加 Δp 来求算的。在 656.15 K 时,测得反应为二级反应,反应速率常数 $k_{正}$ 为 0.0019 $kPa^{-1}\cdot s^{-1}$。测得 298.15 K 的反应平衡常数为 6.174×10^{-13},656.15 K 的反应平衡常数为 3.915×10^{-2},试求算:

(1) 298.15 K 时的 $\Delta_r H_m^{\ominus}$、$\Delta_r S_m^{\ominus}$ 及 $\Delta_r G_m^{\ominus}$。

(2) 计算 656.15 K 时,$p(NO_2,g)=100$ kPa,$p(NO,g)=50$ kPa,$p(O_2,g)=400$ kPa 时,上面反应的 $\Delta_r G_m$,并指出反应进行的方向。

(3) 656.15 K 时上面反应的逆反应的速率常数 $k_{逆}$。

解 (1) $\ln\dfrac{K_2^{\ominus}}{K_1^{\ominus}}=\dfrac{\Delta_r H_m^{\ominus}}{R}\left(\dfrac{T_2-T_1}{T_1T_2}\right)$

$$\ln\frac{3.915\times10^{-2}}{6.174\times10^{-13}}=\frac{\Delta_r H_m^{\ominus}}{8.314\ J\cdot mol^{-1}\cdot K^{-1}}\times\frac{656.15\ K-298.15\ K}{298.15\ K\times656.15\ K}$$

$\Delta_r H_{m,298.15}^{\ominus}=113.00\ kJ\cdot mol^{-1}$

$\Delta_r G_m^{\ominus}=-RT\ln K^{\ominus}=-8.314\ J\cdot K^{-1}\cdot mol^{-1}\times298.15\ K\times\ln(6.174\times10^{-13})=69.78\ kJ\cdot mol^{-1}$

$\Delta_r G_m^{\ominus}\approx\Delta_r H_{m,298.15}^{\ominus}-T\Delta_r S_{m,298.15}^{\ominus}$

$$\Delta_r S_m^\ominus=\frac{\Delta_r H_m^\ominus-\Delta_r G_m^\ominus}{298.15\ \text{K}}=\frac{113.02\ \text{kJ}\cdot\text{mol}^{-1}-69.7\ \text{kJ}\cdot\text{mol}^{-1}}{298.15\ \text{K}}=145.3\ \text{J}\cdot\text{mol}^{-1}\cdot\text{K}^{-1}$$

(2) $\Delta_r G_m=-RT\ln K^\ominus+RT\ln Q=RT\ln(Q/K^\ominus)$

$=-8.314\ \text{J}\cdot\text{mol}^{-1}\cdot\text{K}^{-1}\times656.15\times\ln(3.915\times10^{-2})+8.314\ \text{J}\cdot\text{K}^{-1}\cdot\text{mol}^{-1}\times656.15\times\ln\dfrac{(p(\text{NO})/p^\ominus)(p(\text{O}_2)/p^\ominus)^{1/2}}{p(\text{NO}_2)/p^\ominus}$

$$=17.68\ \text{kJ}\cdot\text{mol}^{-1}+8.314\times10^{-3}\text{kJ}\cdot\text{mol}^{-1}\cdot\text{K}^{-1}\times656.15\times\ln\frac{\left(\frac{50\ \text{kPa}}{100\ \text{kPa}}\right)\times\left(\frac{400\ \text{kPa}}{100\ \text{kPa}}\right)^{1/2}}{\frac{100\ \text{kPa}}{100\ \text{kPa}}}$$

$=17.7\ \text{kJ}\cdot\text{mol}^{-1}$

(3) 根据 $K=\dfrac{k_{正}}{k_{逆}}$,所以 $k_{逆}=\dfrac{k_{正}}{K}=\dfrac{0.0019\ \text{kPa}^{-1}\cdot\text{s}^{-1}}{3.915\times10^{-2}}=0.0485\ \text{kPa}^{-1}\cdot\text{s}^{-1}$

例 2 325 K 时,设反应 $N_2O_4(g)\rightleftharpoons 2NO_2(g)$ 的平衡总压为 1.00×10^5 Pa,N_2O_4 的分解率为 50.2%,若保持反应温度不变,增大平衡压力至 10^6 Pa 时,N_2O_4 分解率是多少?

解 $N_2O_4(g)\rightleftharpoons 2NO_2(g)$

平衡前分压 p 0

平衡时 $p-p\alpha$ $2p\alpha$

平衡时,体系总压力为 $p-p\alpha+2p\alpha=p(1+\alpha)=10^5$ Pa

解得 $p=6.66\times10^4$ Pa

N_2O_4 分压:$p(N_2O_4)=p\dfrac{p(1-\alpha)}{p(1+\alpha)}=p\dfrac{(1-\alpha)}{(1+\alpha)}=3.316\times10^4$ Pa

NO_2 分压:$p(NO_2)=p\dfrac{2p\alpha}{p(1+\alpha)}=p\dfrac{2\alpha}{(1+\alpha)}=6.68\times10^4$ Pa

$$K^\ominus=\frac{[p(\text{NO}_2)/p^\ominus]^2}{[p(\text{N}_2\text{O}_4)/p^\ominus]}=\frac{0.668^2}{0.332}=1.344$$

平衡时总压力为 1.0×10^6 Pa:$p(N_2O_4)+p(NO_2)=p(1+\alpha)=10^6$ Pa

平衡时:N_2O_4 分压:$p(N_2O_4)=p\times\dfrac{p(1-\alpha)}{p(1+\alpha)}=10^6\times\dfrac{(1-\alpha)}{(1+\alpha)}$

NO_2 分压:$p(NO_2)=p\times\dfrac{2p\alpha}{p(1+\alpha)}=10^6\times\dfrac{2\alpha}{(1+\alpha)}$

$$K^\ominus=\frac{[p(\text{NO}_2)/p^\ominus]^2}{[p(\text{N}_2\text{O}_4)/p^\ominus]}=\frac{\left\{\left[10^6\times\frac{2\alpha}{(1+\alpha)}\right]\Big/p^\ominus\right\}}{\left[10^6\times\frac{(1-\alpha)}{(1+\alpha)}\right]\Big/p^\ominus}=1.334$$

$\alpha=0.180$

压力增大后,转化率减小。即压力增大时,平衡向气体物质的量减少的方向移动。

例 3 根据 Le Chatelier 原理讨论反应：$2Cl_2(g)+2H_2O(g) \rightleftharpoons 4HCl(g)+O_2(g)$ $\Delta_r H_m^{\ominus}>0$，将 Cl_2、H_2O、HCl、O_2 四种气体混合后，反应达到平衡时，下列左边操作的改变对右边各物理量的平衡数值有何影响？(操作条件没有特别说明的为温度和体积不变)

(1) 加入 $O_2(g)$，$n(H_2O,g)$？(2)升高温度，$K^{\ominus}$？(3)升高温度，$p(HCl)$？

(4) 增大容器体积，$n(H_2O,g)$？(5)加氮气，$n(HCl,g)$？(6)加催化剂，$n(HCl,g)$？

解 (1)加入 $O_2(g)$，$n(H_2O,g)$增大。因增加生成物浓度，平衡向左移动。

(2) 升高温度，$K^{\ominus}$增加。因为 $\ln\frac{K_2^{\ominus}}{K_1^{\ominus}}=\frac{\Delta_r H_m^{\ominus}}{R}\left(\frac{T_2-T_1}{T_1T_2}\right)$，$\Delta_r H_m^{\ominus}>0$，$T_2>T_1$，$K_2^{\ominus}>K_1^{\ominus}$。

(3) 升高温度，$p(HCl)$增加。升高温度，平衡向吸热反应方向(右)移动。

(4) 增大容器体积，$n(H_2O,g)$减小。增大容器体积相当于减小总压，平衡将向着气体分子数增加(右)的方向移动。

(5) 加氮气，$n(HCl,g)$不变。因在恒温恒容条件下，向平衡体系中引入惰性气体，体系中各物质的分压未变，有 $Q=K^{\ominus}$，平衡不发生移动。

(6) 加催化剂，$n(HCl,g)$ 不变。因催化剂只能加快化学反应的速率，使平衡快速达到，但是不能改变平衡常数和转化率，使平衡移动。

研讨式教学思考题

1. 实验平衡常数与标准平衡常数间的区别？平衡常数的意义是什么？

2. 简述标准平衡常数的表达方式、意义、书写时的注意事项及其与热力学函数的关系。

3. 什么是 Le Chatelier 原理？

4. 如何用化学反应等温式 $\Delta_r G_m=RT\ln(Q/K^{\ominus})$定性和定量计算，解释浓度、压力和温度对化学平衡的影响，并能判断反应的方向和限度。请总结规律。

自测题

一、选择题

1. 对于 $H_2(g)+I_2(g) \rightleftharpoons 2HI(g)$反应，能改变平衡常数大小的是(　　)。

A. 加更多的 H_2　　B. 除去一些 HI

C. 减小反应容器　　D. 改变反应温度

2. 下述(　　)变化将导致平衡：$X(g)+Y(g) \rightleftharpoons 4Z(g)$ $\Delta_r H_m^{\ominus}=45\ kJ\cdot mol^{-1}$ 左移。

A. 增加 X(g)的浓度　　B. 降低 Z(g)的浓度

C. 增大体系压力　　D. 升高温度

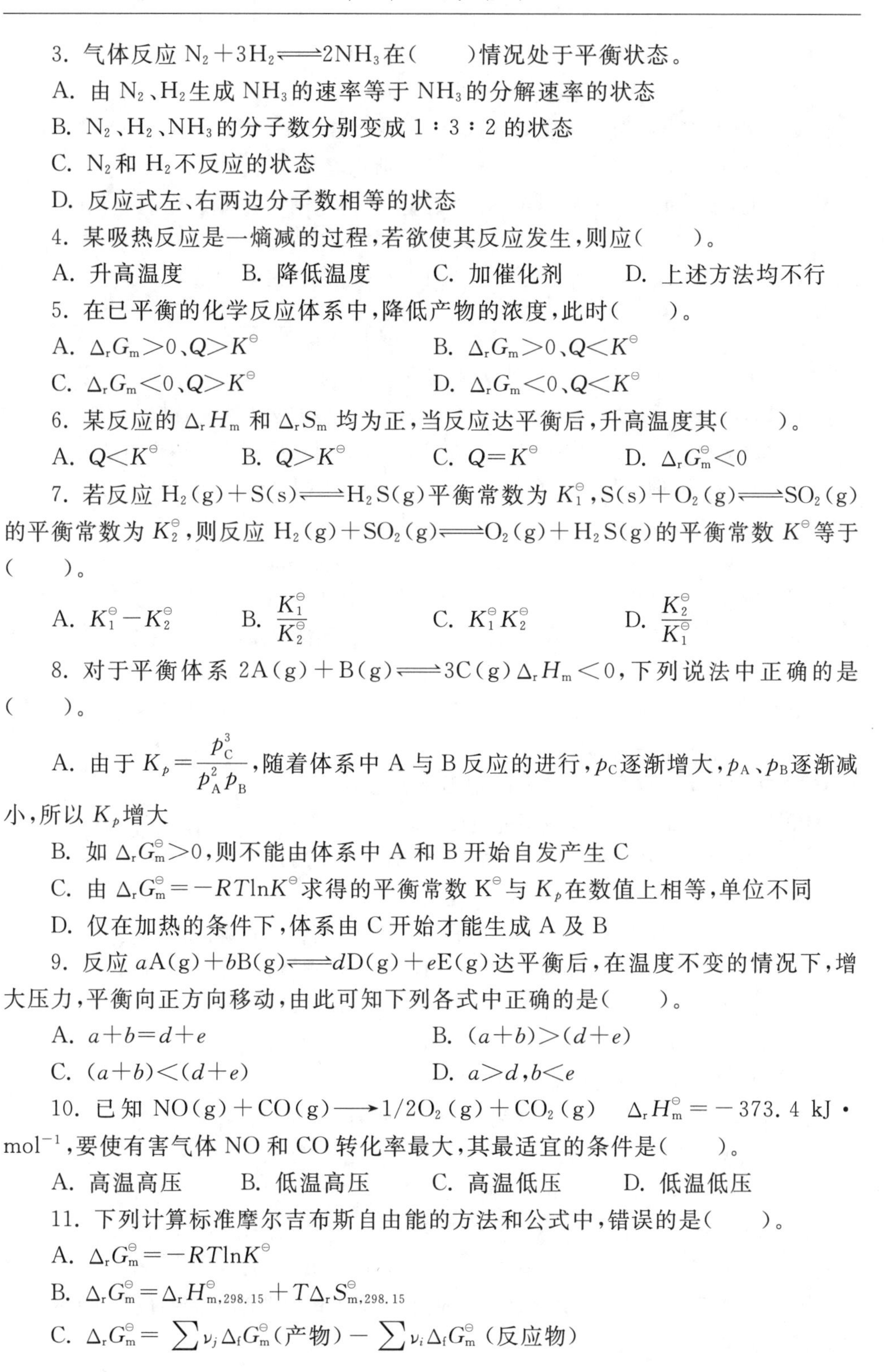

3. 气体反应 $N_2+3H_2 \rightleftharpoons 2NH_3$ 在(　　)情况处于平衡状态。

A. 由 N_2、H_2 生成 NH_3 的速率等于 NH_3 的分解速率的状态

B. N_2、H_2、NH_3 的分子数分别变成 1∶3∶2 的状态

C. N_2 和 H_2 不反应的状态

D. 反应式左、右两边分子数相等的状态

4. 某吸热反应是一熵减的过程,若欲使其反应发生,则应(　　)。

A. 升高温度　　B. 降低温度　　C. 加催化剂　　D. 上述方法均不行

5. 在已平衡的化学反应体系中,降低产物的浓度,此时(　　)。

A. $\Delta_r G_m > 0$、$Q > K^\ominus$　　B. $\Delta_r G_m > 0$、$Q < K^\ominus$

C. $\Delta_r G_m < 0$、$Q > K^\ominus$　　D. $\Delta_r G_m < 0$、$Q < K^\ominus$

6. 某反应的 $\Delta_r H_m$ 和 $\Delta_r S_m$ 均为正,当反应达平衡后,升高温度其(　　)。

A. $Q < K^\ominus$　　B. $Q > K^\ominus$　　C. $Q = K^\ominus$　　D. $\Delta_r G_m^\ominus < 0$

7. 若反应 $H_2(g)+S(s) \rightleftharpoons H_2S(g)$ 平衡常数为 $K_1^\ominus$,$S(s)+O_2(g) \rightleftharpoons SO_2(g)$ 的平衡常数为 $K_2^\ominus$,则反应 $H_2(g)+SO_2(g) \rightleftharpoons O_2(g)+H_2S(g)$ 的平衡常数 $K^\ominus$ 等于(　　)。

A. $K_1^\ominus - K_2^\ominus$　　B. $\dfrac{K_1^\ominus}{K_2^\ominus}$　　C. $K_1^\ominus K_2^\ominus$　　D. $\dfrac{K_2^\ominus}{K_1^\ominus}$

8. 对于平衡体系 $2A(g)+B(g) \rightleftharpoons 3C(g)$ $\Delta_r H_m < 0$,下列说法中正确的是(　　)。

A. 由于 $K_p=\dfrac{p_C^3}{p_A^2 p_B}$,随着体系中 A 与 B 反应的进行,$p_C$ 逐渐增大,p_A、p_B 逐渐减小,所以 K_p 增大

B. 如 $\Delta_r G_m^\ominus > 0$,则不能由体系中 A 和 B 开始自发产生 C

C. 由 $\Delta_r G_m^\ominus = -RT\ln K^\ominus$ 求得的平衡常数 $K^\ominus$ 与 K_p 在数值上相等,单位不同

D. 仅在加热的条件下,体系由 C 开始才能生成 A 及 B

9. 反应 $aA(g)+bB(g) \rightleftharpoons dD(g)+eE(g)$ 达平衡后,在温度不变的情况下,增大压力,平衡向正方向移动,由此可知下列各式中正确的是(　　)。

A. $a+b=d+e$　　B. $(a+b)>(d+e)$

C. $(a+b)<(d+e)$　　D. $a>d, b<e$

10. 已知 $NO(g)+CO(g) \longrightarrow 1/2O_2(g)+CO_2(g)$　$\Delta_r H_m^\ominus = -373.4\ kJ \cdot mol^{-1}$,要使有害气体 NO 和 CO 转化率最大,其最适宜的条件是(　　)。

A. 高温高压　　B. 低温高压　　C. 高温低压　　D. 低温低压

11. 下列计算标准摩尔吉布斯自由能的方法和公式中,错误的是(　　)。

A. $\Delta_r G_m^\ominus = -RT\ln K^\ominus$

B. $\Delta_r G_m^\ominus = \Delta_r H_{m,298.15}^\ominus + T\Delta_r S_{m,298.15}^\ominus$

C. $\Delta_r G_m^\ominus = \sum \nu_j \Delta_f G_m^\ominus(\text{产物}) - \sum \nu_i \Delta_f G_m^\ominus(\text{反应物})$

D. $\Delta_r G_m = \Delta_r G_m^\ominus + RT\ln Q$

12. 下列参数几乎不受温度影响的是(　　)。

A. 化学反应吉布斯自由能变 $\Delta_r G_m$　　B. 速率常数 k

C. 标准平衡常数 $K^\ominus$　　D. 活化能,E_a

13. 可逆反应的标准平衡常数 $K^\ominus$ 与反应的标准摩尔吉布斯自由能变 $\Delta_r G_m^\ominus$ 之间的关系是(　　)。

A. $K^\ominus = -\Delta_r G_m^\ominus$　　B. $\Delta_r G_m^\ominus = RT\ln K^\ominus$

C. $\Delta_r G_m^\ominus = -RT\ln K^\ominus$　　D. $K^\ominus = 10^{-\frac{\Delta_r G_m^\ominus}{RT}}$

14. 对于一个化学反应来说,下列叙述中正确的是(　　)。

A. $\Delta_r H_m$ 越负反应速率越快　　B. $\Delta_r G_m$ 越负反应速率越快

C. $\Delta_r G_m = 0$ 反应处于平衡状态　　D. $\Delta_r G_m$ 越正反应物的转化率越大

15. 在 298 K 时,反应 $BaCl_2 \cdot H_2O(s) \rightleftharpoons BaCl_2(s) + H_2O(g)$ 达平衡时,$p(H_2O) = 330$ Pa,则反应的 $\Delta_r G_m^\ominus$ 为(　　)。

A. $-14.2\ kJ \cdot mol^{-1}$　　B. $14.2\ kJ \cdot mol^{-1}$

C. $142\ kJ \cdot mol^{-1}$　　D. $-142\ kJ \cdot mol^{-1}$

16. 在等温、等压且只做体积功的条件下,达到平衡时系统的吉布斯自由能变为(　　)。

A. 最大　　B. 最小　　C. 零　　D. 小于零

17. 下列各种说法中错误的是(　　)。

A. 热力学上不自发的反应不一定不能实现

B. 热力学上能自发的反应不一定能实现

C. 热力学上达到平衡时,反应物和产物的浓度不再改变

D. 热力学上能自发进行的反应一定能实现

18. 关于吉布斯自由能变 $\Delta_r G_m$ 的物理意义,下列说法正确的是(　　)。

A. 表示所做的最大有用功　　B. 表示孤立体系的混乱度大小

C. 判断体系发生变化的方向　　D. 以上说法均正确

19. 对于方程式 $2Fe^{3+} + 2I^- \rightleftharpoons 2Fe^{2+} + I_2$ 和方程式 $Fe^{3+} + I^- \rightleftharpoons Fe^{2+} + 1/2I_2$,标准态时,下列说法正确的是(　　)。

A. 两反应的 $E^\ominus$,$\Delta_r G_m^\ominus$、$K^\ominus$ 都相等　　B. $E^\ominus$ 等,$\Delta_r G_m^\ominus$、$K^\ominus$ 不等

C. $E^\ominus$、$\Delta_r G_m^\ominus$ 等,$K^\ominus$ 不等　　D. $\Delta_r G_m^\ominus$ 等,$E^\ominus$、$K^\ominus$ 不等

20. 1 mol 水在其沸点汽化时,则(　　)。

A. $\Delta_r G_m^\ominus = 0$, $\Delta_r H_m^\ominus > 0$, $\Delta_r S_m^\ominus > 0$　　B. $\Delta_r G_m^\ominus < 0$, $\Delta_r H_m^\ominus > 0$, $\Delta_r S_m^\ominus > 0$

C. $\Delta_r G_m^\ominus = 0$, $\Delta_r H_m^\ominus > 0$, $\Delta_r S_m^\ominus < 0$　　D. $\Delta_r G_m^\ominus < 0$, $\Delta_r H_m^\ominus < 0$, $\Delta_r S_m^\ominus < 0$

21. 下列哪种因素能加快化学平衡的到达,但不影响化学平衡的位置,也不会使平衡发生移动?(　　)

A. 升高温度　　B. 增加产物分压

C. 增加反应物的浓度　　D. 加入催化剂

22. 对于平衡体系 $CS_2(g)+3\ Cl_2(g) \rightleftharpoons SCl_2(g)+CCl_4(g)$，$\Delta_r H_m^\ominus=-84.3\ kJ \cdot mol^{-1}$。为使平衡向左移动，则需(　　)。

A. 升高温度　　B. 增大总压

C. 从体系中移走 $CCl_4(g)$　　D. 加入催化剂

23. 下列说法错误的是(　　)。

A. 反应 $C(s)+H_2O(g) \rightleftharpoons CO(g)+H_2(g)$ 是一个反应前后分子数相等的反应，体系的压力改变不影响它的平衡状态

B. 因为 $\Delta_r G_m^\ominus=-RT\ln K^\ominus$，所以温度升高，平衡常数减小

C. Le Chatelier 原理：改变平衡体系的条件，平衡就向减弱这个改变的方向移动

D. 增加反应物的浓度或减少生成物的浓度，$Q<K^\ominus$，则 $\Delta_r G_m=RT\ln(Q/K^\ominus)<0$，平衡向右移动

24. 有关压力对化学平衡的影响下列描述错误的是(　　)。

A. 增加体系的总压力，当反应物气体分子总数与生成物的气体分子总数相等时，有 $Q=K^\ominus$，平衡不发生移动

B. 增加体系的总压力，如果反应物气体分子总数与生成物的气体分子总数不相等时，则 $Q\neq K^\ominus$，平衡将向着气体分子数减少的方向移动

C. 向平衡体系中引入惰性气体，在恒温恒容条件下，体系中各物质的分压未变，$Q=K^\ominus$，平衡不发生移动

D. 向平衡体系中引入惰性气体，在恒温恒压条件下，虽然减小体系总压力，但 $Q=K^\ominus$，平衡不发生移动

25. 有关标准平衡常数 $K^\ominus$ 的说法，下列正确的是(　　)。

A. 反应 $CaCO_3(s) \rightleftharpoons CaO(s)+CO_2(g)$ 的 $K^\ominus=\frac{p_{CO_2}}{p^\ominus}$

B. 同一反应方程式写法不同 $K^\ominus$ 不同，方程式系数扩大一倍，$K^\ominus$ 翻倍

C. 总反应的 $K^\ominus$ 等于分步反应 $K^\ominus$ 之和

D. 正、逆反应的标准平衡常数大小相等、符号相反

二、判断题

(　　)1. 对于 $\Delta_r H_m<0$ 的任何反应，可以预测 $K^\ominus$ 随温度升高而增大。

(　　)2. 反应前后气体分子数相等的反应，改变体系的总压力对平衡没有影响。

(　　)3. 一个反应的 $\Delta_r G_m$ 越小，自发反应进行的倾向越大，反应速率越快。

(　　)4. 对于可逆反应而言，相同条件下，其正反应和逆反应平衡常数之积等于 1。

(　　)5. 某物质在 298 K 时分解率为 15%，在 373 K 时分解率为 30%，由此可

知该物质的分解反应为吸热反应。

(　　)6. 对反应 $2A(g)+B(g) \rightleftharpoons 2C(g)$　$\Delta_r H_m<0$ 而言，增加总压力，使各物质的浓度均增加，正逆反应速率增加，但正反应速率增加的倍数大于逆反应速率增加的倍数，所以平衡向右移动。

(　　)7. 可逆反应达平衡后，各反应物和生成物的浓度一定相等。

(　　)8. 平衡常数的数值是反应进行程度的标志，所以对某反应不管是正反应还是逆反应其平衡常数均相同。

(　　)9. 在某温度下，密闭容器中反应 $2NO(g)+O_2(g) \rightleftharpoons 2NO_2(g)$ 达到平衡，当保持温度和体积不变充入惰性气体时，总压力将增加，平衡向气体分子数减少即生成 NO_2 的方向移动。

(　　)10. 某温度下 $SO_2(g)+1/2O_2(g) \rightleftharpoons SO_3(g)$ 的平衡常数为 $K^{\ominus}=50$，在同一温度下，反应 $2SO_3(g) \rightleftharpoons 2SO_2(g)+O_2(g)$ 的平衡常数 $K^{\ominus}$ 等于 2500。

三、填空题

1. 已知 298 K 时 $Br_2(g)$ 的 $\Delta_f H_m^{\ominus}=30.71\ kJ \cdot mol^{-1}$、$\Delta_f G_m^{\ominus}=3.14\ kJ \cdot mol^{-1}$，那么 $Br_2(l)$ 的摩尔蒸发熵为________，正常沸点是________。

2. 化学反应的 Gibbs 方程式为________，等温方程式为________。

3. 用吉布斯自由能判断反应的方向和限度时，必须在________条件下，该条件下，当 $\Delta_r G_m>0$ 时，反应将________进行。

4. 反应 $I_2(g) \rightleftharpoons 2I(g)$，$\Delta_r H_m>0$ 达平衡时，若恒容时充入 N_2 气体，平衡将________；若恒压时充入 N_2 气体，平衡将________移动。

5. 加入(正)催化剂________化学反应的速率，________改变平衡常数，使平衡移动。

四、简答题

1. 什么是 Le Chatelier 原理？它适用于什么体系？

2. 应用化学反应的等温方程式时对气体分压有何要求？对 $\Delta_r G_m$ 和 $\Delta_r G_m^{\ominus}$ 的取值有何要求？

3. 反应 $I_2(g) \rightleftharpoons 2I(g)$，$\Delta_r H_m^{\ominus}>0$，达平衡时，

(1) 升高温度，平衡常数如何变化，为什么？

(2) 压缩气体时，$I_2(g)$ 的解离度如何变化，为什么？

(3) 恒容时充入 N_2 气体，$I_2(g)$ 的解离度如何变化，为什么？

(4) 恒压时充入 N_2 气体，$I_2(g)$ 的解离度如何变化，为什么？

4. $\Delta_r G_m<0$ 的反应实际上是否都能发生？为什么？

5. 使用等温方程式解释浓度对化学平衡和平衡常数的影响，并举例说明。

五、计算题

1. 已知 298 K 时，反应 $N_2(g)+3H_2(g) \rightleftharpoons 2NH_3(g)$ 的 $\Delta_f H_m^{\ominus}(NH_3,g)=$

$-46.3\ kJ \cdot mol^{-1}$，$\Delta_f G_m^{\ominus}(NH_3, g) = -16.5\ kJ \cdot mol^{-1}$，试计算 298 K、100 kPa 时 $K^{\ominus}$ 和 1000 K 时 $K^{\ominus}$，并讨论合成氨的最佳条件。

2. 光气分解反应 $COCl_2(g) \rightleftharpoons CO(g) + Cl_2(g)$ 在 373 K 时，$K^{\ominus} = 8.0 \times 10^{-9}$，$\Delta_r H_m^{\ominus} = 104.6\ kJ \cdot mol^{-1}$，试求：(1)373 K 达平衡后总压为 202.6 kPa 时 $COCl_2$ 的解离度；(2)反应的 $\Delta_r S_m^{\ominus}$。

3. 碳酸钙的分解反应 $CaCO_3(s) \rightleftharpoons CaO(s) + CO_2(g)$ 的热力学数据如下：

	$CaCO_3(s)$	$CaO(s)$	$CO_2(g)$
$\Delta_f H_m^{\ominus}/(kJ \cdot mol^{-1})$	-1206.9	-634.9	-393.5
$S_m^{\ominus}/(J \cdot K^{-1} \cdot mol^{-1})$	92.9	38.1	213.8

(1) 此反应在标准态下，298.15 K 时能否自发进行。若需要在标准态下使其自发进行，需要加热到什么温度？

(2) 若使 CO_2 的分压为 0.010 kPa，试计算此反应自发进行所需的最低温度。

4. 已知反应 $CO(g) + H_2O(g) \rightleftharpoons CO_2(g) + H_2(g)$ 在 700 ℃时 $K^{\ominus} = 0.71$。

(1) 若反应体系中各组分分压都是 1.5×100 kPa；

(2) 若 $p(CO) = 10 \times 100$ kPa，$p(H_2O) = 5 \times 100$ kPa；$p(H_2) = p(CO_2) = 1.5 \times 100$ kPa；

试计算两种条件下正向反应的 $\Delta_r G_m$，并判断哪一条件下反应可正向进行。

5. 在 823 K，标准态下下列反应的 $K^{\ominus}$：

(1) $CO_2(g) + H_2(g) \rightleftharpoons CO(g) + H_2O(g)$　$K_1^{\ominus} = 0.14$

(2) $CoO(s) + H_2(g) \rightleftharpoons Co(s) + H_2O(g)$　$K_2^{\ominus} = 67$

试求 823 K，标准态下反应(3) $CoO(s) + CO(g) \rightleftharpoons Co(s) + CO_2(g)$ 的 $K_3^{\ominus}$；并求反应(2)和反应(3)的 $\Delta_r G_{m,823}^{\ominus}$，试比较 $CO(g)$ 和 $H_2(g)$ 对 $CoO(s)$ 的还原能力。

扫码看答案

第八章　化学反应速率

学习目的要求

1. 掌握化学反应速率的表示方法，基元反应（元反应），速率控制步骤，质量作用定律、速率常数、活化能、反应分子数、反应级数、催化剂等基本概念；熟悉反应的碰撞理论和过渡状态理论；

2. 掌握浓度对化学反应速率的影响——速率方程式和质量作用定律的有关计算；

3. 熟悉温度对化学反应速率的影响——Arrhenius 方程的意义及有关计算；

4. 了解催化剂对化学反应速率的影响，了解催化作用理论及酶催化的特点。

本章要点回顾

1. 化学反应速率的表示方法

对任一化学反应 $a\mathrm{A}+b\mathrm{B}\longrightarrow d\mathrm{D}+e\mathrm{E}$，反应速率不同，用不同物质表示反应的瞬时速率之间的关系为：$v=-\dfrac{1}{a}\dfrac{\mathrm{d}c(\mathrm{A})}{\mathrm{d}t}=-\dfrac{1}{b}\dfrac{\mathrm{d}c(\mathrm{B})}{\mathrm{d}t}=\dfrac{1}{d}\dfrac{\mathrm{d}c(\mathrm{D})}{\mathrm{d}t}=\dfrac{1}{e}\dfrac{\mathrm{d}c(\mathrm{E})}{\mathrm{d}t}$

2. 外界条件（浓度、温度、催化剂）对化学反应速率、活化能（E_a）和速率常数（k）的影响

外界条件	化学反应速率 $v=zfp$	活化能（E_a）	速率常数（k）
增加反应物浓度	加快，定性原因是活化分子数目同一比例增加；定量关系为速率方程式和质量作用定律： 1. 基元反应：$a\mathrm{A}+b\mathrm{B}\longrightarrow$产物直接写出速率方程式：$v=kc^a(\mathrm{A})c^b(\mathrm{B})$，并获得反应级数＝反应分子数＝$a+b$ 2. 非基元反应由实验测得速率方程式：$v=kc^x(\mathrm{A})c^y(\mathrm{B})$，无法确定反应分子数，反应级数＝$x+y$	不变	不变
升高温度	加快，定性原因主要是提高了活化分子分数；定量关系 Arrhenius 方程式：$\ln\dfrac{k_2}{k_1}=\dfrac{E_\mathrm{a}}{R}\left(\dfrac{T_2-T_1}{T_1T_2}\right)$	不变	增大：$k=A\mathrm{e}^{-E_\mathrm{a}/RT}$
加入（正）催化剂	加快，定性原因是改变了反应的途径，降低活化能；定量关系 Arrhenius 方程式：$k=A\mathrm{e}^{-E_\mathrm{a}/RT}$	降低：$k=A\mathrm{e}^{-E_\mathrm{a}/RT}$	增大

续表

外界条件	化学反应速率 $v=zfp$	活化能(E_a)	速率常数(k)
备注	(1) 区别反应级数与反应分子数：前者来源于速率方程，可以是整数或分数；后者针对机理来源于基元反应，为正整数 1、2、3，三分子以上的反应尚未发现。 (2) E_a 含义：活化分子具有的最低能量与反应物分子的平均能量之差称为反应的活化能。活化能 E_a 大，活化分子所占分数少，反应速率小；反之亦然。 (3) 正、逆向反应的活化能分别为 E_a 和 E_a'，则反应热：$\Delta_r H_m^\ominus = E_a - E_a'$。 (4) 从 k 的量纲可以用来判断反应级数：[浓度]$^{1-n(\text{反应级数})}$ · [时间]$^{-1}$。		

典型例题

例 1　测得 A 与 B 反应生成 C 的有关实验数据如下

实验序号	温度	起始浓度/(mol · L^{-1})		反应速率/
		A	B	(v/mol · L^{-1} · min^{-1})
1	27 ℃	1.0×10^{-2}	5.0×10^{-4}	2.5×10^{-7}
2	27 ℃	1.0×10^{-2}	1.0×10^{-3}	5.0×10^{-7}
3	27 ℃	2.0×10^{-2}	5.0×10^{-4}	1.0×10^{-6}
4	37 ℃	1.0×10^{-2}	1.0×10^{-3}	2.0×10^{-6}

(1) 试写出该反应的速率方程式，并确定反应级数。

(2) 分别计算反应在 27 ℃和 37 ℃的速率常数以及反应的活化能 E_a。

解　(1) 设速率方程为 $v=kc^x(\text{A})c^y(\text{B})$。代入实验数据得

① $2.5\times10^{-7}=k(1.0\times10^{-2})^x(5.0\times10^{-4})^y$

② $5.0\times10^{-7}=k(1.0\times10^{-2})^x(1.0\times10^{-3})^y$

③ $1.0\times10^{-6}=k(2.0\times10^{-2})^x(5.0\times10^{-4})^y$

②/①得　$2=2^y, y=1$；　③/①得 $4=2^x, x=2$。

所以 $v=kc^2(\text{A})c(\text{B})$，$x+y=3$ 为三级反应。

(2) $v=kc^2(\text{A})c(\text{B})$。将数据代入①得 27 ℃的速率常数 $k_1=5\ \text{L}^2\cdot\text{mol}^{-2}\cdot\text{min}^{-1}$

将数据代入实验 4 中得到 37 ℃的速率常数 $k_2=20\ \text{L}^2\cdot\text{mol}^{-2}\cdot\text{min}^{-1}$

$$\ln\frac{k_2}{k_1}=\frac{E_a}{R}\left(\frac{T_2-T_1}{T_1T_2}\right)$$

$$\ln\frac{20}{5}=\frac{E_a}{8.314\ \text{J}\cdot\text{mol}^{-1}\cdot\text{K}^{-1}}\times\frac{310\ \text{K}-300\ \text{K}}{310\ \text{K}\times300\ \text{K}}$$

$$E_a=107\ \text{kJ}\cdot\text{mol}^{-1}$$

例 2 根据如下的气相反应相关数据

$$2NO+O_2 \underset{k'}{\overset{k}{\rightleftharpoons}} 2NO_2$$

T(K)	600	645
$k(L^2 \cdot mol^{-2} \cdot min^{-1})$	6.62×10^5	6.81×10^5
$k'(L \cdot mol^{-1} \cdot min^{-1})$	8.40	40.8

求:(1) 两个温度下的平衡常数。

(2) 正向反应和逆向反应的活化能。

(3) 正反应的反应热,是吸热反应还是放热反应?

解 (1) 600 K 时,$K=\dfrac{k}{k'}=\dfrac{6.62\times10^5}{8.40}=7.88\times10^4$

640 K 时,$K=\dfrac{k}{k'}=\dfrac{6.81\times10^5}{40.8}=1.67\times10^4$

(2) 正反应的活化能 $E_a=\dfrac{RT_1T_2}{T_2-T_1}\ln\dfrac{k_2}{k_1}$

$=\dfrac{8.314\ J\cdot mol^{-1}\cdot K^{-1}\times600\ K\times645\ K}{(645-600)\ K}\ln\dfrac{6.81\times10^5}{6.62\times10^5}=2.02\ kJ\cdot mol^{-1}$

逆反应的活化能 $E'_a=R\dfrac{T_2T_1}{T_1-T_2}\ln\dfrac{k'_2}{k'_1}$

$=\dfrac{8.314\ J\cdot mol^{-1}\cdot K^{-1}\times600\ K\times645\ K}{(645-600)\ K}\ln\dfrac{40.8}{8.40}=113.0\ kJ\cdot mol^{-1}$

(3) 正反应的反应热 $\Delta_rH_m^\ominus=E_a-E'_a=2.02-113.0\ kJ\cdot mol^{-1}=-110.98\ kJ\cdot mol^{-1}<0$,为放热反应。

研讨式教学思考题

1. 区别下列概念:(1)化学反应平均速率与瞬时速率;(2)反应分子数与反应级数;(3)基元反应和复合反应;(4)活化分子和活化能;(5)催化剂和催化作用;(6)均相催化和多相催化。

2. 试述影响化学反应速率的因素,并以活化能、活化分子和活化分子数等概念说明之。

3. 什么是质量作用定律? 应用时要注意些什么? 如果实验测得的速率方程和根据质量作用定律写出的一致,测得的反应级数和反应式中反应物分子式前的系数之和相等,是不是一定为基元反应?

4. 总结一级反应的基本特征。

5. 比较碰撞理论与过渡态理论的异同。按照碰撞理论,要发生有效碰撞,反应物的分子或离子必须具备什么条件? 为什么温度会影响速率常数的数值? 为什么常见的基元反应大都为单分子或双分子反应,真正的三分子反应很少?

6. 总结 Arrhenius 方程式的基本形式和应用。

7. 温度升高，可逆反应的正、逆化学反应速率都加快，为什么化学平衡还会移动？

8. 酶催化的基本特征是什么？

自测题

一、选择题

1. 某一分解反应，当反应物浓度为 0.2 $mol \cdot L^{-1}$ 时，反应速率为 0.30 $mol \cdot L^{-1} \cdot s^{-1}$。若该反应为二级反应，当反应物浓度为 0.60 $mol \cdot L^{-1}$ 时，反应速率是（　　）$mol \cdot L^{-1} \cdot s^{-1}$。

A. 0.30　　B. 0.60　　C. 0.90　　D. 2.7

2. 某反应的活化能为 80 $kJ \cdot mol^{-1}$，当反应温度由 20 ℃增加到 30 ℃时，其反应速率增加到原来的（　　）。

A. 2 倍　　B. 3 倍　　C. 4 倍　　D. 5 倍

3. 某放射性同位素的半衰期是 2 d，现有 5.0 mg 该放射性同位素，剩余 0.625 mg 所需时间为（　　）。

A. 2 d　　B. 4 d　　C. 6 d　　D. 8 d

4. 实验测得室温时，反应 $NO_2 + CO \longrightarrow NO + CO_2$ 的速率方程为 $v = kc^2(NO_2)$。在下述几种反应机理中，与速率方程相符合的是（　　）。

A. $2NO_2 \longrightarrow N_2O_4$（快反应）　$N_2O_4 + 2CO \longrightarrow 2CO_2 + 2NO$（慢反应）

B. $CO + NO_2 \longrightarrow CO_2 + NO$

C. $2NO_2 \longrightarrow NO_3 + NO$（慢反应）　$NO_3 + CO \longrightarrow NO_2 + CO_2$（快反应）

D. $2NO_2 \longrightarrow NO_3 + NO$（快反应）　$CO + NO_3 \longrightarrow NO_2 + CO_2$（慢反应）

5. 某反应 A $\longrightarrow$ 产物，当 A 的浓度为 0.050 $mol \cdot L^{-1}$ 和 0.10 $mol \cdot L^{-1}$ 时，分别测其反应速率。若前后两次速率的比值是 0.25，该反应的级数是（　　）。

A. 0　　B. 1　　C. 2　　D. 3

6. 某化学反应的速率常数的单位为 $L \cdot mol^{-1} \cdot s^{-1}$，该反应是（　　）。

A. 零级反应　　B. 一级反应　　C. 二级反应　　D. 三级反应

7. 反应 $2A + B \longrightarrow C$ 的速率方程式为 $v = kc^2(A)c(B)$，则速率常数 k 的量纲为（　　）。

A. (浓度)·(时间)　　B. $(浓度)^{-1} \cdot (时间)^{-1}$

C. $(浓度)^{-2} \cdot (时间)^{-1}$　　D. $(浓度)^{2} \cdot (时间)^{-1}$

8. 某一可逆的元反应，在 25 ℃时，正反应速率常数 k_1 是逆反应速率常数 k_{-1} 的 10 倍，当反应温度升高到 30 ℃时，k_1 是 k_{-1} 的 8 倍，这说明（　　）。

A. 正反应的活反能和逆反应的活化能相等

B. 正反应的活化能一定大于逆反应的活化能

C. 逆反应的活化能一定大于正反应的活化能

D. 无法比较正、逆反应的活化能的相对大小

9. 实验表明反应 $2NO+Cl_2 \longrightarrow 2NOCl$ 的速率方程为 $v=kc^2(NO)c(Cl_2)$，则下面对该反应的说法正确的是(　　)。

A. 元反应　　B. 三分子反应　　C. 三级反应　　D. 不能确定

10. 对于一级反应，下列说法中不正确的是(　　)。

A. $\ln c$ 对时间 t 作图得一直线　　B. 半衰期与反应物起始浓度成正比

C. 速率常数的单位为(时间)$^{-1}$　　D. 一级反应不一定就是单分子反应

11. 已知 $2NOCl \longrightarrow 2NO+Cl_2$ 的 $\Delta_r H_m^{\ominus}=77\ kJ \cdot mol^{-1}$，则其正逆反应活化能间有如下哪种关系？(　　)

A. E_a(正)$>E_a$(逆)　　B. E_a(正)$=E_a$(逆)

C. E_a(正)$<E_a$(逆)　　D. 无法确定

12. 某一级反应的反应速率常数是 0.0250 min^{-1}，则该反应的半衰期是(　　)。

A. 20.3 min　　B. 50.3 min　　C. 27.7 min　　D. 47.2 min

13. 反应 $aA+bB \longrightarrow P$ 的速率方程式为 $v=kc(A)^a c(B)^b$，则此反应是(　　)。

A. 元反应　　B. 复合反应　　C. 反应级数为 $a+b$　　D. 反应分子数为 $a+b$

14. 实验表明，在反应 $2NO+Cl_2 \longrightarrow 2NOCl$ 中，若两反应物浓度均加大一倍，则反应速率增至 8 倍；若仅将 Cl_2 的浓度增加一倍，则反应速率也增加一倍。则该反应对 NO 的级数是(　　)。

A. 零级　　B. 一级　　C. 二级　　D. 三级

15. 关于催化剂的下列说法中，错误的是(　　)。

A. 反应前后其组成和质量均不变

B. 能加速反应但不参与反应

C. 既可加速反应也可使反应速率降低

D. 虽反应中无损耗但物理性质会发生变化。

16. 下列关于一级、二级、零级反应的半衰期描述，正确的是(　　)。

A. 都与 c_0 有关　　B. 都与 k 和 c_0 有关

C. 都与 k 有关　　D. 都与反应时间有关

17. 某一级反应的半衰期为 12 min，则 36 min 后，反应物浓度应为原始浓度的(　　)。

A. 1/2　　B. 1/4　　C. 1/6　　D. 1/8

18. 已知反应 $A+B \rightleftharpoons C+D$ 的速率方程是 $v=kc(A)c(B)$，所以该反应肯定是(　　)。

A. 二级反应　　B. 二分子反应　　C. 基元反应　　D. 复杂反应

19. 在恒容条件下，$aA+bB \longrightarrow eE$ 的反应速率可用任一种反应物或产物的浓

度变化来表示，则它们之间关系为(　　)。

A. $-a(\mathrm{d}c(\mathrm{A})/\mathrm{d}t)=-b(\mathrm{d}c(\mathrm{B})/\mathrm{d}t)=e(\mathrm{d}c(\mathrm{E})/\mathrm{d}t)$

B. $\mathrm{d}c(\mathrm{A})/\mathrm{d}t=\mathrm{d}c(\mathrm{B})/\mathrm{d}t=\mathrm{d}c(\mathrm{E})/\mathrm{d}t$

C. $-1/a(\mathrm{d}c(\mathrm{A})/\mathrm{d}t)=-1/b(\mathrm{d}c(\mathrm{B})/\mathrm{d}t)=1/e(\mathrm{d}c(\mathrm{E})/\mathrm{d}t)$

D. $1/a(\mathrm{d}c(\mathrm{A})/\mathrm{d}t)=1/b(\mathrm{d}c(\mathrm{B})/\mathrm{d}t)=1/e(\mathrm{d}c(\mathrm{E})/\mathrm{d}t)$

20. 某反应的速率常数 $k=0.0693\ (\mathrm{s}^{-1})$，当其初始浓度为 $0.1\ \mathrm{mol}\cdot\mathrm{L}^{-1}$时，$t_{1/2}$为(　　)。

A. 10 s　　B. 1 s　　C. 100 s　　D. 6.9 s

21. 对于一个化学反应来说，下列说法正确的是(　　)。

A. $\Delta_r S_m^\ominus$ 越负，反应速率越快　　B. $\Delta_r H_m^\ominus$ 越负，反应速率越快

C. 活化能 E_a越大，反应速率越快　　D. 活化能 E_a越小，反应速率越快

22. 某一化学反应在一定条件下达到化学平衡时，其转化率为 25%，当加入催化剂达到平衡时，其转化率将(　　)。

A. 大于 25%　　B. 小于 25%　　C. 等于 25%　　D. 无法判断

23. 某反应其反应物浓度由 $1.0\ \mathrm{mol}\cdot\mathrm{L}^{-1}$降至 $0.60\ \mathrm{mol}\cdot\mathrm{L}^{-1}$需 20 min，浓度由 $0.6\ \mathrm{mol}\cdot\mathrm{L}^{-1}$降至 $0.36\ \mathrm{mol}\cdot\mathrm{L}^{-1}$所需时间也是 20 min，若其速率常数为 k，则该反应的半衰期为(　　)。

A. $0.693/k$　　B. $1/(kc_0)$　　C. c_0/k　　D. 不能判断

24. 对于一个具体的化学反应，其反应速率与活化能、温度之间的关系是(　　)。

A. 温度升高，则 E_a上升，反应速率 v 加快

B. 温度升高，则 E_a不变，反应速率 v 升高

C. 温度升高，则 E_a降低，反应速率 v 增大

D. 温度升高，则 E_a不变，反应速率 v 降低

25. 研究表明：$2Ce^{4+}+Tl^{+}\longrightarrow 2Ce^{3+}+Tl^{3+}$ 为基元反应，则(　　)。

A. 此反应为双分子反应　　B. 此反应为二级反应

C. 此反应为三分子反应　　D. 此反应为复杂反应

二、判断题

(　　)1. 一个反应的 $\Delta_r G_m$ 愈小，自发反应进行的倾向愈大，反应速率愈快。

(　　)2. 质量作用定律既可直接适用于基元反应，也可适用于复合反应。

(　　)3. 反应机理中，速率最慢的反应决定总反应的速率。

(　　)4. 实验测得某反应的反应级数恰好等于反应物系数之和，此反应一定是基元反应。

(　　)5. 半衰期与起始浓度无关的反应是一级反应。

(　　)6. 单分子反应一定是一级反应，而一级反应则不一定是单分子反应。

(　　)7. 可逆反应中,吸热反应的活化能总是大于放热反应的活化能。

(　　)8. 升高温度,反应速率常数 k 和平衡常数 K 都增大。

(　　)9. 增加反应物浓度能加快反应速率,是因为增大了反应物的活化分子百分数。

(　　)10. 催化剂可以改变化学反应的平衡常数,增加反应的产率。

三、填空题

1. 在一定条件下,将 1 mol N_2和 3 mol H_2注入 1 L 密闭容器中,经 2 s 后,生成了 0.4 mol NH_3。若以 N_2的浓度变化表示该反应的反应速率为________,若以 H_2的浓度变化表示为________,若以 NH_3的浓度变化表示为________。

2. 反应 $N_2(g)+3H_2(g)\longrightarrow 2NH_3(g)$的 $\Delta_r H_m<0$,若在一定温度范围内升高温度,则下列各性质的变化分别为 $v_{正}$ ________,$v_{逆}$ ________,$K^{\ominus}$ ________,$\Delta_r H_m$ ________,$\Delta_r S_m$ ________。

3. 在一级反应中,反应物浓度消耗 $1/n$ 所需的时间是________。

4. 发生有效碰撞时,反应物分子必须具备的条件是________。

5. 由阿仑尼乌斯公式 $\ln k=-E_a/(RT)+\ln A$ 看出,当温度升高时,速率常数 k 将________;使用正催化剂时,活化能将________,而速率常数 k 将________;改变反应物或生成物浓度时,速率常数 k 将________。

四、简答题

1. 碰撞理论的基本观点是什么?什么因素决定两分子间的碰撞可以发生化学反应?按照碰撞理论,为什么温度会影响速率常数的数值?为什么常见的基元反应大都为单分子或双分子反应,真正的三分子反应很少?

2. 简述:(1)催化剂的作用原理;(2)均相催化与非均相催化有何不同?(3)酶催化作用的特点。

3. 为什么(1)加催化剂;(2)升高温度;(3)增加反应物浓度三种方法都可以加快反应速率?

4. 两个反应的活化能数值相同,这能保证两者在相同的温度下反应时有相同的速率吗?

5. 将纯的氢气和氧气充入一气球,该混合气体在室温时很稳定;但如果向该混合气体中引入火星或一些金属粉末,则该混合气体发生爆炸。解释火星和金属粉末的作用。

五、计算题

1. 海拔 2213 m 的山顶上,水的沸点是 93 ℃,一个在海平面 10 min 煮熟的鸡蛋,在山顶煮熟需要多少时间?若组成鸡蛋的卵白朊的热变作用是一级反应,活化能约为 8.5×10^4 J · L^{-1}。

2. 阿司匹林水解为一级反应,在 100 ℃时的 $k=7.92$ d^{-1},$E_a=56.484$

$kJ \cdot mol^{-1}$，求 17 ℃时，水解 30%需要多少时间？

3. 298 K 时，$N_2O_5(g)$分解作用的半衰期为 5 h 42 min，此值与 N_2O_5 的起始压力无关，求速率常数 k 和作用完成 90%时需多少小时？

4. 某抗生素在人体血液中呈现一级反应，如果给病人在上午 8 时注射一针抗生素，然后在不同时刻 t 后测定抗生素在血液中的质量浓度，得到如下数据

t/h	4	8	12	16
$\rho/mg \cdot L^{-1}$	4.80	3.26	2.22	1.51

(1) 求反应的速率常数和半衰期；

(2) 若抗生素在血液中的质量浓度不低于 3.7 $mg \cdot L^{-1}$才有效，问大约什么时候注射第二针？

5. 反应 $2NO+O_2 \longrightarrow 2NO_2$在 660 K 的动力学数据如下：

$c(NO)$ $(mol \cdot L^{-1})$	$c(O_2)$ $(mol \cdot L^{-1})$	O_2消耗速率$(mol \cdot L^{-1} \cdot s^{-1})$
0.020	0.010	5.0×10^{-4}
0.040	0.010	2.0×10^{-3}
0.010	0.040	5.0×10^{-4}

(1) 写出反应的速率方程式。

(2) 反应级数是多少？

(3) 此温度下反应速率常数 k 为多少？

(4) 若 670 K 时 $c(NO)=0.02\ mol \cdot L^{-1}$，$c(O_2)=0.01\ mol \cdot L^{-1}$，$O_2$的消耗速率为 $1.0 \times 10^{-3}\ mol \cdot L^{-1} \cdot s^{-1}$，求反应的活化能 E_a为多少？

扫码看答案

第九章　氧化还原反应与电极电位

学习目的要求

1. 熟悉氧化还原反应的定义；熟练地计算元素的氧化数；掌握离子-电子法配平氧化还原反应式；

2. 熟悉原电池的结构及正、负极反应的特征；了解电池组成式的书写；

3. 根据标准电极电势判断标态下氧化剂和还原剂的强弱、氧化还原反应方向并计算平衡常数；熟悉电池电动势与吉布斯自由能变的关系；

4. 掌握电极和电池的 Nernst 方程、影响因素及有关计算，并能判断非标态下氧化剂和还原剂的强弱和氧化还原反应的方向。

本章要点回顾

1. 元素的氧化数

氧化数是某元素原子的表观荷电数，这种荷电数是假设把化学键中的电子指定给电负性较大的原子而求得的。确定元素氧化数的规则：单质中，元素的氧化数为0；化合物中，各元素的氧化数代数和为 0；离子中，元素的氧化数代数和等于离子的电荷数；H 的氧化数一般为+1(NaH 例外为−1)；O 的氧化数一般为−2，过氧化物(如 H_2O_2)中为−1，超氧化物(如 KO_2)中为−1/2，氟氧化物(如 OF_2)中为+2；碱金属氧化数为+1；碱土金属氧化数为+2。

2. 氧化还原反应(电池反应)、半反应(电极反应)及其配平与电池组成式

氧化还原反应(即电池反应)可被拆分成两个半反应(即电极反应)。通常情况下，氧化剂做正极：得电子，氧化数降低，发生还原反应；还原剂做负极：失电子，氧化数升高，发生氧化反应。半反应由同一元素原子的不同氧化数组成，其中氧化数高的为氧化型物质，氧化数低的为还原型物质。任何一个半反应的通式为：氧化型$+ne^- \rightleftharpoons$还原型或 $Ox+ne^- \rightleftharpoons Red$($n$ 为半反应中得失电子数)，氧化还原电对表示为：Ox/Red。

离子-电子法配平氧化还原反应原则是质量守恒和电荷守恒。具体方法是：写准离子方程式，找出两个半反应；配平原子电荷数，酸碱条件需分清；酸中 H^+ 加在氧多边，碱中 OH^- 加在氧少边；中性水靠反应物，写出配平半反应；消电子合并半反应，即得配平反应式。

将两个电极组合起来构成一个原电池，原电池可用电池组成式表示，书写方法是：负极在左，正极在右，电极导体放两头；缺少导体用铂碳，非标态莫忘把浓度压力标，同、异相之间用逗号隔开；盐桥来将两极连，反应物中除水以外都写到。如高锰酸钾与浓盐酸作用制取氯气的反应($2KMnO_4+16HCl \rightleftharpoons 2KCl+2MnCl_2+5Cl_2+8H_2O$)的电池的电池组成式：(−) Pt | $Cl_2(p)$ | $Cl^-(c)$ ‖ $MnO_4^-(c_1)$，$Mn^{2+}(c_2)$，$H^+(c_3)$ | Pt (+)

3. 标准电极电势 $\varphi^{\ominus}$(Ox/Red)和标准电池电动势 $E^{\ominus}=\varphi_{+}^{\ominus}-\varphi_{-}^{\ominus}$ 的运用

标准电极电势 $\varphi^{\ominus}$(Ox/Red)有三个方面的运用:①利用标准电极电势 $\varphi^{\ominus}$(Ox/Red)判断标准态下氧化剂、还原剂的相对强弱:$\varphi^{\ominus}$(Ox/Red)越大,氧化态的氧化能力就越强,是强氧化剂;$\varphi^{\ominus}$(Ox/Red)越小,还原态的还原能力就越强,是强还原剂。②在等温等压标准态下,判据标准态下氧化还原反应的自发性:$\Delta_r G_m^{\ominus}=-nFE^{\ominus}$。$\Delta_r G_m^{\ominus}<0, E^{\ominus}>0$,反应正向自发进行;$\Delta_r G_m^{\ominus}>0, E^{\ominus}<0$,反应逆向自发进行;$\Delta_r G_m^{\ominus}=0$,$E^{\ominus}=0$,反应达到平衡。③计算氧化还原反应的平衡常数:根据 $\Delta_r G_m^{\ominus}=-nFE^{\ominus}$ 和 $\Delta_r G_m^{\ominus}=-RT\ln K^{\ominus}$,在 298.15 K 下,将 $R=8.314\ \mathrm{J\cdot mol^{-1}\cdot K^{-1}}$, $F=96485\ \mathrm{C\cdot mol^{-1}}$ 代入上式得:$\lg K^{\ominus}=\dfrac{nE^{\ominus}}{0.05916\ \mathrm{V}}$($n$ 是配平的氧化还原反应方程式中转移的电子数)。

4. 电极的 Nernst 方程式和电池的 Nernst 方程式

对电池反应:$a\mathrm{Ox_1}+b\mathrm{Red_2}\rightleftharpoons d\mathrm{Red_1}+e\mathrm{Ox_2}$。在 298.15 K 时,其 Nernst 方程式为:$E=E^{\ominus}-\dfrac{0.05916\ \mathrm{V}}{n}\lg\dfrac{c_{\mathrm{Red_1}}^{d}\,c_{\mathrm{Ox_2}}^{e}}{c_{\mathrm{Ox_1}}^{a}\,c_{\mathrm{Red_2}}^{b}}$。$\Delta_r G_m=-nFE$,同理,$\Delta_r G_m$ 和 E 可作为非标准态下的氧化还原反应自发性的判据。

对电极反应:$p\mathrm{Ox}+n\mathrm{e^-}\rightleftharpoons q\mathrm{Red}$。在 298.15 K 时,其 Nernst 方程式为:φ(Ox/Red)$=\varphi^{\ominus}$(Ox/Red)$+\dfrac{0.05916\ \mathrm{V}}{n}\lg\dfrac{c_{\mathrm{Ox}}^{p}}{c_{\mathrm{Red}}^{q}}$。$\varphi$(Ox/Red)大小受电极中各物质的浓度、酸度以及生成沉淀、配合物等影响。同理,φ(Ox/Red)用来判断非标准态下的氧化还原反应的方向或氧化剂、还原剂的相对强弱。

应用 Nernst 方程式应注意:当 Red 及 Ox 为气体时,其分压应除以标准态下压力 100 kPa;若是固体、纯液体或溶剂,则其浓度视为常数,不列入 Nernst 方程式;对于有 H^+ 或 OH^- 参与的氧化还原反应,计算时 H^+ 或 OH^- 的浓度也应列入 Nernst 方程式。

5. $K^{\ominus}$、$\Delta_r G_m^{\ominus}$、$E^{\ominus}$ 和 $\Delta_r G_m$ 相互关系及其计算

$\Delta_r G_m^{\ominus}$ 的计算	$E^{\ominus}$ 的计算	$K^{\ominus}$ 的计算
Hess:已知几个反应的 $\Delta_r G_m^{\ominus}$ 求一个新的反应的 $\Delta_r G_m^{\ominus}$ $\Delta_r G_m^{\ominus}=\Delta_r H_{m,298.15}^{\ominus}-T\Delta_r S_{m,298.15}^{\ominus}$ $\Delta_r G_m^{\ominus}=\sum v_j\Delta_f G_m^{\ominus}$(产物)$-\sum v_i\Delta_f G_m^{\ominus}$(反应物) $\Delta_r G_m^{\ominus}=-RT\ln K^{\ominus}$ $\Delta_r G_m^{\ominus}=-nFE^{\ominus}$	$E^{\ominus}=\varphi_{+}^{\ominus}-\varphi_{-}^{\ominus}$ 298.15 K 下: $\lg K^{\ominus}=\dfrac{nE^{\ominus}}{0.05916\ \mathrm{V}}$ $\Delta_r G_m^{\ominus}=-nFE^{\ominus}$	$a\mathrm{A}+b\mathrm{B}\rightleftharpoons d\mathrm{D}+e\mathrm{E}$ $K^{\ominus}=\dfrac{([\mathrm{D}]/c^{\ominus})^{d}\ ([\mathrm{E}]/c^{\ominus})^{e}}{([\mathrm{A}]/c^{\ominus})^{a}\ ([\mathrm{B}]/c^{\ominus})^{b}}$ $\Delta_r G_m^{\ominus}=-RT\ln K^{\ominus}$ $\ln\dfrac{K_2^{\ominus}}{K_1^{\ominus}}=\dfrac{\Delta_r H_m^{\ominus}}{R}\left(\dfrac{T_2-T_1}{T_1T_2}\right)$ 298.15 K 下: $\lg K^{\ominus}=\dfrac{nE^{\ominus}}{0.05916\ \mathrm{V}}$
$\Delta_r G_m=\Delta_r H_m-T\Delta_r S_m=\Delta_r G_m^{\ominus}+RT\ln Q=RT\ln(Q/K^{\ominus})=-nFE$		

典型例题

例 1 已知 $Fe + 2H^+ \rightleftharpoons Fe^{2+} + H_2$ 的 $\Delta_r H_m^\ominus = -89.1\ kJ \cdot mol^{-1}$，$\Delta_r S_m^\ominus = -34.3\ J \cdot mol^{-1} \cdot K^{-1}$，求 298 K 时,电极反应 $Fe^{2+} + 2e^- \rightleftharpoons Fe$ 的标准电极电位。

解 根据反应的 $\Delta_r H_m^\ominus$ 和 $\Delta_r S_m^\ominus$ 计算 $\Delta_r G_m^\ominus$：

$\Delta_r G_m^\ominus = \Delta_r H_m^\ominus - T\Delta_r S_m^\ominus = -89.1\ kJ \cdot mol^{-1} - 298\ K \times (-34.3/1000)\ kJ \cdot mol^{-1} \cdot K^{-1} = -78.88\ kJ \cdot mol^{-1}$

因为 $\Delta_r G_m^\ominus = -nFE^\ominus$,且反应中电子转移数 $n = 2$

所以 $E^\ominus = -\Delta_r G_m^\ominus/(nF) = -(-78.88 \times 10^3\ J \cdot mol^{-1})/(2 \times 96485\ C \cdot mol^{-1}) = 0.409\ V$

$E^\ominus = \varphi^\ominus(H^+/H_2) - \varphi^\ominus(Fe^{2+}/Fe) = 0.00000\ V - \varphi^\ominus(Fe^{2+}/Fe) = 0.409\ V$

$\varphi^\ominus(Fe^{2+}/Fe) = -E^\ominus = -0.409\ V$

例 2 已知:$Ag^+ + e^- \rightleftharpoons Ag$ ($\varphi^\ominus = 0.7996V$);$AgCl + e^- \rightleftharpoons Ag + Cl^-$ ($\varphi^\ominus = 0.22233\ V$)。求 AgCl 的 K_{sp}。

解 根据方程式 $AgCl \rightleftharpoons Ag^+ + Cl^-$,该反应为非氧化还原反应,通过方程式两边同加金属单质 Ag,将上述反应变成氧化还原反应并组装成原电池,分别找到正极和负极的半反应:

$$Ag + AgCl \rightleftharpoons Ag^+ + Cl^- + Ag$$

$$(+)AgCl + e^- \rightleftharpoons Ag + Cl^- \quad (\varphi^\ominus = 0.22233\ V)$$

$$(-)Ag - e^- \rightleftharpoons Ag^+ \quad (\varphi^\ominus = 0.7996\ V)$$

$$AgCl \rightleftharpoons Ag^+ + Cl^-$$

因为

$$\lg K_{sp} = \frac{nE^\ominus}{0.05916\ V}$$

所以

$$\lg K_{sp} = \frac{n[\varphi^\ominus(AgCl/Ag) - \varphi^\ominus(Ag^+/Ag)]}{0.05916\ V} = \frac{1 \times (0.22233\ V - 0.7996\ V)}{0.05916\ V}$$

$$= -9.7578$$

$$K_{sp} = 1.75 \times 10^{-10}(\text{与实验值 } 1.78 \times 10^{-10} \text{很接近})$$

例 3 已知 $\varphi^\ominus(Pb^{2+}/Pb) = -0.1262\ V$,将它与氢电极组成原电池。

$(-)\ Pb \mid Pb^{2+}(1\ mol \cdot L^{-1}) \parallel H^+(1\ mol \cdot L^{-1}) \mid H_2(100\ kPa), Pt\ (+)$

问:(1) 在标准态下,$2H^+ + Pb \rightleftharpoons H_2 + Pb^{2+}$ 反应能发生吗?

(2) 若在上述氢电极的 H^+ 溶液中加入 NaAc,并使平衡后溶液中 HAc 及 Ac^- 的浓度均为 $1\ mol \cdot L^{-1}$,H_2 的分压为 100 kPa,反应方向会发生变化吗?

解 (1) 由于正极发生还原反应 $2H^+ + 2e^- \rightleftharpoons H_2(\varphi^\ominus(H^+/H_2) = 0.00000\ V)$

负极发生氧化反应 $Pb^{2+} + 2e^- \rightleftharpoons Pb(\varphi^\ominus(Pb^{2+}/Pb) = -0.1262\ V)$

电池反应为 $2H^+ + Pb \rightleftharpoons H_2 + Pb^{2+}$

$E^{\ominus}=(\varphi_{+}^{\ominus}-\varphi_{-}^{\ominus})=\varphi^{\ominus}(H^{+}/H_2)-\varphi^{\ominus}(Pb^{2+}/Pb)=0.00000\ V-(-0.1262\ V)$
$=0.1262\ V>0$

由于电池电动势大于零，所以该反应能正向自发进行。

(2) 加入 NaAc 后，氢电极溶液中存在下列平衡：$HAc \rightleftharpoons H^{+}+Ac^{-}$　$(K_{HAc}=1.76\times10^{-5})$。

达到平衡后，溶液中 HAc 及 Ac^{-} 的浓度均为 $1\ mol\cdot L^{-1}$，构成缓冲溶液：

$$pH=pK_a+\lg\frac{[Ac^{-}]}{[HAc]}=p(1.76\times10^{-5})+\lg1$$

$$[H^{+}]=1.76\times10^{-5}\ mol\cdot L^{-1}$$

$$\begin{aligned}E&=\varphi(H^{+}/H_2)-\varphi(Pb^{2+}/Pb)\\&=[\varphi^{\ominus}(H^{+}/H_2)-\varphi^{\ominus}(Pb^{2+}/Pb)]-\frac{0.05916\ V}{n}\lg\frac{c(Pb^{2+})(p_{H_2}/p^{\ominus})}{c^{2}(H^{+})}\\&=0.0000\ V-(-0.126\ V)-\frac{0.05916\ V}{2}\lg\frac{(100\ kPa/100\ kPa)}{(1.76\times10^{-5})^{2}}\\&=-0.155\ V<0\end{aligned}$$

$E<0$，该反应逆向自发进行，电池的正负极也要改变。

研讨式教学思考题

1. 指出下列化合物中划线元素的氧化数：$K_2\underline{Cr}O_4$、$Na_2\underline{S}_2O_3$、$Na_2\underline{S}O_3$、$\underline{Cl}O_2$、$\underline{N}_2O_5$、$Na\underline{H}$、$K_2\underline{O}_2$、$K_2\underline{Mn}O_4$。

2. 离子-电子法配平下列各反应方程式并写出其组成原电池的组成式，并总结配平氧化还原反应和书写原电池的组成式应注意的问题。

(1) $MnO_4^{-}+H_2O_2+H^{+}\longrightarrow Mn^{2+}+O_2+H_2O$

(2) $As_2S_3+ClO_3^{-}+H^{+}\longrightarrow Cl^{-}+H_2AsO_4+SO_4^{2-}$

3. 在原电池中，为什么一定要有盐桥和多孔隔板？

4. 举例说明电极电势的运用。

5. 总结溶液酸碱性改变以及生成沉淀、配合物等对电极电势的影响。

6. 随着 pH 升高，下列物质中，哪些离子的氧化性增强？哪些离子的氧化性减弱？哪些离子的氧化性不变？$Hg_2{}^{2+}$、$Cr_2O_7^{2-}$、MnO_4^{-}、Cl_2、Cu^{2+}、H_2O_2。

7. 如何利用标准电极电位的数据计算有关的非氧化还原反应的平衡常数（如 K_{sp}，K_a），举例说明？

8. 总结 $K^{\ominus}$、$\Delta_rG_m^{\ominus}$、$E^{\ominus}$ 和 Δ_rG_m 相互关系及其计算。

自测题

一、选择题

1. 利用标准电极电势表判断氧化还原反应进行的方向，正确的说法是（　　）。

A. 氧化型物质与还原型物质反应

B. 电极电势值较大的电对的氧化型物种与电极电势值较小的电对的还原型物种起反应

C. 氧化性强的物质与氧化性弱的物质起反应

D. 还原性强的物质与还原性弱的物质起反应

2. 下列关于氧化数的叙述中,不正确的是(　　)。

A. 单质的氧化数为 0

B. 氧气的氧化数为 −2

C. 在多原子分子中,各元素原子的氧化数的代数和等于 0

D. 氧化数可以是整数或分数

3. 下列原电池中,电动势最大的是(　　)。

A. (−) $Zn|Zn^{2+}(1\ mol\cdot L^{-1})\parallel Cu^{2+}(1\ mol\cdot L^{-1})|Cu$ (+)

B. (−) $Zn|Zn^{2+}(1\ mol\cdot L^{-1})\parallel Cu^{2+}(0.1\ mol\cdot L^{-1})|Cu$ (+)

C. (−) $Zn|Zn^{2+}(0.1\ mol\cdot L^{-1})\parallel Cu^{2+}(1\ mol\cdot L^{-1})|Cu$ (+)

D. (−) $Zn|Zn^{2+}(0.001\ mol\cdot L^{-1})\parallel Cu^{2+}(0.1\ mol\cdot L^{-1})|Cu$ (+)

4. 已知,$\varphi^{\ominus}(Cl_2/Cl^-)=1.36\ V$;$\varphi^{\ominus}(Br_2/Br^-)=1.07\ V$;$\varphi^{\ominus}(I_2/I^-)=0.535\ V$;$\varphi^{\ominus}(S/S^{2-})=-0.48\ V$;$\varphi^{\ominus}(Sn^{4+}/Sn^{2+})=0.15\ V$;$\varphi^{\ominus}(Fe^{3+}/Fe^{2+})=0.77\ V$;$\varphi^{\ominus}(MnO_4^-/Mn^{2+})=1.51\ V$。在含有 Cl^-、Br^-、I^-、S^{2-} 的混合液中,欲使 S^{2-} 被氧化而其他离子不变,最好选用的氧化剂是(　　)。

A. $SnCl_4$　　B. Cl_2　　C. $FeCl_3$　　D. $KMnO_4$

5. 已知 $\varphi^{\ominus}(Cu^{2+}/Cu)=0.3419\ V$,$\varphi^{\ominus}(Ag^+/Ag)=0.7996\ V$,将这两个电对组成原电池,则电池的标准电动势为(　　)。

A. 1.2509 V　　B. 0.1158 V　　C. 0.6287 V　　D. 0.4577 V

6. 已知 $\varphi^{\ominus}(O_2/H_2O)=0.815\ V$ ($\varphi^{\ominus}$ 为 pH=7.0,而其他反应物和产物都处于标准态时的电极电位),其电极反应为 $O_2+4H^++4e^-\rightleftharpoons 2H_2O$,当 $T=298.15\ K$,pH=7.20 时,φ 为(　　)。

A. 0.520 V　　B. 0.803 V　　C. 0.301 V　　D. 0.00 V

7. 对于电池反应 $Cu^{2+}+Fe\rightleftharpoons Cu+Fe^{2+}$,下列说法正确的是(　　)。

A. 当 $c(Cu^{2+})=c(Fe^{2+})$ 时,电池反应达到平衡

B. 当 Cu^{2+}、Fe^{2+} 均处于标准态时,电池反应达到平衡

C. 当原电池的标准电动势为 0 时,电池反应达到平衡

D. 当原电池的电动势为 0 时,电池反应达到平衡

8. 已知,$\varphi^{\ominus}(Fe^{2+}/Fe)=-0.45\ V$,$\varphi^{\ominus}(Cu^{2+}/Cu)=+0.34\ V$。298.15 K 时,反应 $Fe+Cu^{2+}\rightleftharpoons Fe^{2+}+Cu$ 的 $\Delta_r G_m^{\ominus}$ 值为(　　)。

A. $-174.0\ kJ\cdot mol^{-1}$　　B. $174.0\ kJ\cdot mol^{-1}$

C. $-152.4\ kJ\cdot mol^{-1}$　　D. $152.4\ kJ\cdot mol^{-1}$

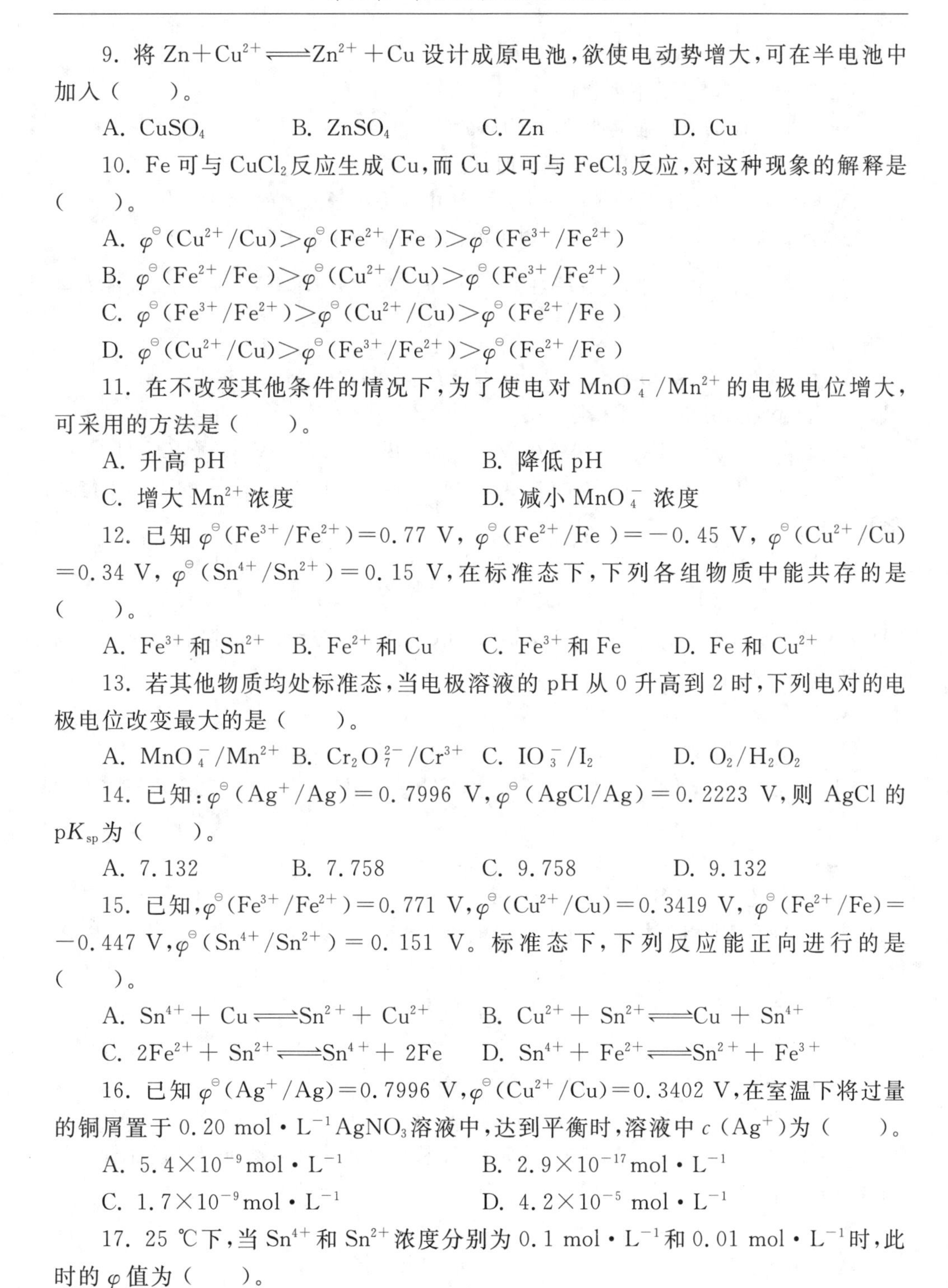

9. 将 $Zn + Cu^{2+} \rightleftharpoons Zn^{2+} + Cu$ 设计成原电池，欲使电动势增大，可在半电池中加入（　　）。

A. $CuSO_4$　　B. $ZnSO_4$　　C. Zn　　D. Cu

10. Fe 可与 $CuCl_2$ 反应生成 Cu，而 Cu 又可与 $FeCl_3$ 反应，对这种现象的解释是（　　）。

A. $\varphi^\ominus(Cu^{2+}/Cu) > \varphi^\ominus(Fe^{2+}/Fe) > \varphi^\ominus(Fe^{3+}/Fe^{2+})$

B. $\varphi^\ominus(Fe^{2+}/Fe) > \varphi^\ominus(Cu^{2+}/Cu) > \varphi^\ominus(Fe^{3+}/Fe^{2+})$

C. $\varphi^\ominus(Fe^{3+}/Fe^{2+}) > \varphi^\ominus(Cu^{2+}/Cu) > \varphi^\ominus(Fe^{2+}/Fe)$

D. $\varphi^\ominus(Cu^{2+}/Cu) > \varphi^\ominus(Fe^{3+}/Fe^{2+}) > \varphi^\ominus(Fe^{2+}/Fe)$

11. 在不改变其他条件的情况下，为了使电对 MnO_4^-/Mn^{2+} 的电极电位增大，可采用的方法是（　　）。

A. 升高 pH　　B. 降低 pH

C. 增大 Mn^{2+} 浓度　　D. 减小 MnO_4^- 浓度

12. 已知 $\varphi^\ominus(Fe^{3+}/Fe^{2+}) = 0.77$ V，$\varphi^\ominus(Fe^{2+}/Fe) = -0.45$ V，$\varphi^\ominus(Cu^{2+}/Cu) = 0.34$ V，$\varphi^\ominus(Sn^{4+}/Sn^{2+}) = 0.15$ V，在标准态下，下列各组物质中能共存的是（　　）。

A. Fe^{3+} 和 Sn^{2+}　　B. Fe^{2+} 和 Cu　　C. Fe^{3+} 和 Fe　　D. Fe 和 Cu^{2+}

13. 若其他物质均处标准态，当电极溶液的 pH 从 0 升高到 2 时，下列电对的电极电位改变最大的是（　　）。

A. MnO_4^-/Mn^{2+}　　B. $Cr_2O_7^{2-}/Cr^{3+}$　　C. IO_3^-/I_2　　D. O_2/H_2O_2

14. 已知：$\varphi^\ominus(Ag^+/Ag) = 0.7996$ V，$\varphi^\ominus(AgCl/Ag) = 0.2223$ V，则 AgCl 的 pK_{sp} 为（　　）。

A. 7.132　　B. 7.758　　C. 9.758　　D. 9.132

15. 已知，$\varphi^\ominus(Fe^{3+}/Fe^{2+}) = 0.771$ V，$\varphi^\ominus(Cu^{2+}/Cu) = 0.3419$ V，$\varphi^\ominus(Fe^{2+}/Fe) = -0.447$ V，$\varphi^\ominus(Sn^{4+}/Sn^{2+}) = 0.151$ V。标准态下，下列反应能正向进行的是（　　）。

A. $Sn^{4+} + Cu \rightleftharpoons Sn^{2+} + Cu^{2+}$　　B. $Cu^{2+} + Sn^{2+} \rightleftharpoons Cu + Sn^{4+}$

C. $2Fe^{2+} + Sn^{2+} \rightleftharpoons Sn^{4+} + 2Fe$　　D. $Sn^{4+} + Fe^{2+} \rightleftharpoons Sn^{2+} + Fe^{3+}$

16. 已知 $\varphi^\ominus(Ag^+/Ag) = 0.7996$ V，$\varphi^\ominus(Cu^{2+}/Cu) = 0.3402$ V，在室温下将过量的铜屑置于 $0.20\ mol \cdot L^{-1}$ $AgNO_3$ 溶液中，达到平衡时，溶液中 $c(Ag^+)$ 为（　　）。

A. $5.4 \times 10^{-9}\ mol \cdot L^{-1}$　　B. $2.9 \times 10^{-17}\ mol \cdot L^{-1}$

C. $1.7 \times 10^{-9}\ mol \cdot L^{-1}$　　D. $4.2 \times 10^{-5}\ mol \cdot L^{-1}$

17. 25 ℃下，当 Sn^{4+} 和 Sn^{2+} 浓度分别为 $0.1\ mol \cdot L^{-1}$ 和 $0.01\ mol \cdot L^{-1}$ 时，此时的 φ 值为（　　）。

A. $\varphi^\ominus - \frac{0.05916}{2}$ V　　B. $\varphi^\ominus + \frac{0.05916}{2}$ V

C. $\varphi^{\ominus}-0.05916$ V　　D. $\varphi^{\ominus}+0.05916$ V

18. 对于电极电位的下列叙述中,不正确的是(　　)。

A. 标准电极电位是强度性质,与物质的数量无关

B. 电对中还原态物质的浓度减小时,电极电位减小

C. 电极电位的大小反映了电对在水溶液中得失电子能力的大小

D. 原电池中的电流是由于两个电极电位不同而产生的

19. 对于反应 $2Fe^{3+}+2I^{-} \rightleftharpoons 2Fe^{2+}+I_2$ 和 $Fe^{3+}+I^{-} \rightleftharpoons Fe^{2+}+\frac{1}{2}I_2$,标准态下两个反应的(　　)。

A. $E^{\ominus}$、$\Delta_r G_m^{\ominus}$、$K^{\ominus}$ 都相等　　B. $E^{\ominus}$ 相等,$\Delta_r G_m^{\ominus}$、$K^{\ominus}$ 不相等

C. $E^{\ominus}$、$\Delta_r G_m^{\ominus}$ 相等,$K^{\ominus}$ 不相等　　D. $\Delta_r G_m^{\ominus}$ 相等,$E^{\ominus}$、$K^{\ominus}$ 不相等

20. 已知 $\varphi^{\ominus}(Fe^{3+}/Fe^{2+})=0.771$ V,$\varphi^{\ominus}(Br_2/Br^{-})=1.07$ V,$\varphi^{\ominus}(H_2O_2/H_2O)=1.776$ V,$\varphi^{\ominus}(I_2/I^{-})=0.536$ V,$\varphi^{\ominus}(MnO_4^{-}/Mn^{2+})=1.51$ V,在下列物质中,不能氧化 Fe^{2+} 的是(　　)。

A. I_2　　B. Br_2　　C. H_2O_2　　D. $KMnO_4$

21. 已知 $\varphi^{\ominus}(Cl_2/Cl^{-})=1.358$ V,$\varphi^{\ominus}(I_2/I^{-})=0.536$ V,$\varphi^{\ominus}(Fe^{3+}/Fe^{2+})=0.771$ V,$\varphi^{\ominus}(Sn^{4+}/Sn^{2+})=0.151$ V,Cl_2、I_2、Fe^{3+}、Sn^{4+} 在标准态下按氧化能力由高到低的顺序排列为(　　)。

A. Sn^{4+}、I_2、Fe^{3+}、Cl_2　　B. Cl_2、I_2、Sn^{4+}、Fe^{3+}

C. Cl_2、Fe^{3+}、I_2、Sn^{4+}　　D. Fe^{3+}、Cl_2、I_2、Sn^{4+}

22. 电池反应 $Cr_2O_7^{2-}+12H^{+}+6I^{-} \rightleftharpoons 2Cr^{3+}+3I_2+6H_2O$ 的电子转移数 n 为(　　)。

A. 1　　B. 2　　C. 3　　D. 6

23. 氧化还原反应 $Sn^{2+}+Ni \rightleftharpoons Sn+Ni^{2+}$,$Ni^{2+}+Cd \rightleftharpoons Ni+Cd^{2+}$ 在标准态下都能正向进行,则相关电对的标准电极电位的相对大小为(　　)。

A. $\varphi^{\ominus}(Sn^{2+}/Sn)>\varphi^{\ominus}(Ni^{2+}/Ni)>\varphi^{\ominus}(Cd^{2+}/Cd)$

B. $\varphi^{\ominus}(Sn^{2+}/Sn)>\varphi^{\ominus}(Cd^{2+}/Cd)>\varphi^{\ominus}(Ni^{2+}/Ni)$

C. $\varphi^{\ominus}(Ni^{2+}/Ni)>\varphi^{\ominus}(Cd^{2+}/Cd)>\varphi^{\ominus}(Sn^{2+}/Sn)$

D. $\varphi^{\ominus}(Cd^{2+}/Cd)>\varphi^{\ominus}(Ni^{2+}/Ni)>\varphi^{\ominus}(Sn^{2+}/Sn)$

24. 已知 $\varphi^{\ominus}(Br_2/Br^{-})=1.07$ V, $\varphi^{\ominus}(Cr_2O_7^{2-}/Cr^{3+})=1.33$ V, $\varphi^{\ominus}(MnO_4^{-}/Mn^{2+})=1.51$ V, $\varphi^{\ominus}(Fe^{3+}/Fe^{2+})=0.771$ V,则上述电对的各物质中最强的氧化剂和最强还原剂分别是(　　)。

A. MnO_4^{-},Br^{-}　　B. Br_2,Mn^{2+}

C. MnO_4^{-},Cr^{3+}　　D. MnO_4^{-},Fe^{2+}

25. 下列原电池的符号中,书写正确的是(　　)。

A. (−) $Zn|Zn^{2+}(c)\parallel Cu^{2+}(c)|Cu$ (+)

B. (－) $Zn^{2+}(c)|Zn \| Cu^{2+}(c)|Cu$ (＋)

C. (－) $Zn|Zn^{2+} \| Cu^{2+} | Cu$ (＋)

D. (－) $Zn, Zn^{2+} \| Cu^{2+}, Cu$ (＋)

二、判断题

(　　)1. 电极电位代数值越大的电对，其氧化态物质是越强的氧化剂。

(　　)2. 氧化还原反应的平衡常数只与氧化剂和还原剂的本性、温度及反应中转移的电子数有关，而与反应物浓度无关。

(　　)3. 当组成原电池的两个电对的电极电位相等时，电池反应处于平衡态。

(　　)4. 对于浓差电池 $Cu | CuSO_4(c_1) \| CuSO_4(c_2) | Cu$ 中，若 $c_1 < c_2$，则左端为负极。

(　　)5. 电极反应 $Cu^{2+} + 2e^- \rightleftharpoons Cu$ 的 $\varphi^\ominus = 0.342$ V，则电极反应 $Cu \rightleftharpoons Cu^{2+} + 2e^-$ 的 $\varphi^\ominus = -0.342$V。

(　　)6. 某溶液中同时存在几种氧化剂，若它们都能与某一还原剂反应，一般来说，电极电势差越大的氧化还原反应优先进行。

(　　)7. 若某原电池的 $E^\ominus > 0$，则此电池反应的 $\Delta_r G_m$ 必小于 0。

(　　)8. 两电对组成原电池，则标准电极电位大的电对中的氧化型物质在电池反应中一定是氧化剂。

(　　)9. 氧化还原反应的标准电动势 $E^\ominus$ 越大，则反应速率越快。

(　　)10. 在电极反应 $Cr_2O_7^{2-} + 14H^+ + 6e^- \rightleftharpoons 2Cr^{3+} + 7H_2O$ 中，升高溶液的 pH 将使其 φ 值升高。

三、填空题

1. 已知 $Br_2 + 2Fe^{2+} \longrightarrow 2Br^- + 2Fe^{3+}$，$2MnO_4^- + 10Br^- + 16H^+ \longrightarrow 2Mn^{2+} + 5Br_2 + 8H_2O$ 反应均能进行，则该条件下氧化剂的相对强弱是________，还原剂的相对强弱是________。

2. 对于 $M^{n+} + xe^- \rightleftharpoons M^{(n-x)+}$ 的电极反应，若加入 $M^{(n-x)+}$ 的沉淀剂或配位剂，则此电极的电极电位将________，M^{n+} 的氧化性将________。在 $M^{2+} + 2e^- \rightleftharpoons M$ 电极反应中，加入 M^{2+} 的沉淀剂所产生的同类型难溶盐的 K_{sp} 越小，其电极电位________。

3. 半反应 $O_2 + 4H^+ + 4e^- \rightleftharpoons 2H_2O$，其电极表示式为________。若 $\varphi^\ominus$ 为 1.23 V，当 $p(O_2) = 100$ kPa，$[OH^-] = 10^{-10}$ mol·L^{-1}时，则 φ 为________，将这两个不同的 φ 的电极组成原电池，其电池表示为________。

4. 已知 298.15 K 时，$\varphi^\ominus(Cu^{2+}/Cu) = 0.3402$ V，$\varphi^\ominus(Zn^{2+}/Zn) = -0.7602$ V，把反应 $Cu^{2+} + Zn \rightleftharpoons Cu + Zn^{2+}$ 组成原电池，测得电动势为 1.0 V，这是因为________浓度比________浓度大。若向 $CuSO_4$ 溶液中加入氨水，电池电动势将________；若只增加 Zn 电极的表面积，电池的电动势将________。

5. 已知 $\varphi^{\ominus}(Ag^{+}/Ag)$ 和 $K_{sp}(Ag_2CrO_4)$，则可推导出 $\varphi^{\ominus}(Ag_2CrO_4/Ag)$ 的表达式为________。

四、简答题

1. 试计算下列各物质中 S 的氧化数：$S_2O_3^{2-}$、$S_4O_6^{2-}$、SF_4、SO_3^{2-}。

2. 写出并配平下列各电池的电极反应、电池反应，注明各电极的种类。

(1) (－) Ag，AgCl(s) | HCl | Cl_2(100 kPa)，Pt (＋)

(2) (－) Pb，$PbSO_4$(s) | K_2SO_4 ‖ KCl | $PbCl_2$(s)，Pb (＋)

(3) (－) Zn | Zn^{2+} ‖ MnO_4^-，Mn^{2+}，H^+ | Pt (＋)

3. Nernst 方程适用于什么情况？在标准态下，反应商 Q 的数值是什么？当反应物浓度增加时，电池电动势如何变化？

4. 同种金属及其盐溶液能否组成原电池？若能组成，盐溶液的浓度必须具备什么条件？离子浓度与电极的正负极有什么关系？

5. 已知 $\varphi^{\ominus}(Ce^{4+}/Ce^{3+})=1.72$ V，$\varphi^{\ominus}(Br_2/Br^-)=1.07$ V，$\varphi^{\ominus}(H_2O_2/H_2O)=1.776$ V，$\varphi^{\ominus}(I_2/I^-)=0.5355$ V，$\varphi^{\ominus}(MnO_4^-/Mn^{2+})=1.51$ V，能氧化 Br^- 的氧化剂有哪些？能还原 Ce^{4+} 的还原剂有哪些？

五、计算题

1. 已知 $\varphi^{\ominus}(I_2/I^-)=0.535$ V，$\varphi^{\ominus}(Br_2/Br^-)=1.087$ V，$\varphi^{\ominus}(MnO_4^-/Mn^{2+})=1.491$ V。用 $KMnO_4$ 氧化 I^- 和 Br^-，若 $KMnO_4$ 被还原为 Mn^{2+}，且设 $c(MnO_4^-)=c(Mn^{2+})$，在下列情况下，I^- 和 Br^- 是否都能被氧化：

(1) pH＝3；(2) pH＝6。

2. 原电池的组成为(－)Pt | $H_2(p^{\ominus})$ | HA (0.50 mol · L^{-1}) ‖ NaCl (1.0 mol · L^{-1}) | AgCl-Ag(＋)。在 298.15 K 时，测得电池电动势为 0.568 V。计算 298.15 K 时，HA 的解离常数。已知 $K_{sp}(AgCl)=1.8\times10^{-10}$；$\varphi^{\ominus}(Ag^+/Ag)=0.7996$ V。

3. 已知 $\varphi^{\ominus}(MnO_4^-/Mn^{2+})=1.48$ V，$\varphi^{\ominus}(Cl_2/Cl^-)=1.36$ V；若将上述两电对组成原电池，

(1) 计算电池的标准电动势；

(2) 写出电池的总反应式，并计算 298 K 时反应的平衡常数；

(3) 计算当$[H^+]=10$ mol · L^{-1}，其他离子浓度为 1 mol · L^{-1}，$p(O_2)$ 为 100 kPa 时，该电池的电动势，并指明反应方向。

4. 298 K 下，将反应 $2Fe^{3+}$(0.10 mol · L^{-1})＋$2I^-$(0.10 mol · L^{-1})$\rightleftharpoons 2Fe^{2+}$(0.10 mol · L^{-1})＋I_2(s)设计成原电池，已知 $\varphi^{\ominus}(Fe^{3+}/Fe^{2+})=0.771$ V，$\varphi^{\ominus}(I_2/I^-)=0.5355$ V。试计算：

(1) 原电池电动势；

(2) 该电池反应的标准平衡常数；

(3) 该电池反应在标准态下的 $\Delta_r G_m^{\ominus}$。

5. 已知 $\varphi^{\ominus}(Ag^+/Ag)=0.7991$ V，$Ag(NH_3)_2^+$ 的 $K_f=1.1\times10^7$，$Ag(S_2O_3)_2^{3-}$ 的 $K_f=2.9\times10^{13}$，计算下列两个半反应的 $\varphi^{\ominus}$，并比较 $[Ag(NH_3)_2]^+$ 和 $[Ag(S_2O_3)_2]^{3-}$ 的氧化性。

(1) $[Ag(NH_3)_2]^+(aq)+e^- \rightleftharpoons Ag(s)+2NH_3(aq)$

(2) $[Ag(S_2O_3)_2]^{3-}(aq)+e^- \rightleftharpoons Ag(s)+2S_2O_3^{2-}(aq)$

扫码看答案

第十章　原子结构和元素周期律

学习目的要求

1. 了解氢原子的 Bohr 模型——核外电子运动的量子化特征和电子的波粒二象性、测不准原理；

2. 掌握四个量子数 n、l、m、m_s 的物理意义、取值规律及其与电子运动状态的关系；

3. 熟悉波函数与原子轨道、概率密度与电子云、屏蔽作用与钻穿作用、电负性等概念；了解 s、p、d 原子轨道、电子云角度分布图及径向分布函数图等的意义和特征；

4. 掌握徐光宪的能级公式与近似能级，根据核外电子排布遵守的三条规律写出基态原子的电子排布式(电子组态)；

5. 熟悉电子组态与元素周期表的关系，依据基态原子的价层电子构型，确定其在周期表中所在位置与元素基本性质的周期性变化规律。

本章要点回顾

1. 氢光谱和氢原子的 Bohr 模型

氢原子的发射光谱是不连续的线光谱。Bohr N. 综合关于热辐射的量子论、光子说和原子有核模型，提出原子结构的三项基本假定。(1)电子在处于某些定态的原子轨道上绕核做圆周运动。(2)原子可由一种定态(能级 E_1)跃迁到另一种定态(能级 E_2)，在此过程中吸收或辐射的频率：$h\nu = |E_2 - E_1|$。(3)定态时，电子的轨道运动角动量 L 必须等于 $h/2\pi$ 的整数倍。由此，计算出氢原子定态的能量为 $E_n = -\frac{R_H}{n^2}$ ($n=1, 2, 3, 4\cdots$)，解释了氢原子光谱。

2. 电子的波粒二象性和测不准原理

法国物理学家 de Broglie L. 导出微观粒子(如电子、原子等)具有波动性的 de Broglie 关系式 $\lambda = \frac{h}{p} = \frac{h}{mv}$($p$ 为粒子的动量，m 为质量，v 为粒子运动速度；λ 为粒子波波长)。该关系式分别被美国物理学家 Davisson C-Germer L. 及英国 Thomson G. P. 的电子衍射实验所证实：衍射图像上，亮斑强度大的地方，电子出现的概率大；反之，电子出现的概率小。所以，电子波是概率波，即微观粒子的运动无明确的轨道，但可确定它在核外空间某处出现概率的大小。由于微观粒子的运动兼具波动性，1927 年，德国科学家 Heisenberg W. 提出著名的测不准原理：要想精确测定电子的位置，就不能同时精确测定其速度；反之亦然：$\Delta x \cdot \Delta p_x \geqslant \frac{h}{4\pi}$ (Δx 为 x 方向坐标的测不准量，Δp_x 为 x 方向的动量的测不准量)。

3. 量子数的意义及取值规律

波函数(ψ)描述了电子的空间运动状态，$|\psi|^2$表示在原子核外空间某处电子出现的概率密度，即在该处单位体积中电子出现的概率。$|\psi|^2$的几何图形直观地表示电子概率密度的大小，俗称电子云。在量子力学中，原子轨道仅仅是波函数的代名词，绝无经典力学中的轨道含义，一般把电子出现概率在99%的空间区域作为原子轨道的大小。

ψ(原子轨道)是空间坐标的函数，表示成$\psi(r,\theta,\phi)$。合理的波函数，必须满足一些量子化特征，即主量子数(n)、角量子数(l)、磁量子数(m)的取值一定时，波函数$\psi_{n,l,m}(r,\theta,\phi)$就有确定的值，代表一种确定的空间运动状态。因此，运用一组量子数的组合就可以方便地了解原子轨道。

三个量子数的取值规律和物理意义如下：

(1) 主量子数n可取非零的正整数1、2、3…它决定电子在核外空间出现概率密度最大的区域离核的远近，并且是决定电子能量高低的主要因素。$n=1$时，电子离核的平均距离最近，能量最低。n愈大，电子离核的平均距离愈远，能量愈高。氢原子属单电子体系，电子能量唯一由n决定。n可以类比于电子层数。电子层用下列符号表示：

电子层符号	K	L	M	N	…
n	1	2	3	4	…

(2) 轨道角动量量子数l可取n个数值，从0开始，即0、1、2…$(n-1)$。按光谱学的习惯，l为0、1、2、3时，分别用s、p、d、f表示。角量子数决定轨道形状。$l=0$，轨道呈球形分布，$l=1$，轨道呈双球形分布等。在多电子原子中，l也是决定电子能量高低的因素。当n一定，l愈大，原子轨道能量愈高：$E_{ns}<E_{np}<E_{nd}<E_{nf}$。所以$l$又称为能级或电子亚层。电子亚层用下列符号表示：

能级符号	s	p	d	f	g	…
l	0	1	2	3	4	…

(3) 磁量子数m取值受角量子数的限制，可以取0、±1、±2…±l，共有$(2l+1)$个值。它决定原子轨道在空间的伸展方向，例如$l=1$时，m可取0、±1三个值，说明它有三个伸展方向，即有3个p轨道。m一般与电子的能量无关。l亚层的$2l+1$个原子轨道能量相等，称为简并轨道或等价轨道。

综上所述：三个量子数组合n、l和m有一定规则，m_s不受限制。四个量子数n、l、m、m_s决定一个电子完整的运动状态；三个量子数n、l、m决定一个波函数ψ或原子轨道，即电子的一种空间运动状态；两个量子数n、l决定一个能级，一个量子数n决定氢原子能级。每层中：轨道数$=n^2$，能级数$=n$，最多容纳电子数=最多状态数$=2n^2$。每个亚层中：轨道数$=2l+1$，能级数$=1$，最多容纳电子数=最多状态数$=2(2l+1)$。

4. 波函数的有关图形表示

符号	ψ	ψ^2	$Y_{l,m}(\theta,\varphi)$	$Y_{l,m}{}^2(\theta,\varphi)$	$R_{n,l}(r)$	$D(r)$
名称	波函数＝原子轨道	概率密度＝电子云	角度波函数	电子云角度部分	径向波函数	概率径向分布函数：$D(r)\mathrm{d}r=R_{n,l}^2(r)4\pi r^2$
意义	三个量子数 n、l、m 决定一个波函数 ψ 或原子轨道	电子在核外空间某点(r,θ,φ)出现的概率	是电子在空间不同方位角(θ,φ)的函数	表示电子在空间不同方位角(θ,φ)出现概率密度	是离核距离 r 的函数	电子在半径 r 处单位厚度的球壳内出现的概率
图形特点	分两部分作图 $\psi_{n,l,m}(r,\theta,\varphi)=R_{n,l}(r)\cdot Y_{l,m}(\theta,\varphi)$	分两部分作图 $\psi_{n,l,m}{}^2(r,\theta,\varphi)=R_{n,l}{}^2(r)\cdot Y_{l,m}{}^2(\theta,\varphi)$	有±号，图与 $Y_{l,m}{}^2(\theta,\varphi)$同，胖一些	无±号，图与 $Y_{l,m}(\theta,\varphi)$同，且瘦一些		$(n-l)$个峰，每一个峰表示电子在距 r 处出现概率最大的地方。n、l 都不同，第一峰离核距离：4s＜3d，即 4s 第一个峰钻穿到 3d 主峰之内
备注			s 球形、p“哑铃”形(分别在 x 轴、y 轴和 z 轴方向上伸展)、d 四个橄榄形波瓣(d_{xy}、d_{xz}和 d_{yz}的波瓣在坐标轴夹角 45° 方向上伸展，$\mathrm{d}_{x^2-y^2}$和 d_{z^2} 在坐标轴上伸展。)			

5. 电子组态和元素周期表

原子核外的电子排布又称为电子组态。基态原子的电子排布遵守三条规律。

(1) Pauli 不相容原理：在同一原子中没有四个量子数完全相同的电子。或者说一个原子轨道最多只能容纳自旋相反的两个电子。据此，一个电子层最多可以容纳 $2n^2$ 个电子，其亚层 s^2、p^6、d^{10}。

(2) 能量最低原理：基态原子的电子排布时，总是依据近似能级顺序，先占据低能量轨道，然后才排入高能量的轨道，以使整个原子能量最低。鲍林的近似能级顺序是：$E_{1s}<E_{2s}<E_{2p}<E_{3s}<E_{3p}<E_{4s}<E_{3d}<E_{4p}<\cdots$也可通过$(n+0.7l)$数值大小，估算原子轨道的能级：$(n+0.7l)$值越大，能级越高。$(n+0.7l)$值的第一位数字(整数)相同的各能级组合为一组，构成能级组，也是周期的来源。

(3) Hund 规则：电子在能量相同的轨道(简并轨道)上排布时，总是尽可能以自旋相同的方向，分占不同的轨道，因为这样的排布方式总能量最低。例如氮原子组态是：$1s^2 2s^2 2p^3$，三个 2p 电子的运动状态是：$(2, 1, 0, +\frac{1}{2})$；$(2, 1, 1, +\frac{1}{2})$；$(2, 1, -1, +\frac{1}{2})$。有些副族元素，简并轨道全充满(p^6、d^{10}、f^{14})和半充满(p^3、d^5、f^7)或全空(p^0、d^0、f^0)才是能量最低的稳定状态。这个规律称为 Hund 规则的补充规定，因此，24 号元素铬的基态原子电子组态是：$1s^2 2s^2 2p^6 3s^2 3p^6 3d^5 4s^1$，29 号元素铜的基态原子电子组态是[Ar]$3d^{10} 4s^1$。为简化电子组态的书写，把内层达到稀有气体电子层结构的部分称为原子芯，用稀有气体元素符号加方括号表示。除原子芯以外的部分称为元素的价层电子结构。通过价层电子结构可以确定元素在周期表中的位置：周期数＝电子层数＝价层电子结构中最大的 n。一般地，族数＝价层电子数(价层电子结构 nsnp 为主族 A，$(n-1)$dns 为副族 B，$(n-1)$d 充满的元素，族数等于最外层 ns 电子数，为ⅠB、ⅡB 族；$(n-1)$d 未充满的元素，族数一般等于$(n-1)$d 和 ns 电子数之和，但ⅧB 族价层电子数有超过 8 个，都属于ⅧB 族)。离子的电子组态仿照原子电子组态的方式书写，注意基态原子形成离子时，失电子时先失去 4s 上的电子后失去 3d 上的电子。

6. 元素性质的周期性变化规律

同一周期从左到右，有效核电荷数愈大，主族元素的原子半径逐渐减少，过渡元素原子半径缩小缓慢。同一主族从上到下，电子层数增加使得原子半径递增。

元素电负性(χ)表示原子吸引成键电子的相对能力，电负性大者，原子在分子中吸引成键电子的能力强；反之就弱。Pauling 提出一套元素的电负性数据，以氟为 3.98最大。电负性与元素的金属性、非金属性有联系，电负性愈大，非金属性愈强。电负性小于 2，一般是金属。同一周期，从左到右电负性愈来愈大，同一主族，从上到下电负性愈来愈小。

典型例题

例 1　什么是屏蔽效应和钻穿效应？怎样解释同一主层中能级分裂及不同主层中的能级交错现象？

解　对于单电子原子或离子，各轨道的能量为 $E=-13.6\frac{Z^2}{n^2}$eV，轨道的能量主要取决于主量子数 n。只要 n 相同，各轨道的能量就相同：$E_{ns}=E_{np}=E_{nd}=E_{nf}$。

在多原子或离子中，不但有原子核对电子的吸引，还有电子之间的排斥。在讨论核外某一电子的能量时，内层电子对该电子的排斥作用抵消了部分核电荷对电子的引力，这种作用称为屏蔽效应。因此，多电子体系轨道的能量为

$$E=-13.6\frac{Z^{*2}}{n^2}(\text{eV})=-13.6\frac{(Z-\sigma)^2}{n^2}(\text{eV})$$

造成“能级分裂”现象。为了解释“能级分裂”现象，必须研究原子轨道的径向分布函数图。式中：Z^* 为有效核电荷；σ 为屏蔽常数。因此，多电子原子或离子轨道的能量

除与主量子数 n 有关外，还与屏蔽常数 σ 有关。而 σ 与角量子数 l 等许多因素有关。在 n 相同的轨道中，l 越小的电子受内层电子的屏蔽作用越小，故有轨道的能量 $E_{ns}<E_{np}<E_{nd}<E_{nf}$，而根据原子轨道的径向分布图可知：它有 $(n-l)$ 个峰，每一个峰表示电子在距 r 处出现概率较大地方。主量子数相同的 3s,3p,3d 轨道中，角量子数最小的 3s 轨道不仅径向分布峰的个数最多，而且在靠近核附近有一个小峰(即钻到的离核很近)，因此 3s 电子被内层电子屏蔽的最少，平均受核的引力较大，其能量最低；而 3p 及 3d 电子钻入内层的程度依次减少，内层电子对其屏蔽作用逐渐增强，故它们的能量相继增大。n、l 都不同，第一峰离核距离：4s<3d，即 4s 第一个峰钻穿到 3d 主峰之内，以至于 4s 比 3d 电子能量还低。我们把由于原子轨道的径向分布不同，电子穿过内层钻到近核能力不同而引起电子的能量不同的现象称为电子的钻穿效应。可见钻穿与屏蔽是互相联系的。钻穿效应的结果还会引起“能级交错”现象。$E_{4s}<E_{3d}$。

例 2　某元素的价层电子有(3,2,0,+1/2)(3,2,1,+1/2) (3,2,−1,+1/2)(4,0,0,+1/2)(4,0,0,−1/2)，该元素原子的元素符号、电子排布式、价层电子构型分别是什么？在周期表中位于哪个周期？哪个族？哪个区？

解　根据 n ,l,m,m_s 四个量子数组合确定电子的一种运动状态。价层电子为(3,2,0,+1/2)(3,2,1,+1/2) (3,2,−1,+1/2)(4,0,0,+1/2)(4,0,0,−1/2)代表 $3d^3 4s^2$。所以，元素原子的核外电子排布式为 $1s^2 2s^2 2p^6 3s^2 3p^6 3d^3 4s^2$，为 23 号元素 V。价层电子排布：$3d^3 4s^2$。最高电子层数为 4，所以该元素在第 4 周期。3d 未充满，它应该在 d 区，为副族，族数一般等于 3d 和 4s 电子数之和，即ⅤB 族。

研讨式教学思考题

1. 如何理解氢原子光谱是不连续的线状光谱？Bohr 理论如何解释氢原子光谱？该理论有什么局限性？能否解释多原子光谱？

2. 微观粒子运动有什么特点？如何理解电子的波动性？电子波与电磁波有什么不同？

3. 利用 de Broglie 关系式回答以下问题。(1)电子在 1 V 电压下的速度为 5.9×10^5 m·s^{-1}，电子质量 m 为 9.1×10^{-31} kg，h 为 6.626×10^{-34} J·s，电子波的波长是多少？(2)质量为 1.0×10^{-8} kg 的沙粒以 1.0×10^{-2} m·s^{-1} 速度运动，波长是多少？解释微观粒子与宏观粒子运动特点有何不同？

4. 1s 电子在球形轨道上运动，2p 电子在 8 字形轨道上运动。这样的表达有何不妥？

5. 量子力学中如何描述电子的运动状态？一个原子轨道用哪几个量子数描述？试述各个量子数的意义和取值要求。量子力学中原子轨道与 Bohr 理论中原子轨道有什么区别？

6. 原子轨道的角度分布图是描述什么的？s 轨道角度分布图的特点是什么，是否有正负号？如果有，其意义如何？空间取向如何？同理回答 p 轨道和 d 轨道。

7. 比较原子轨道的角度分布和电子云的角度分布的含义有什么不同？其图像区别在哪里？

8. 概率密度、概率、径向分布函数之间是什么关系？什么是径向分布函数$D(r)$？其意义如何？在基态氢原子中，电子出现概率的极大值在 $r=a_0$（$a_0=52.9$ pm）处，与 Bohr 理论的计算吻合，为什么？

9. 氢原子的 3s、3p 和 3d 的径向分布函数图各有什么特点？能否总结出峰值数的规律？峰值代表的含义是什么？第一峰（离核最近的峰）的意义是什么？主峰（最高峰）的意义是什么？什么是钻穿效应？什么是屏蔽作用？为什么在多电子原子中 $E_{3s}<E_{3p}<E_{3d}$？对比 3d 和 4s 的第一峰的位置说明两个轨道的能量高低顺序？这和电子的排布顺序有什么关系？

10. 元素周期表的周期（族）的由来是什么？有多少个周期（族）？元素的周期（族）与价层电子构型之间存在何种对应关系？如何通过价层电子构型确定元素在周期表中位置（周期、族、区及性质）？

11. 什么是电负性？在周期表中从左到右和从上到下呈现什么规律？周期表中电负性最大的元素和最小的元素分别是什么？电负性与元素的金属性有什么关系？

自测题

一、选择题

1. 既能决定电子的能量又能决定电子离核的平均距离的量子数是（　　）。

A. n　　B. l　　C. m　　D. n、l 和 m

2. 决定波函数的形状，并在多电子原子中决定电子的能量的量子数是（　　）。

A. n　　B. l　　C. m　　D. l 和 m

3. 决定波函数在空间伸展方向的量子数是（　　）。

A. n　　B. l　　C. m　　D. m_s 和 m

4. 决定电子自旋方向的量子数是（　　）。

A. n　　B. l　　C. m　　D. m_s

5. 下列各组量子数（n,l,m,s）中，不可能存在的是（　　）。

A. (3,2,2,+1/2)　　B. (3,2,0,−1/2)

C. (3,1,−1,−1/2)　　D. (3,3,0,+1/2)

6. 基态$_{11}$Na 原子最外层电子的四个量子数可能是（　　）。

A. (3,0,0,+1/2)　　B. (3,1,0,+1/2)

C. (3,1,−1,+1/2)　　D. (3,1,1,+1/2)

7. 已知某原子核外的四个电子的量子数如下，其中电子能量最高的是（　　）。

A. (3,1,1,+1/2)　　B. (2,1,1,+1/2)

C. (2,1,0,+1/2)　　D. (3,2,1,+1/2)

8. 下列电子亚层中,可容纳的电子数最多的电子亚层是(　　)。

A. $n=1,l=0$　　B. $n=2,l=1$

C. $n=3,l=2$　　D. $n=4,l=3$

9. 某元素价电子构型为$(n-1)d^{10}ns^1$,此元素在周期表中位于(　　)。

A. d区,ⅠA族　B. s区,ⅠB族　C. ds区,ⅠA族　D. ds区,ⅠB族

10. 在多电子原子中,下列哪个轨道具有最高的能量?(　　)

A. 2s　B. 2p　C. 3s　D. 3p

11. Cu^+的价电子构型为(　　)。

A. $1s^2 2s^2 2p^6 3s^2 3p^6 3d^{10} 4s^1$　　B. $3s^2 3p^6 3d^{10}$

C. $3d^{10}$　　D. $3d^{10} 4s^1$

12. 已知某元素的价电子构型为$3d^6 4s^2$,则其原子序数为(　　)。

A. 20　B. 12　C. 26　D. 27

13. 在一个多电子原子中,具有下列各组量子数的电子,能量大的电子具有的量子数(n,l,m,m_s)是(　　)。

A. $(3,2,+1,+\frac{1}{2})$　　B. $(2,1,+1,-\frac{1}{2})$

C. $(3,1,0,-\frac{1}{2})$　　D. $(3,1,-1,+\frac{1}{2})$

14. 在包含下列价层电子构型的原子中,其中电负性最小的是(　　)。

A. $5s^1$　B. $4s^1$　C. $5s^2$　D. $3d^{10}4s^1$

15. $\psi(3,2,1)$代表简并轨道中的一条轨道是(　　)。

A. 2p轨道　B. 3d轨道　C. 3p轨道　D. 4p轨道

16. 下列离子中外层d轨道达半满状态的是(　　)。

A. Cr^{3+}　B. Fe^{3+}　C. Co^{3+}　D. Cu^+

17. 波函数表示为(　　)。

A. $\psi_{n,l,m,s}$　B. $\psi^2_{n,l,m}$　C. $Y_{l,m}(\theta,\varphi)$　D. $\psi_{n,l,m}$

18. 下列几种元素$_6C$,$_{24}Cr$,$_{47}Ag$,$_{82}Pb$的基态原子中,未成对电子数分别是(　　)。

A. 2,1,1,2　B. 2,1,4,1　C. 2,6,1,2　D. 2,4,1,1

19. 若某基态原子的外围电子排布为$4d^1 5s^2$,则下列说法错误的是(　　)。

A. 该元素位于第五周期,ⅢB族　　B. 该元素原子核外有5个电子层

C. 该元素原子价层有3个电子　　D. 该元素原子M能层共有8个电子

20. He的E_{1s}与Kr的E_{1s}相比,应有(　　)。

A. $E_{1s}(He)=E_{1s}(Kr)$　　B. $E_{1s}(He)<E_{1s}(Kr)$

C. $E_{1s}(He)>E_{1s}(Kr)$　　D. $E_{1s}(He)\ll E_{1s}(Kr)$

21. 核外某电子的角量子数$l=2$,它的磁量子数m可能取值为(　　)。

A. 1 个　　B. 3 个　　C. 5 个　　D. 7 个

22. 某元素的基态原子有 2 个电子处于 $n=3$、$l=2$ 的能级上，该元素的原子序数、未成对电子数、最高化合价分别是(　　)。

A. 21、3、+3　　B. 22、2、+4　　C. 20、2、+2　　D. 22、4、+4

23. 按鲍林的原子轨道近似能级图，下列各能级中，能量由低到高排列次序正确的是(　　)。

A. 3d，4s，5p　　B. 5s，4d，5p　　C. 4f，5d，6s，6p　　D. 7s，7p，5f，6d

24. 描述一确定的原子轨道，需用的参数是(　　)。

A. n,l　　B. n,l,m　　C. n,l,m,m_s　　D. 只需 n

25. 为表示一个原子在第三电子层上有 10 个电子可以写成(　　)。

A. 3^{10}　　B. $3d^{10}$　　C. $3s^2 3p^6 3d^2$　　D. $3s^2 3p^6 4s$

二、判断题

(　　)1. 量子力学中，波函数和原子轨道两者的含义是一致的。

(　　)2. 氧原子的 2s 轨道的能量与碳原子的 2s 轨道的能量相同。

(　　)3. s 电子在球形轨道上运动，p 电子在双球轨道上运动。

(　　)4. 在氢原子中：$E_{3s}=E_{3p}$，$E_{3d}<E_{4s}$。在钾原子中：$E_{3s}<E_{3p}$，$E_{3d}>E_{4s}$。在钛原子中：$E_{3s}<E_{3p}$，$E_{3d}<E_{4s}$。

(　　)5. 基态是描述一个原子的所有电子都处于尽可能低的能级。

(　　)6. 最外层电子构型为 ns^1 或 ns^2 的元素都在 s 区。

(　　)7. 元素的电负性表示该元素原子得失电子能力的大小。

(　　)8. 电子排布式为 $1s^2 2s^2 2p^3 3s^1$ 的原子虽然不稳定，但有可能存在。

(　　)9. 概率径向分布图中出现电子概率最大的球壳处，电子出现的概率密度也最大。

(　　)10. 主量子数为 3 时，共有 3s、3p、3d、3f 四种轨道。

三、填空题

1. 某元素最高氧化数为+5，原子的最外层电子数为 2，原子半径又是同族中最小的，则该元素原子的核外电子排布式为________，价层电子排布式为________，其+3 价离子的外层电子排布式为________。

2. $n=3$、$l=1$ 的原子轨道属________能级，它们在空间有________种不同取向，若用四个量子数的组合分别表示该能级半充满时这些电子的状态，则应写成________。

3. 元素周期表中，共有________个周期，________个族，________个区。

4. $_{24}Cr$ 的电子排布式________，它在元素周期表中，位于________周期，________族。

5. $\psi_{n,l,m}$ 可分解成两个函数________的乘积。

四、简答题

1. 下列原子在基态时各有多少个未成对电子？(1)$_{25}$Mn;(2)$_{23}$V;(3)$_{26}$Fe;(4)$_{30}$Zn

2. 若将基态原子的电子排布式写成下列形式，各违背了什么原理？并加以改正。

(1) $_7$N　$1s^22s^22p_x^{\ 2}2p_y^{\ 1}$；　(2) $_{11}$Na　$1s^22s^22p^7$；　(3) $_4$Be　$1s^22p^2$

3. 某元素原子最外层有 3 个未成对电子，其相应的四个量子数的组合表示为(3,1,0,+1/2)、(3,1,−1,+1/2)和(3,1,1,+1/2)，写出其元素符号，原子序数及电子排布式。

4. 某元素位于周期表 36 号元素之前，其金属离子 M^{2+} 的第三电子层有 15 个电子，写出该元素原子的如下特征。(1)核外电子排布式；(2)基态时有几个能级；(3)核外电子共有多少个运动状态？

5. 确定下列各元素在周期表的位置(周期，族，分区)及原子序数。

(1) 价电子构型为 $5s^25p^1$；

(2) 有两个量子数为 $n=4,l=0$ 的电子和八个量子数为 $n=3,l=2$ 的电子。

6. 简述元素周期表从左至右和从上到下原子半径的变化规律，说明引起这个变化的主要原因。

7. 用四个量子数表示 B($2s^22p^1$)的各电子运动状态。

8. 某元素位于周期表 36 号元素之前，该元素的基态原子失去 3 个电子后，在角量子数为 2 的轨道上正好半充满，该元素属于第几周期？哪一族？哪一区？并写出其基态原子的电子排布式。

9. 19 号元素 K 和 29 号元素 Cu 的最外层都只有一个 4s 电子，但两者的化学活泼性相差很大，用有效核电荷和电离能进行说明。

10. 下列各组量子数，哪些是错误的？为什么？怎样改正？

(1) 若 $n=2$　$l=1$　$m=0$；　(2) 若 $n=2$　$l=2$　$m=-1$；

(3) 若 $n=3$　$l=0$　$m=+1$；　(4) 若 $n=2$　$l=3$　$m=+2$。

扫码看答案

第十一章　共价键与分子间作用力

学习目的要求

1. 掌握现代价键理论要点和 σ 键、π 键的特征；了解键参数；

2. 掌握杂化轨道理论基本要点，sp 型杂化类型、特征；等性、不等性杂化概念及应用；

3. 掌握价层电子对互斥理论并能用其预测 AB_n 型分子或离子的空间构型；

4. 熟悉分子轨道理论要点，第一、二周期同核双原子分子轨道能级图，并能用其解释分子的磁性与稳定性；了解异核双原子分子轨道能级图；离域 π 键的产生条件；

5. 熟悉分子间作用力的类型、特点、产生原因，氢键的概念、特征、类型及它们对物质性质的影响，会判断分子间存在何种作用力。

本章要点回顾

1. 现代价键理论的要点和共价键的类型

现代价键理论要点：①两个原子接近时，只有自旋方向相反的单电子可以相互配对（两原子轨道重叠），形成稳定的共价键。②单电子配对形成共价键后，就不能再和其他单电子配对。所以每个原子所形成共价键的数目取决于该原子中的单电子数目。这就是共价键的饱和性。③成键的原子轨道间将尽可能最大程度重叠，决定了共价键的方向性。

根据成键时，原子轨道重叠方式的不同，有两种类型的共价键：σ 键和 π 键。原子轨道沿键轴方向，以“头碰头”方式重叠形成的共价键称为 σ 键；以“肩并肩”方式重叠形成的共价键称为 π 键。此外，根据成键电子来源，成键两原子各提供 1 个电子配对形成的共价键称为正常共价键，一个原子单独提供电子对进入另一个原子的空轨道形成的共价键为配位键。

描述共价键性质的参数有键能、键长、键角、键的极性。键能是衡量共价键强度的物理量，键能愈大，键愈牢固，键长越短。键角反映了分子的空间构型。键的极性是由于成键两原子的电负性不同而引起的，一般情况下，电负性差值越大，键的极性越强。

2. 杂化轨道理论

成键过程中，同一原子中几个能量相近的不同类型的原子轨道进行组合，重新分配能量和空间方向，组成数目相等的新的原子轨道，称为杂化轨道。

杂化轨道更有利于原子轨道间最大限度地重叠，成键能力增强。杂化轨道之间力图取最大空间夹角分布，使相互间的排斥力最小。杂化轨道类型决定分子的空间构型。常见的杂化轨道与分子几何构型的关系见表 11-1。

表 11-1　常见的杂化轨道与分子几何构型的关系

杂化类型	杂化轨道夹角	杂化轨道构型	分子类型	等性或不等性杂化	键角	分子构型	实　例
sp	180°	直线形	AB_2	等性	180°	直线形	$HgCl_2$，CO_2，$BeCl_2$
sp^2	120°	平面三角形	AB_3	等性	120°	平面三角形	BF_3，NO_3^-，CO_3^{2-}
			AB_2	不等性	<120°	V 形	$PbCl_2$，SO_2
sp^3	109°28′	正四面体	AB_4	等性	109°28′	正四面体	SiF_4，SO_4^{2-}，PO_4^{3-}
			AB_3	不等性	<109°28′	三角锥形	NH_3，H_3O^+
			AB_2	不等性	<109°28′	V 形	H_2O，H_2S
sp^3d	90° 120°	三角双锥	AB_5	等性		三角双锥	PCl_5，PF_5
			AB_4	不等性		变形四面体	SF_4，$TeCl_4$
			AB_3	不等性		T 形	ClF_3
			AB_2	不等性		直线形	I_3^-，XeF_2
sp^3d^2	90°	正八面体	AB_6	等性		正八面体	SF_6，AlF_6^{3-}
			AB_5	不等性		四方锥形	BrF_5，SbF_5^{2-}
			AB_4	不等性		平面正方形	ICl_4^-，XeF_4

3. 价层电子对互斥理论

价层电子对互斥理论简称 VSEPR 法。该理论认为，在 AB_n 型共价分子或离子中，中心原子 A 周围的价电子对相互尽可能远离，使彼此斥力最小。应用该理论，可按下述规定和步骤判断分子的空间构型：

(1) 确定中心原子中价层电子对数：价层电子对数$=\frac{1}{2}$(中心原子的价电子数+配体提供的共用电子数)。规定：①作为中心原子，提供的电子数等于其族数；②作为配体，每个卤素原子和 H 原子提供 1 个电子，氧族元素的原子不提供电子；③对于复杂离子，还应加上负离子电荷数或减去正离子电荷数；④计算电子对数时，若剩余 1 个电子，亦当作 1 对电子处理；⑤双键、三键等多重键作为 1 对电子看待。

(2) 判断分子的空间构型：依据表 11-2 确定电子对的排布方式和分子的空间构型，其中成键电子对数$=AB_n$中 n，孤电子对数=价层电子对数$-n$。

表 11-2　价层电子对与分子的空间构型

A 的电子对数	价层电子对构型	分子类型	成键电子对数	孤电子对数	分子构型	实　例
2(sp)	直线(180°)	AB_2	2	0	直线形	$HgCl_2$，CO_2

续表

A的电子对数	价层电子对构型	分子类型	成键电子对数	孤电子对数	分子构型	实　例
3(sp^2)	平面正三角形(120°)	AB_3	3	0	平面正三角形	BF_3，NO_3^-
		AB_2	2	1	V形	$PbCl_2$，SO_2
4(sp^3)	正四面体(109°28′)	AB_4	4	0	正四面体	SiF_4，SO_4^{2-}
		AB_3	3	1	三角锥形	NH_3，H_3O^+
		AB_2	2	2	V形	H_2O，H_2S
5(sp^3d)	三角双锥(90° 120°)	AB_5	5	0	三角双锥形	PCl_5，PF_5
		AB_4	4	1	变形四面体	SF_4，$TeCl_4$
		AB_3	3	2	T形	ClF_3
		AB_2	2	3	直线形	I_3^-，XeF_2
6(sp^3d^2)	正八面体(90°)	AB_6	6	0	正八面体	SF_6，AlF_6^{3-}
		AB_5	5	1	四方锥形	BrF_5，SbF_5^{2-}
		AB_4	4	2	平面正方形	ICl_4^-，XeF_4

4. 分子轨道理论要点

(1) 分子轨道理论把分子作为一个整体考虑，分子中的电子不再从属于某个原子，而是在整个分子空间范围内运动。电子的运动状态用分子的波函数 ψ(称为分子轨道)来描述。

(2) 分子轨道的名称用 σ、π、δ 等符号表示。分子轨道可以由分子中原子轨道的线性组合(LCAO)而得到。原子轨道可组合成相同数目的分子轨道：原子轨道线性相加组成的分子轨道称为成键分子轨道，其能量低于组合前原子轨道的能量；原子轨道线性相减组成的分子轨道称为反键分子轨道，能量高于组合前原子轨道的能量；非键分子轨道的能量等于组合前原子轨道的能量。

(3) 原子轨道线性组合成分子轨道必须符合对称性匹配原则、能量相近原则和最大重叠原则。

(4) 电子在分子轨道中的排布也遵守 Pauli 不相容原理、能量最低原理和 Hund 规则。对于第二周期同核双原子分子的分子轨道能级图有两种类型。分子中电子数 >14 (O_2，F_2)的分子轨道能级顺序为

$$\sigma_{1s}<\sigma_{1s}{}^*<\sigma_{2s}<\sigma_{2s}{}^*<\sigma_{2P_x}<\pi_{2P_y}=\pi_{2P_z}<\pi_{2P_y}{}^*=\pi_{2P_z}{}^*<\sigma_{2P_x}{}^*$$

分子中电子数≤14 (Li_2，Be_2，B_2，C_2，N_2)的分子轨道能级顺序为

$$\sigma_{1s}<\sigma_{1s}{}^*<\sigma_{2s}<\sigma_{2s}{}^*<\pi_{2P_y}=\pi_{2P_z}<\sigma_{2P_x}<\pi_{2P_y}{}^*=\pi_{2P_z}{}^*<\sigma_{2P_x}{}^*$$

排布后分子轨道中有单电子的分子具有顺磁性，无单电子的则具有反磁性。

(5) 在分子轨道理论中，用键级表示键的牢固程度：

$$键级=\frac{1}{2}(成键轨道的电子数-反键轨道的电子数)$$

通常键级愈高,键能愈大,键愈稳定;键级为零,则分子或离子不可能存在。

5. 分子间作用力

根据分子中正、负电荷重心是否重合,可将分子分为极性分子和非极性分子。正、负电荷重心相重合的是非极性分子;不重合的是极性分子。分子极性的大小用电偶极矩(μ)度量。μ 值愈大,分子的极性愈强,$\mu=0$ 的分子是非极性分子。极性分子具有永久偶极。在外电场作用下,分子变形产生偶极或使偶极矩增大的现象称为分子的极化。

分子间作用力有范德华力和氢键,见表 11-3。范德华力包括取向力、诱导力、色散力。当氢原子与电负性大,半径小的原子以共价键结合时,这种氢原子能与另一电负性大、半径小的有孤对电子的原子之间产生吸引作用,这种作用力称为氢键。氢键是具有饱和性和方向性的分子间作用力。范德华力及氢键的形成对物质的性质,如熔点、沸点、溶解度有一定影响。

表 11-3　分子间作用力及其产生原因

分子的极性	分子间作用力的种类	产 生 原 因
非极性分子之间	色散力	瞬时偶极
非极性与极性分子之间	色散力,诱导力	瞬时偶极,诱导偶极
极性分子之间(含 OH、NH、FH)	色散力,诱导力,取向力(氢键)	瞬时偶极,诱导偶极,永久偶极

典型例题

例 1　试用分子轨道理论解释 O_2^+、O_2、O_2^- 的成键类型、键级、磁性、稳定性以及键长。

解　O_2分子的分子轨道排布式为 $[(\sigma_{1s})^2(\sigma_{1s}^*)^2(\sigma_{2s})^2(\sigma_{2s}^*)^2(\sigma_{2p_x})^2(\pi_{2p_y})^2(\pi_{2p_z})^2(\pi_{2p_y}^*)^1(\pi_{2p_z}^*)^1]$。对成键有贡献的是:$(\sigma_{2p_x})^2$ 构成一个 σ 键;$(\pi_{2p_z})^2$ 和 $(\pi_{2p_z}^*)^1$ 构成一个三电子 π 键;$(\pi_{2p_y})^2$ 和 $(\pi_{2p_y}^*)^1$ 构成一个三电子 π 键。键级为 $\frac{1}{2}(8-4)=2$。有 2 个单电子,为顺磁性。

O_2^+:$[(\sigma_{1s})^2(\sigma_{1s}^*)^2(\sigma_{2s})^2(\sigma_{2s}^*)^2(\sigma_{2p_x})^2(\pi_{2p_y})^2(\pi_{2p_z})^2(\pi_{2p_y}^*)^1]$。对成键有贡献的是:$(\sigma_{2p_x})^2$ 构成一个 σ 键;$(\pi_{2p_z})^2$ 构成一个 π 键;$(\pi_{2p_y})^2$ 和 $(\pi_{2p_y}^*)^1$ 构成一个三电子 π 键。键级为 $\frac{1}{2}(8-3)=2.5$。有 1 个单电子,为顺磁性。

O_2^-:$[(\sigma_{1s})^2(\sigma_{1s}^*)^2(\sigma_{2s})^2(\sigma_{2s}^*)^2(\sigma_{2p_x})^2(\pi_{2p_y})^2(\pi_{2p_z})^2(\pi_{2p_y}^*)^2(\pi_{2p_z}^*)^1]$。对成键有贡献的是:$(\sigma_{2p_x})^2$ 构成一个 σ 键;$(\pi_{2p_z})^2$ 和 $(\pi_{2p_z}^*)^1$ 构成一个三电子 π 键。键级为 $\frac{1}{2}$ (8—

5)＝1.5。有1个单电子，为顺磁性。

稳定性：$O_2^+ > O_2 > O_2^-$。键长长短：$O_2^+ < O_2 < O_2^-$。

例2　下列说法是否正确？说明理由。

(1) 非极性分子中不含极性键。　　(2)直线形分子一定是非极性分子。

(3) 乙醇(C_2H_5OH)和二甲醚(CH_3OCH_3)组成相同，但乙醇的沸点比二甲醚的沸点高。

(4) 对羟基苯甲醛的熔点比邻羟基苯甲醛的熔点高。

解　(1) 不正确。有的分子含极性键，但空间构型完全对称，键的极性可以相互抵消，因而是非极性分子。如BF_3为含极性键的非极性分子。

(2) 不正确。双原子分子都是直线形，同核双原子分子化学键无极性，分子为非极性；异核双原子分子化学键有极性，分子为极性。多原子直线形分子中，若配体由相同原子形成，其空间构型对称(无孤对电子)，偶极距为零，分子为非极性；如CO_2：O═C═O。而配体由不同原子所形成，其空间构型不对称，偶极距不为零，为极性分子，如H—C≡N。

(3) 正确。乙醇和二甲醚分子都是极性分子，分子间都存在取向力、诱导力和色散力，但乙醇分子能形成分子间氢键；而二甲醚分子间不能形成氢键，故乙醇的沸点比二甲醚的沸点高。

(4) 正确。对羟基苯甲醛存在着分子间氢键，而邻羟基苯甲醛存在着分子内氢键，分子内氢键将降低分子极性，减小分子间作用力，所以对羟基苯甲醛分子间作用力远大于邻羟基苯甲醛分子间作用力，熔化对羟基苯甲醛时必须消耗额外的能量去破坏分子间氢键，故对羟基苯甲醛的熔点高于邻羟基苯甲醛的熔点。

例3　某一化合物的分子式为AB_2，A属第Ⅵ主族元素，B属第Ⅶ主族元素，A和B在同一周期，它们的电负性值分别为3.44和3.98。试回答下列问题：

(1) 已知AB_2分子的键角为103°18′，推测AB_2分子的中心原子A成键时采取的杂化类型及AB_2分子的空间构型。

(2) A—B键的极性如何？AB_2分子的极性如何？

(3) AB_2分子间存在哪些作用力？

(4) AB_2与H_2O相比，何者的熔点、沸点较高？

解　(1) 根据A、B的电负性值，可判断A元素为O，B元素为F，该分子为OF_2。根据键角103°18′，知道该分子中O原子以不等性sp^3杂化轨道与F原子成键，两个单电子sp^3杂化轨道各与1个F原子的单电子2p轨道重叠形成$\sigma_{sp^3\text{-}p}$键，余下的2个sp^3杂化轨道各被1对孤对电子占据，对成键电子对产生较大的排斥，致使键角压缩(<109°28′)，故OF_2分子的空间构型为V形。

(2) O—F键为极性共价键。OF_2分子中键的极性不能抵消，为极性分子。

(3) OF_2分子间存在取向力、诱导力及色散力，其中色散力是主要的。

(4) OF_2分子中无H原子，分子间不能形成氢键，而H_2O分子间能形成氢键，故

OF_2的熔点、沸点比 H_2O 的低。

研讨式教学思考题

1. 简述价键理论的要点。共价键为什么具有饱和性和方向性?

2. 试说明 σ 键和 π 键的重叠方式和重叠部分的对称性。何为配位键?形成配位键的条件是什么?何为键参数?共价键参数主要有哪几种?

3. 简述杂化轨道理论的要点。轨道为什么要杂化?怎样的轨道才能进行杂化?杂化如何影响空间构型?试说明等性杂化和不等性杂化的区别。

4. 价层电子对互斥(VSEPR)理论的要点是什么?如何确定价层电子对数、成键电子对数和孤对电子数?价层电子对构型和分子空间结构有什么区别?在价层电子对中有与没有孤对电子对其构型有何影响?如果价层电子对中有孤对电子存在,则有可能在同一构型中出现几种可能的排布方式,如何确定孤对电子所在位置,进而确定分子所具有的稳定构型:以 ClF_3分子为例予以说明。

5. 如何通过 VSEPR 理论判断 AB_n型分子或离子空间结构。如何通过 VSEPR 理论判断杂化类型、分子极性(偶极矩是否为零)以及键角大小,并总结规律。如 CS_2、NH_3、H_2O、BF_3、SF_6、ClF_3、XeF_4、$CHCl_3$、PCl_3。

6. 解释:(1)氧元素与碳元素的电负性相差较大,但 CO 分子的偶极矩极小,CO_2分子的偶极矩为零。(2)BF_3的偶极矩等于零,而 NF_3的偶极矩不等于零。(3)PCl_3的空间构型是三角锥形,键角略小于 $109°28'$,$SiCl_4$的空间构型是正四面体,键角等于 $109°28'$。

7. 简述分子轨道理论的要点。由原子轨道线性组合成分子轨道必须符合的三个原则是什么?

8. 写出下列双原子分子或离子的分子轨道式,指出所含的化学键,计算键级并判断哪个最稳定?哪个最不稳定?哪个具顺磁性?哪个具抗磁性?(1)B_2;(2)F_2。

9. 分子的极性和键的极性,它们两者有何区别(判断标准)和联系?什么是永久偶极和诱导偶极?范德华力的类型和特点有哪些?什么是氢键?氢键产生的条件是什么?氢键的类型和特点有哪些?

10. 总结出极性和极性分子间存在哪些作用力?极性和非极性之间呢?非极性和非极性之间呢?说明下列各组分子之间存在什么形式的分子间作用力(取向力、诱导力、色散力、氢键):(1) 苯和四氯化碳;(2)甲醇和水;(3)He 和水;(4)NaCl 和水。

11. 某一化合物的分子式 AB_2,A 属第ⅥA 族元素,B 属第ⅦA 族元素,A 和 B 在同一周期,它们的电负性值分别为 3.5 和 4.0,试回答下列问题:(1)已知 AB_2分子的键角为 $103.3°$,推测 AB_2分子的中心原子 A 成键时采取的杂化类型及 AB_2分子的空间结构。(2)A—B 键的极性如何?AB_2分子的极性如何?(3)AB_2分子存在哪些分子间力?(4)AB_2与 H_2O 相比,哪一个的沸点、熔点较高?

自测题

一、选择题

1. 氮气分子中的化学键是(　　)。

A. 3 个 σ 键　B. 1 个 σ 键、2 个 π 键　C. 2 个 σ 键、1 个 π 键　D. 3 个 π 键

2. 下列化合物中存在氢键的是(　　)。

A. HF　B. CH_4　C. HCl　D. CCl_4

3. 下列各组分子之间只存在色散力的是(　　)。

A. 甲醇和水　B. 溴化氢和氯化氢　C. 氮气和水　D. 苯和四氯化碳

4. 甲醇和水之间存在的分子间作用力是(　　)。

A. 范德华力　B. 氢键　C. 化学键　D. A 和 B

5. 下列属于极性分子的是(　　)。

A. $HgCl_2$　B. SO_2　C. SiF_4　D. BF_3

6. 下列各组中，分子的空间构型皆为四面体的是(　　)。

A. CH_4、NH_4^+、PO_4^{3-}　B. $TeCl_4$、SF_4、SbF_4^-　C. ICl_4^-、IBr_4^-　D. 以上均是

7. 下列分子中键角由大到小的顺序是(　　)。

A. $BeCl_2 > SO_3 > NH_4^+$　B. $BeCl_2 > NH_4^+ > SO_3$　C. $SO_3 > BeCl_2 > NH_4^+$　D. $NH_4^+ > SO_3 > BeCl_2$

8. OF_2 分子中 O 原子的杂化轨道类型是(　　)。

A. sp^2　B. sp　C. 等性的 sp^3　D. 不等性的 sp^3

9. 空间构型不是正四面体的是(　　)。

A. NH_4^+　B. SO_4^{2-}　C. CH_4　D. SF_4

10. 下列分子中键有极性，分子也有极性的是(　　)。

A. CCl_4　B. SO_3　C. SO_2　D. PCl_5

11. 下列分子中，既具有共价键，又具有配位键的是(　　)。

A. H_2O　B. CO　C. NH_3　D. C_2H_5OH

12. 下列哪些轨道重叠形成 σ 键？(　　)

A. s-s　B. s-p_x　C. p_x-p_x　D. 三者都可以

13. 下列分子不存在 π 键的是(　　)。

A. N_2　B. O_2　C. NH_4^+　D. CO

14. 下列分子中偶极矩(μ)等于零的是(　　)。

A. CO_2　B. H_2S　C. $CHCl_3$　D. NH_3

15. 下列分子中键角最小的是(　　)。

A. $HgCl_2$ B. BCl_3 C. NH_3 D. H_2O

16. 进行杂化的原子轨道具备的条件是(　　)。

A. 空轨道 B. 能量相近的轨道

C. 含有电子的轨道 D. 任何轨道

17. 下列变化中,克服的是同种性质的力的是(　　)。

A. SiO_2和 NaCl 的熔化 B. H_2O 和 C_6H_6的蒸发

C. I_2和干冰的升华 D. Cl_2和 NH_3溶于水中

18. 按分子轨道理论,O_2分子的成键类型为(　　)。

A. 1 个 σ 键 B. 2 个三电子 π 键

C. 1 个 σ 键和 1 个 π 键 D. 1 个 σ 键和 2 个三电子 π 键

19. 下列分子具有顺磁性的是(　　)。

A. Be_2 B. N_2 C. F_2 D. B_2

20. 按分子轨道理论,用以表示键的牢固程度的键参数是(　　)。

A. 键级 B. 键能 C. 键长 D. 键的极性

21. 下列说法错误的是(　　)。

A. H_2O 中氧采用不等性 sp^3 杂化轨道成键

B. H_2S 中硫采用不等性 sp^3 杂化轨道成键

C. PCl_3 中磷采用不等性 sp^3 杂化轨道成键

D. SF_4 中硫采用不等性 sp^3 杂化轨道成键

22. BF_3分子中,存在的键为(　　)。

A. 3 个 sp^2-p 键 B. 3 个 sp^3-p 键 C. 3 个 s-p 键 D. 3 个 p-p 键

23. 下列杂化轨道可能存在的是(　　)。

A. n=1 的 sp B. n =2 的 sp^3d C. n=2 的 sp^3 D. n=3 的 sd

24. ICl_4^- 价层电子对数为 6,其中孤电子对数为 2,中心原子价电子对的排布式为八面体,在稳定构型中两对孤对电子对的排布位置是(　　)。

A. 互成 180° B. 互成 0° C. 互成 120° D. 互成 109°

25. 关于杂化轨道理论,下列说法错误的是(　　)。

A. 成键时,不同原子的外层能量相近的原子轨道的重新组合

B. 有几个原子轨道参加杂化就形成几个杂化轨道

C. 杂化轨道比没杂化的原子轨道成键能力强

D. 不同类型的杂化间的夹角不同,形成的分子,具有不同空间构型

二、判断题

(　　)1. 按杂化轨道理论,杂化轨道既有利于形成 σ 键,也有利于形成 π 键。

(　　)2. 氢键是具有方向性和饱和性的一类化学键。

(　　)3. 色散力是存在于非极性分子间的分子间力,而取向力是存在于极性分

子间的分子间力。

(　　)4. sp^3杂化轨道是由 1s 轨道和 3p 轨道混合形成的四个 sp^3杂化轨道。

(　　)5. 按 VSEPR 理论，分子的中心原子的价层电子对是指 σ 电子对，π 电子对和孤对电子。

(　　)6. 凡空间构型为直线形的分子，其中心原子必定采取 sp 杂化。

(　　)7. 按 MO 理论，B_2分子中不存在 σ 键，仅存在两个单电子 π 键。

(　　)8. 原子形成的共价键数目等于该基态原子的未成对电子数。

(　　)9. 成键原子的价电子层中若无未成对电子，就不能形成共价键。

(　　)10. 对甲醛苯酚和邻甲醛苯酚是同分异构体，相对分子质量相等，所以其熔点相同。

三、填空题

1. 根据原子轨道重叠方式的不同，共价键可分为________。共价键的特点是________。

2. 键极性可以用成键原子的________来判断，而分子的极性常用________来判断。

3. 配位键的形成条件是________和________。

4. 分子轨道是原子轨道的线性组合，组合时应遵循的三条原则是________，其中________是首要的。

5. 按价层电子对互斥理论，I_3^- 的中心原子的价层电子对为________对，价层电子对结构为________，I_3^- 的空间构型为________。

四、简答题

1. 判断下列各组分子间存在着什么形式的分子间作用力，简述原因。

(1)苯与四氯化碳；(2)乙醇和水；(3)苯与乙醇；(4)液氨

2. 根据下列分子的空间构型判断其杂化类型，并说明它们的偶极矩(μ)是否为零？

$HgCl_2$(直线形)；PH_3(三角锥形)；$SnCl_4$(正四面体)；SO_2(角形)；$CHCl_3$(四面体)

3. 根据价层电子对互斥理论判断下列分子或离子的空间构型及杂化类型。

NO_3^-、O_3、ClO_4^-、H_3O^+、SF_4、SF_6

4. 实验测得：N_2的键能比 N_2^+ 的键能大，而 O_2的键能比 O_2^+ 的键能小，试解释其原因。

5. 元素 X 和 Y 与地壳中含量最多的元素位于周期表中的同一周期。

(1) X 的最高正氧化数与负氧化数相等，它与非金属元素 Y 形成 XY_4，它们分别位于周期表中哪一族，是什么元素，其最外层电子组态如何？XY 形成什么分子？

(2) XY_4分子中，X 原子采用什么杂化轨道？X 与 Y 如何成键？

(3) 指出 XY_4分子的空间构型,分子极性及分子的熔、沸点高低。

6. 下列情况中,分子间要克服哪些类型的作用力?

(1)冰融化;(2)I_2溶于 CCl_4中;(3)H_2S 溶于 H_2O 中

7. 磷元素能形成三氯化磷和五氯化磷,但氮元素只能形成三氯化氮。为什么?

8. 试用分子轨道理论比较 O_2^+、O_2、O_2^-、O_2^{2-} 的(1)键能及稳定性大小;(2)键长;(3)磁性强度。

9. 试说明 σ 键和 π 键的重叠方式和重叠部分的对称性。

扫码看答案

第十二章　配位化合物

学习目的要求

1. 掌握配位化合物的定义；配位化合物的组成及命名：中心原子、配位体、配位原子与配位数；

2. 掌握配位化合物的价键理论，据此判断配合物的空间构型、磁性及中心原子成键轨道的杂化类型，并能正确区分配合物属内轨型还是外轨型；

3. 熟悉晶体场理论，据此判断配合物属高自旋还是低自旋；掌握稳定化能(CFSE)的计算，进而推测配合物的稳定性、磁性；了解配合物的颜色与d-d跃迁的关系；

4. 掌握配合物在水溶液中的配位平衡及有关计算；熟悉酸碱平衡、沉淀平衡、氧化还原平衡及其他配位剂对配位平衡的影响；

5. 熟悉螯合物的概念；熟悉影响螯合物稳定性的因素。

本章要点回顾

1. 配位化合物的基本概念

阳离子(或原子)与一定数目的阴离子或中性分子以配位键按一定组成和空间构型形成的不易离解的复杂离子(或分子)称为配离子(或配位分子)。含有配位离子或配位分子的化合物统称为配合物。其中，阳离子(或原子)称为中心原子(过渡金属元素)，提供空轨道，配体中的配位原子提供孤对电子。常见的配位原子有N、O、C、S、F、Cl、Br、I等。配位原子的数目称为配位数。只含有一个配位原子的配体称为单齿配体，如：$—NO_2$(硝基，N为配位原子)、ONO^-(亚硝酸根，O为配位原子)、SCN^-(硫氰酸根，S为配位原子)、NCS^-(异硫氰酸根，N为配位原子)。含有两个或两个以上配位原子的配体称为多齿配体，如乙二胺$H_2N—CH_2—CH_2—NH_2$(简写为en)、乙二胺四乙酸根EDTA。

2. 配合物的价键理论

(1) 中心原子与配体中的配位原子之间以配位键结合。

(2) 为了增强成键能力，中心原子所提供的空轨道首先进行杂化，形成数目相等、能量相同、具有一定空间伸展方向的杂化轨道。

(3) 配合物的空间构型，取决于中心原子所提供的杂化轨道的数目(配位数)和类型。

配位数	杂化轨道类型	空间构型	实例	外轨配合物和内轨配合物(电子重排)			
				类型	μ	参与杂化的轨道	形成条件
2	sp	直线形	$[Ag(NH_3)_2]^+$	外轨		ns、np	
4	sp^3	四面体	$[Ni(NH_3)_4]^{2+}$	外轨	大	ns、np	中心原子d^4～d^7有内外轨之分
	dsp^2	平面正方形	$[Ni(CN)_4]^{2-}$	内轨	小	$(n-1)$d、ns	
6	sp^3d^2	八面体	$[FeF_6]^{3-}$	外轨	大	ns、np、nd	
	d^2sp^3	八面体	$[Fe(CN)_6]^{3-}$	内轨	小	$(n-1)$d、ns、np	

配合物属于内轨型还是外轨型,可通过配合物的磁矩(μ)的测定来判断。μ 与未成对电子数 n 的关系为 $\mu \approx \sqrt{n(n+2)}\mu_B$。由测得的 μ 计算出 n 后,即可推断中心原子价电子层空轨道成键时的杂化类型及配合物的空间构型。此外,通过中心原子的价层电子构型和配体类型也可以判断:当中心原子的$(n-1)$d 轨道全充满(d^{10})时,只能形成外轨型配合物,如$[Ag(CN)_2]^-$。当中心原子的$(n-1)$d 轨道电子数不超过 3 个时,总是形成内轨型配合物,如 $[Ti(H_2O)_6]^{3+}$。具有 d^4～d^7 组态的中心原子,才有内、外轨之分,此时配体是决定配合物类型的主要因素。若配位原子的电负性较大,倾向于形成外轨型配合物,如 $[FeF_6]^{3-}$。若配位原子的电负性较小,则倾向于形成内轨型配合物,如 $[Co(CN)_6]^{3-}$。一般地,同一中心原子的内轨型配合物比外轨型配合物稳定。

3. 晶体场理论

中心原子与配体之间靠静电作用力相结合。中心原子在配体所形成的负电场作用下,5 个能量相同的简并 d 轨道能级发生分裂,分裂成两组:一组为高能量 d_γ 能级二重简并的 d_{z^2} 和 $d_{x^2-y^2}$ 轨道;另一组为低能量 d_ε 能级三重简并的 d_{xy}、d_{xz} 和 d_{yz} 轨道。中心原子的 d 电子重新排布在能级发生分裂的 d 轨道上,使系统总能量降低,配合物更稳定。当中心原子为 d^1～d^3(只能低自旋)及 d^8～d^{10}(只能高自旋)电子组态时,无论强场还是弱场配体,只有一种排布方式。对于 d^4～d^7 电子组态,强场时,分裂能 $\Delta_o >$ 成对能 P,d 电子尽可能填充能量较低的 d_ε 能级各轨道,称为低自旋;弱场时,$\Delta_o < P$,d 电子尽可能分占 d_ε 和 d_γ 能级各轨道,称为高自旋。高自旋配合物的单电子数多于低自旋配合物。而 d 电子进入分裂后的 d 轨道与分裂前(在球形场中)相比,系统总能量的降低称为晶体场稳定化能,简称 CFSE。正八面体配合物的 CFSE 可按下式计算:

$$\mathrm{CFSE} = xE(d_\varepsilon) + yE(d_\gamma) + (n_2 - n_1)P$$

式中:x 为 d_ε 能级上的电子数;y 为 d_γ 能级上的电子数;n_1 为球形场中中心原子 d 轨道上的电子对数;n_2 为配合物中 d 轨道上的电子对数。能级分裂后中心原子 d 轨道最高能级与最低能级的能量差为分裂能,用 Δ 表示。八面体场分裂能用 Δ_o 表示。d_γ 能级上升 $0.6\Delta_o$,d_ε 能级下降 $0.4\Delta_o$。八面体场中影响分裂能的因素有配体的性质、中心原子的氧化数和中心原子的半径：①中心原子的氧化数愈高，分裂能愈大；②分裂能随中心原子电子层数 n 的增加而增大；③中心原子相同时，配体的场强愈大，分裂能愈大。正八面体配合物的光谱实验得出的配体场强由弱到强顺序如下：

$$I^- < Br^- < Cl^- < SCN^- < F^- < S_2O_3^{2-} < OH^- \approx$$

$$ONO^- < C_2O_4^{2-} < H_2O < NCS^- \approx$$

$$EDTA < NH_3 < en < SO_3^{2-} < NO_2^- < CN^- < CO$$

大多数中心原子具有未充满的 d 轨道，处于低能级的 d 电子选择吸收可见光中与分裂能相当的某一波长 $\lambda = \frac{hc}{\Delta_o}$ 的光子后，便从低能级的 d 轨道跃迁到高能级 d 轨道，这种跃迁称为 d-d 跃迁，从而使配合物呈现被吸收光的互补色光的颜色。分裂能的大小不同，配合物选择吸收可见光的波长就不同，配合物就呈现不同的颜色。配体的场强愈强，则分裂能愈大，d-d 跃迁时吸收的光子能量就愈大，即吸收光波长愈短。电子组态为 d^{10} 的离子，如 Zn^{2+}，因 d_γ 能级轨道上已充满电子，没有空位，它们的配合物不可能产生 d-d 跃迁，因而它们的配合物没有颜色。

4. 配位平衡

以 $[Cu(NH_3)_4]^{2+}$ 为例，它在水溶液中存在着下列平衡：

$$Cu^{2+}(aq) + 4NH_3(aq) \rightleftharpoons [Cu(NH_3)_4]^{2+}(aq)$$

平衡常数 K_f（或 K_s）称为稳定常数：$K_f = \frac{[Cu(NH_3)_4^{2+}]}{[Cu^{2+}][NH_3]^4}$

配体与 H^+ 结合生成更弱的酸而使配离子解离，称作酸效应。中心原子与 OH^- 结合而使配离子解离，称作水解作用。向配位平衡系统加入较强沉淀剂，可使配位平衡转化为沉淀平衡。同样，向沉淀平衡系统加入较强的配位剂，可使沉淀平衡转化为配位平衡，例如：

$$Ag^+ \xrightarrow{Cl^-} AgCl \xrightarrow{NH_3} [Ag(NH_3)_2]^+ \xrightarrow{Br^-} AgBr \xrightarrow{S_2O_3^{2-}}$$

$$[Ag(S_2O_3)_2]^{3-} \xrightarrow{I^-} AgI \xrightarrow{CN^-} [Ag(CN)_2]^-$$

氧化还原平衡可破坏配位平衡，配位平衡也可影响氧化还原平衡。向配位平衡系统加入更强配位剂，可使原来配离子转变成更稳定的配离子，如螯合效应：中心原子与多齿配体形成具有环状结构的配合物称为螯合物。由于生成螯合物而使配合物稳定性大大增强的作用称为螯合效应。影响螯合物稳定性的因素如下：

（1）螯合环的大小　五元环和六元环的螯合物最稳定。

（2）螯合环的数目　螯合环愈多，螯合物就愈稳定。

典型例题

例 1　向 0.10 mol · L^{-1} $AgNO_3$ 溶液 50 mL 中加入质量分数为 18.3%（ρ = 0.929 kg · L^{-1}）的氨水 30.0 mL，然后用水稀释至 100 mL，求解以下各题。

(1) 溶液中 Ag^+、$[Ag(NH_3)_2]^+$、NH_3的浓度是多少?

(2) 加入 0.100 $mol \cdot L^{-1}$ KCl 溶液 10.0 mL 后,是否有 AgCl 沉淀生成? 通过计算说明,溶液中无 AgCl 沉淀生成时,NH_3的最低平衡浓度应为多少?

解 (1) 形成$[Ag(NH_3)_2]^+$前,溶液中 Ag^+ 和 NH_3的浓度分别为

$$c(Ag^+)=\frac{0.10\times 50.0}{100}\ mol \cdot L^{-1}=0.050\ mol \cdot L^{-1}$$

$$c(NH_3)=\frac{0.929\times 18.3\%\times 30}{17.03\times 100\times \frac{1}{1000}}\ mol \cdot L^{-1}=3.00\ mol \cdot L^{-1}$$

	Ag^+	+	$2NH_3$	$\rightleftharpoons$	$[Ag(NH_3)_2]^+$
反应前	0.05		3.00		0
平衡时	x		$3.00-0.05\times 2+2x$ $=2.90+2x\approx 2.90$		$0.05-x\approx 0.05$

$$K_s([Ag(NH_3)_2]^+)=\frac{[Ag(NH_3)_2^+]}{[Ag^+][NH_3]^2}=1.1\times 10^7$$

$$[Ag^+]=\frac{[Ag(NH_3)_2^+]}{K_s([Ag(NH_3)_2]^+)[NH_3]^2}=\frac{0.05}{1.1\times 10^7\times 2.90^2}\ mol \cdot L^{-1}$$
$$=5.4\times 10^{-10}\ mol \cdot L^{-1}$$

所以溶液中$[Ag^+]=5.4\times 10^{-10}\ mol \cdot L^{-1}$,$[Ag(NH_3)_2{}^+]=0.05\ mol \cdot L^{-1}$,$[NH_3]=2.90\ mol \cdot L^{-1}$。

(2) 加入 10.0 mLKCl 溶液后,溶液总体积 110 mL,各组分浓度为

$$c([Ag(NH_3)_2]^+)=(0.05\times 100/110)\ mol \cdot L^{-1}=0.045\ mol \cdot L^{-1}$$
$$c(NH_3)=(2.90\times 100/110)\ mol \cdot L^{-1}=2.64\ mol \cdot L^{-1}$$
$$c(Cl^-)=(0.100\times 10.0/110)\ mol \cdot L^{-1}=9.1\times 10^{-3}\ mol \cdot L^{-1}$$

生成 AgCl 沉淀的反应式为

$$[Ag(NH_3)_2]^+(aq)+Cl^-(aq)=\!=\!=AgCl(s)+2\ NH_3(aq)$$

$$K=\frac{[NH_3]^2}{[Ag(NH_3)_2^+][Cl^-]}=\frac{1}{K_s([Ag(NH_3)_2]^+)K_{sp}(AgCl)}$$
$$=\frac{1}{1.1\times 10^7\times 1.77\times 10^{-10}}=514$$

反应商为

$$Q=\frac{c^2(NH_3)}{c([Ag(NH_3)_2]^+)c(Cl^-)}=\frac{2.64^2}{0.045\times 9.1\times 10^{-3}}=1.7\times 10^4$$

由于 $Q>K$,上述反应不能正向进行,因此没有 AgCl 沉淀生成。

防止 AgCl 沉淀生成的条件是 $Q\geqslant K$,溶液中 NH_3的浓度为

$$\frac{c^2(NH_3)}{c([Ag(NH_3)_2]^+)c(Cl^-)}\geqslant \frac{1}{K_s([Ag(NH_3)_2]^+)K_{sp}(AgCl)}$$

$$c(NH_3) \geqslant \sqrt{\frac{c([Ag(NH_3)_2]^+)c(Cl^-)}{K_s([Ag(NH_3)_2]^+)K_{sp}(AgCl)}}\ \text{mol} \cdot \text{L}^{-1}$$

$$= \sqrt{\frac{0.045 \times 9.1 \times 10^{-3}}{1.1 \times 10^7 \times 1.77 \times 10^{-10}}}\ \text{mol} \cdot \text{L}^{-1}$$

$$= 0.46\ \text{mol} \cdot \text{L}^{-1}$$

例 2　已知 $\varphi^\ominus(Ag^+/Ag) = 0.7996\ V$，$K_{sp}(AgBr) = 5.35 \times 10^{-13}$，$\varphi^\ominus([Ag(S_2O_3)_2]^{3-}/Ag) = 0.017\ V$，计算 $[Ag(S_2O_3)_2]^{3-}$ 的 K_s。若使 0.10 molAgBr(s)完全溶解在 1.0 L$Na_2S_2O_3$溶液中，则 $Na_2S_2O_3$溶液的最初浓度应为多少？

解　$\varphi^\ominus([Ag(S_2O_3)_2]^{3-}/Ag) = \varphi^\ominus(Ag^+/Ag) - 0.05916\lg K_s([Ag(S_2O_3)_2]^{3-})$

$$\lg K_s([Ag(S_2O_3)_2]^{3-}) = \frac{\varphi^\ominus(Ag^+/Ag) - \varphi^\ominus([Ag(S_2O_3)_2]^{3-}/Ag)}{0.05916\ V}$$

$$= \frac{0.7996\ V - 0.017\ V}{0.05916\ V} = 13.2$$

$$K_s([Ag(S_2O_3)_2]^{3-}) = 1.69 \times 10^{13}$$

若使 AgBr(s)完全溶解在 $Na_2S_2O_3$溶液中，设 $Na_2S_2O_3$溶液的最初浓度为 x $\text{mol} \cdot \text{L}^{-1}$，溶液的 $Na_2S_2O_3$ 的浓度为 y，则

$$AgBr + 2S_2O_3^{2-} \rightleftharpoons [Ag(S_2O_3)_2]^{3-} + Br^-$$

开始浓度/($\text{mol} \cdot \text{L}^{-1}$)	$x - 2\times 0.10$	0.10	0.10
平衡浓度/($\text{mol} \cdot \text{L}^{-1}$)	$(x - 2\times 0.10 + 2y)$	$0.10 - y$	$0.10 - y$
	$\approx x - 2\times 0.10$	≈ 0.10	≈ 0.10

$$K = \frac{[Br^-][Ag(S_2O_3)_2^{3-}]}{[S_2O_3^{2-}]^2} = K_{sp}(AgBr)K_s([Ag(S_2O_3)_2]^{3-})$$

$$= 5.38 \times 10^{-13} \times 1.69 \times 10^{13}$$

$$= 9.09$$

即

$$K = \frac{0.10\ \text{mol} \cdot \text{L}^{-1} \times 0.10\ \text{mol} \cdot \text{L}^{-1}}{[(x - 2\times 0.10)\ \text{mol} \cdot \text{L}^{-1}]^2} = 9.09$$

$$x = 0.233$$

研讨式教学思考题

1. 命名下列配合物，指出中心原子、配体、配位原子和配位数，写出 K_f的表达式。

$[Co(ONO)(NH_3)_5]SO_4$　$[Cr(en)_2(SCN)_2]$ NCS　$NH_4[Co(NO_2)_4(NH_3)_2]$　$[PtNH_2(NO_2)(NH_3)_2]$

2. 试述配合物价键理论和晶体场要点和主要区别。

3. 怎样判断一个配合物$[Co(NH_3)_6]^{3+}$是内轨型还是外轨型？需要借助什么仪器得到什么数据？

4. $[_{25}Mn(H_2O)_6]^{2+}$中心原子的电子成对能 $P=304.98\ kJ\cdot mol^{-1}$，分裂能 $\Delta_o=93.29\ kJ\cdot mol^{-1}$。(1)计算$[_{25}Mn(H_2O)_6]^{2+}$的晶体场稳定化能；(2)指出配离子的未成对电子数；(3)判断其属高自旋还是低自旋配合物；(4)用价键理论图示其成键杂化轨道，指出属内轨型还是外轨型配合物。

5. 简要说明下列事实。

(1) $[_{26}Fe(CN)_6]^{3-}$的稳定性大于$[Fe(NH_3)_6]^{3+}$的稳定性。

(2) $[_{24}Cr(NH_3)_6]^{3+}$为黄色，而$[Cr(Cl)_6]^{3-}$为绿色。

(3) HCN 的酸性比 $H[Ag(CN)_2]$的酸性弱。

(4) $[_{29}Cu(NH_3)_4]^{2+}$的稳定性比$[CuY]^{2-}$的稳定性弱。

6. 已知 $K_{sp}(Cr(OH)_3)=6.3\times10^{-31}$，反应 $Cr(OH)_3+OH^- \rightleftharpoons [Cr(OH)_4]^-$的平衡常数 K 为 0.40。(1)计算 Cr^{3+}沉淀完全时(一般规定，溶液中$[Cr^{3+}]\leqslant10^{-5}\ mol\cdot L^{-1}$时才认为 Cr^{3+}被沉淀完全)溶液的 pH；(2)若将 0.10 mol$Cr(OH)_3$刚好溶解在 1.0 LNaOH 溶液中，则 NaOH 溶液的初始浓度至少应为多少？(3)计算$[Cr(OH)_4]^-$的稳定常数 K_f。

自测题

一、选择题

1. 下列化合物中属于配合物的是(　　)。

A. $KAl(SO_4)_2$　　B. $(C_2H_5)_2O$　　C. $Na_2S_2O_3$　　D. $[Cu(NH_3)_4]SO_4$

2. 中心原子的配位数在数值上等于(　　)。

A. 配体与中心原子之间的配位键数　B. 配位离子价数

C. 中心原子的氧化数　D. 配位体数

3. 在下列分子或离子中不能作为配体的是(　　)。

A. H_2O　　B. Cl^-　　C. NH_3　　D. H^+

4. 下列配体中，可作为螯合剂的是(　　)。

A. SCN^-　　B. CN^-　　C. EDTA　　D. NH_3

5. 配合物 $K_2[Co(CN)_4(en)]$的中心离子 Co^{2+}对应的配位原子和配位数分别是(　　)。

A. C、N,6　　B. N、N,6　　C. C、N,5　　D. N、N,5

6. 在下列配离子中，稳定性最大的是(　　)。

A. $[Cu(NH_3)_4]^{2+}$ $K_f=4.8\times10^{12}$　B. $[Cd(NH_3)_4]^{2+}$ $K_f=3.6\times10^6$

C. $[Zn(NH_3)_4]^{2+}$ $K_f=5.0\times10^8$　D. $[Cu(en)_2]^{2+}$ $K_f=4.0\times10^{19}$

7. 下列同浓度配合物溶液中，导电性最强的是(　　)。

A. $K_3[FeF_6]$　B. $[Zn(NH_3)_4]SO_4$

C. $[Cu(NH_3)_4]SO_4$　D. $[Ag(NH_3)_2]Cl$

8. 能形成内轨型配合物的杂化轨道有(　　)。

A. sp　B. sp^3　C. d^2sp^3　D. sp^3d^2

9. 在配合物$[RuCl_5O_2]^{4-}$和$[PtCl_3(C_2H_4)]^-$中,中心原子的配位数分别是(　　)。

A. 5.5,5　B. 5.5,4　C. 6,5　D. 6,4

10. 已知AgI的$K_{sp}=K_1$,$[Ag(CN)_2]^-$的$K_f=K_2$,则下列反应的平衡常数为(　　)。

$$AgI(s)+2CN^- \rightleftharpoons [Ag(CN)_2]^- + I^-$$

A. K_1K_2　B. K_1/K_2　C. K_2/K_1　D. K_1+K_2

11. 形成高自旋配合物的原因是(　　)。

A. 电子成对能$P>$分裂能Δ_o　B. 电子成对能$P<$分裂能Δ_o

C. 电子成对能$P=$分裂能Δ_o　D. 不能只根据P和Δ_o确定

12. Co为27号元素。测得$[CoF_6]^{3-}$的分裂能$\Delta_o=13000\ cm^{-1}$,电子成对能$P=21000\ cm^{-1}$,由此判断该中心离子的d电子排布为(　　)。

A. $d_\varepsilon^4d_\gamma^2$　B. $d_\varepsilon^2d_\gamma^4$　C. $d_\varepsilon^3d_\gamma^3$　D. $d_\varepsilon^6d_\gamma^0$

13. 配合物中的中心原子的轨道杂化时,其轨道必须是(　　)。

A. 含有成单电子的轨道　B. 空轨道

C. 已有配对电子的轨道　D. 以上轨道均可

14. 在$0.1\ mol\cdot L^{-1}K[Ag(CN)_2]$溶液中,加入固体KCl,使$Cl^-$的浓度为$0.1\ mol\cdot L^{-1}$,可发生下列何种现象?(　　)($K_{sp}(AgCl)=1.56\times10^{-10}$,$K_f([Ag(CN)_2]^-)=1\times10^{21}$)

A. 无沉淀生成　B. 有沉淀生成

C. 有气体生成　D. 先有沉淀然后消失

15. 对于电对Cu^{2+}/Cu,加入氨水后,其标准电极电位将(　　)。

A. 增大　B. 不变　C. 减小　D. 先变大再变小

16. $Na_2S_2O_3$可作为重金属中毒时的解毒剂,这是利用它的(　　)。

A. 还原性　B. 氧化性

C. 配位性　D. 与重金属离子生成难溶物

17. 配合物一氯·硝基·四氨合钴(Ⅲ)的化学式为(　　)。

A. $[Co(NH_3)_4(NO_2)Cl]^+$　B. $[Co(NH_3)_4(NO_2)]Cl$

C. $[Co(NH_3)_4(ONO)Cl]^+$　D. $[Co(NH_3)_4(ONO)]Cl$

18. Co^{2+}与SCN^-生成蓝色$Co(SCN)^{2-}$,可利用该反应检出Co^{2+};若溶液也含Fe^{3+},为避免$[Fe(SCN)_n]^{3-n}$的红色干扰,可在溶液中加入NaF,将Fe^{3+}掩蔽起来。这是由于生成了(　　)。

A. 难溶的FeF_3　B. 难电离的FeF_3

C. 难电离的$[FeF_6]^{3-}$　D. 难溶的$Fe(SCN)F_2$

19. 用 H_2O 和 Cl 作配体,Ni^{2+} 的正八面体非电解质配合物是(　　)。

A. $[Ni(H_2O)_4Cl_2]$　　B. $[Ni(H_2O)_3Cl]Cl$

C. $[Ni(H_2O)_5Cl]^+$　　D. $[Ni(H_2O)_3Cl]^+$

20. 已知配离子 $[CuCl_4]^{2-}$ 的磁矩等于零,其空间构型和中心离子使用的杂化轨道分别是(　　)。

A. 四面体形,sp^3 杂化　　B. 平面正方形,dsp^2 杂化

C. 八面体形,d^2sp^3 杂化　　D. 八面体形,sp^3d^2 杂化

21. 化学式为 $CoCl_3 \cdot 4NH_3$ 的化合物,用过量 $AgNO_3$ 处理,知 1 mol $CoCl_3 \cdot 4NH_3$ 可产生 1 mol AgCl 沉淀,并用一般方法测不出 NH_3,则此化合物的分子式为(　　)。

A. $CoCl_3(NH_3)_4$　　B. $[Co(NH_3)_4]Cl_3$

C. $[Co(NH_3)_4Cl_2]Cl$　　D. $[Co(NH_3)_4Cl]Cl_2$

22. EDTA 为(　　)。

A. 单齿配体　　B. 双齿配体　　C. 四齿配体　　D. 六齿配体

23. 下列配离子中,属于低自旋的是(　　)。

A. $[Ni(H_2O)_6]^{2+}$　　B. $[Mn(NCS)_6]^{4-}$

C. $[Fe(SCN)_6]^{3-}$　　D. $[Co(CN)_6]^{3-}$

24. 在溶液酸度增大时,能稳定存在的配离子是(　　)。

A. $[Ag(NH_3)_2]^+$　　B. $[AgCl_3]^{2-}$

C. $[Ag(CN)_2]^-$　　D. $[Cu(C_2O_4)_2]^{2-}$

25. 下列 CFSE 最大的配离子是(　　)。

A. $[Mn(H_2O)_6]^{2+}$　　B. $[Ni(H_2O)_6]^{2+}$

C. $[Ti(H_2O)_6]^{2+}$　　D. $[Cr(H_2O)_6]^{2+}$

二、判断题

(　　)1. 所有的配合物都是由内界和外界间通过离子键结合而形成的。

(　　)2. 中心原子采取 sp^3 杂化所形成的配离子的空间构型一定是正四面体形。

(　　)3. K_f 是配离子的稳定常数,可以直接用 K_f 大小比较配离子的稳定性大小,K_f 越大的配离子稳定性越高。

(　　)4. 八面体形配合物 $[Cr(en)_3]^{3+}$ 和 $[Ni(en)_3]^{2+}$ 的中心原子分别为 d^3 和 d^8 电子构型,它们 CFSE 都是 $-1.2\Delta_o$,说明二者稳定性相同。

(　　)5. 已知 $K_f([AgCl_2]^-)=10^{5.04}$,$K_f([AgI_2]^-)=10^{11.74}$,则下列反应向右进行。

$$[AgCl_2]^- + 2I^- \rightleftharpoons [AgI_2]^- + 2Cl^-$$

(　　)6. 配合物的中心原子所结合的配位原子总数即是中心原子的配位数。

(　　)7. $[V(NH_3)_6]^{3+}$中的V^{3+}和$[Co(NH_3)_6]^{3+}$中的Co^{3+}均采用d^2sp^3杂化与NH_3分子中的N成键，并且都为内轨型配离子，所以两种配离子的稳定性相同。

(　　)8. 在同一体系中，K_{sp}越大，K_f越大，则沉淀越易于溶解；K_f越小，K_{sp}越小，则配位平衡越容易转化为沉淀平衡。

(　　)9. 任一配位数为6的配离子均有内轨型和外轨型之分。

(　　)10. 只要配体中含有两个以上的配位原子均能与中心原子形成螯合物。

三、填空题

1. 配合物的价键理论认为在配位单元中，________提供孤对电子填入________的外层空轨道中而形成配位键。

2. 配离子的稳定性可用配离子的________来表示。对于构型相似、配体数相同的配离子，________越大，配离子越________。

3. 配合物氯化二氯·三氨·一水合钴(Ⅲ)的化学式为________。

4. 配离子$[CoCl(NCS)(en)_2]^+$的名称为________，配位原子为________，配位数为________，中心元素氧化数为________。

5. 已知$[Cr(NH_3)_6]^{3+}$中，未成对电子数为3，该配离子呈________杂化，空间构型为________，属于________配合物。

四、简答题

1. 有三种组成相同的配合物，组成均为$CrCl_3 \cdot 6H_2O$，但颜色各不相同：亮绿色者加入$AgNO_3$溶液后有2/3的Cl^-沉淀析出；暗绿色者能析出1/3的Cl^-；紫色者能析出全部的Cl^-。试分别写出这三种配合物的化学式。

2. $[Fe(H_2O)_6]^{2+}$为顺磁性，而$[Fe(CN)_6]^{4-}$为反磁性，请分别用价键理论和晶体场理论解释该现象。

3. 请根据晶体场理论完成下表：

配　离　子	Δ_o与P比较	$d_\varepsilon(t_{2g})$轨道上电子数	$d_\gamma(e_g)$轨道上电子数	CFSE
$[Co(H_2O)_6]^{2+}$	$\Delta_o<P$			
$[Co(CN)_6]^{3-}$				

以NH_3和Cl^-同时作为配体，写出符合下列要求的配合物的化学式。

(1) Ni^{2+}的八面体形配合物，它是一种弱电解质。

(2) Ni^{2+}的四方形配合物，它具有与$CaCl_2$相近的渗透压。

4. 比较下列各组物质的性质，简述理由。

(1) HCN和$H[Ag(CN)_2]$的酸性；

(2) $[Ag(NH_3)_2]OH$与$NH_3 \cdot H_2O$的碱性；

(3) $[Cu(NH_3)_4]^{2+}$和$[Cu(en)_2]^{2+}$的稳定性。

五、计算题

1. 50 mL 2.00 mol·L^{-1}的乙二胺(en)溶液中加入 50 mL 0.20 mol·L^{-1}的 Ni^{2+}溶液,当达到平衡时,溶液中的 Ni^{2+}浓度为多少?已知 $K_f([Ni(en)_3]^{2+})=2.14\times10^{18}$。

2. 向 5.0 mL 0.10 mol·L^{-1} $AgNO_3$溶液中加入 5.0 mL 6.0 mol·L^{-1}的氨水,所得溶液中逐滴加入 0.01 mol·L^{-1}的 KBr 溶液,问加入多少毫升 KBr 溶液时,开始有 AgBr 沉淀析出?已知 $K_f([Ag(NH_3)_2]^+)=1.6\times10^7$,$K_{sp}(AgBr)=4.1\times10^{-13}$。

3. 已知 $K_f([Ag(NH_3)_2]^+)=1.12\times10^7$,$K_f([Ag(S_2O_3)_2]^{3-})=2.88\times10^{13}$,$\varphi^\ominus(Cu^{2+}/Cu)=0.7996$ V。试计算电对 $[Ag(NH_3)_2]^+/Ag$ 和 $[Ag(S_2O_3)_2]^{3-}/Ag$ 的标准电极电位,说明在哪一种配体的溶液中 Ag 更容易被氧化。

4. 已知 $K_f([Cu(NH_3)_4]^{2+})=2.1\times10^{13}$,$K_{sp}(Cu(OH)_2)=2.2\times10^{-20}$。在 pH=9.00 的 NH_4Cl-NH_3缓冲溶液中,NH_3浓度为 0.072 mol·L^{-1}。向 100.0 mL 该溶液中加入 1.0×10^{-4} mol 研成粉末的 $Cu(Ac)_2$。若忽略由此引起的溶液体积变化,试问该平衡体系中:

(1) 自由铜离子浓度$[Cu^{2+}]$为多少?

(2) 是否有 $Cu(OH)_2$沉淀生成?

5. 一个铜电极浸在一个含有 1.00 mol·L^{-1}氨和 1.00 mol·L^{-1} $[Cu(NH_3)_4]^{2+}$的溶液中,若用标准氢电极作正极,经实验测得它和铜电极之间的电势差为 0.0300 V,已知 $\varphi^\ominus(Cu^{2+}/Cu)=0.337$ V,求铜氨配离子的稳定常数。

扫码看答案

第十三章　滴定分析

学习目的要求

1. 掌握酸碱指示剂的变色原理、变色点和变色范围；掌握酸碱标准溶液的配制与标定的方法以及酸碱滴定结果的计算方法。

2. 熟悉滴定分析法的基本概念；熟悉指示剂的选择原则；熟悉一元弱酸（碱）滴定的条件；熟悉一级标准物质的概念。

3. 了解多元酸多元碱分步滴定的条件；了解氧化还原滴定法、配位滴定法和沉淀滴定法及其应用。

本章要点回顾

1. 误差及其表示方法

	误差来源		误差消除方法	分析结果评价	
定量分析的误差	系统误差	方法误差 仪器误差 试剂误差 操作误差	空白试验 对照试验 校正仪器 改进分析方法	绝对误差(E) $E=x-T$ 相对误差 $E_r=\frac{E}{T}\times 100\%$	绝对偏差(d)：$d=x-\bar{x}$ 绝对平均偏差($\bar{d}$)： $\bar{d}=\frac{\lvert d_1\rvert+\lvert d_2\rvert+\lvert d_3\rvert+\cdots+\lvert d_n\rvert}{n}$ 相对平均偏差(d_r)：$d_r=\frac{\bar{d}}{\bar{x}}\times 100\%$ 标准偏差(S)：$\sqrt{\frac{d_1^2+d_2^2+d_3^2+\cdots+d_n^2}{n-1}}$

2. 酸碱滴定与酸碱指示剂

（1）酸碱指示剂是一类在特定 pH 范围内发生自身结构变化而显示不同颜色的有机化合物。常用的酸碱指示剂都是一些弱的有机酸（如酚酞、石蕊等）或弱的有机碱（如甲基橙、甲基红等）。$pH=pK_{HIn}+\lg\frac{[In^-]}{[HIn]}$，因此：①当$[In^-]/[HIn]=1$时，溶液的 $pH=pK_{HIn}$，称为指示剂的理论变色点，显现混合色；②当$[In^-]/[HIn]>10$时，指示剂在溶液中显碱色；当$[In^-]/[HIn]<0.1$时，指示剂在溶液中显酸色；③$pH=pK_{HIn}\pm 1$称为指示剂的理论变色范围。

（2）滴定曲线和指示剂的选择

①滴定曲线和准确滴定的先决条件：以滴定时所加标准酸或标准碱溶液的体积为横坐标，以所得混合溶液的 pH 为纵坐标作图，即得滴定曲线。在滴定曲线上计量点附近差半滴到过半滴，从而引起 pH 急剧改变的 pH 范围称为滴定突跃范围，滴定

突跃范围是选择指示剂和酸或碱能否被准确滴定的基础。滴定突跃范围受酸碱的浓度和酸碱的强弱影响。所以,一元弱酸(或弱碱)能被强碱或强酸准确滴定的条件是$c(A)K_a \geqslant 10^{-8}$(或$c(B)K_b \geqslant 10^{-8}$)。

②选择指示剂的原则:指示剂的变色范围处于突跃范围内或至少占据突跃范围的一部分。

③酸碱标准溶液:最常用来标定 HCl 溶液的基准物质是无水碳酸钠(Na_2CO_3)或硼砂($Na_2B_4O_7 \cdot 10H_2O$)。标定 NaOH 溶液常用草酸($H_2C_2O_4 \cdot 2H_2O$)或邻苯二甲酸氢钾($KHC_8H_4O_4$)作为一级标准物质。

④酸碱滴定法的步骤:首先配制酸碱标准溶液,然后标定,最后用标准溶液测定试样的含量。

3. 沉淀滴定法

方法名称	铬酸钾指示剂法(Mohr 法)	铁铵矾指示剂法(Volhard 法)	吸附指示剂法(Fajan 法)
滴定反应	终点前:$Ag^+ + Cl^- \longrightarrow AgCl\downarrow$ 终点时:$2Ag^+ + CrO_4^{2-} \longrightarrow Ag_2CrO_4\downarrow$(砖红色)	终点前:Ag^+(过量,定量)$+ X^- \longrightarrow AgX\downarrow$ Ag^+(剩余量)$+ SCN^- \longrightarrow AgSCN$ 终点时:$Fe^{3+} + SCN^- \longrightarrow Fe(SCN)^{2+}$(棕红色)	终点前: $HFl \rightleftharpoons H^+ + Fl^-$(黄绿色) Cl^- 过量 $AgCl \cdot Cl^- \vdots M^+$ 终点时:Ag^+稍过量 $AgCl \cdot Ag^+ + Fl^-$(黄绿色)$\rightleftharpoons AgCl \cdot Ag^+ \cdot Fl^-$(淡红色)
标准溶液	$AgNO_3$	NH_4SCN(或 KSCN)	$AgNO_3$
指示剂	K_2CrO_4	Fe^{3+} 或$[NH_4Fe(SO_4)_2 \cdot 12H_2O]$	吸附指示剂
应用示例	多用于低含量Cl^-、Br^-的直接测定,在弱碱溶液中也可测定CN^-	直接滴定法测定Ag^+;返滴定法测定卤化物	多用于高含量X^-、SCN^-的直接测定。还可以用于测定Ba^{2+}及SO_4^{2-}等
$w_{Cl}(\%)$	$w_{Cl}(\%)=\dfrac{C_{AgNO_3}V_{AgNO_3}}{S_{样}} \times \dfrac{M_r(Cl)}{1000} \times 100\%$	$w_{Cl}(\%)=\dfrac{C_{AgNO_3}V_{AgNO_3}-C_{NH_4SCN}V_{NH_4SCN}}{S_{样}} \times \dfrac{M_r(Cl)}{1000} \times 100\%$	$w_{Cl}(\%)=\dfrac{C_{AgNO_3}V_{AgNO_3}}{S_{样}} \times \dfrac{M_r(Cl)}{1000} \times 100\%$

4. 常用氧化还原滴定法的比较

条件	$KMnO_4$法	$K_2Cr_2O_7$法	直接碘量法	间接碘量法
滴定酸度	H_2SO_4介质	酸性	弱酸性	弱酸性
滴定温度	加热	室温	室温	室温
标准溶液	$KMnO_4$	$K_2Cr_2O_7$	I_2	$Na_2S_2O_3$
基准物质	$Na_2C_2O_4$		As_2O_3	$K_2Cr_2O_7$
指示剂	自身	二苯胺磺酸钠		淀粉
测量	还原性试样含量	还原性试样含量	直接碘量法测比$\varphi^\ominus(I_2/I^-)$低的还原性物质	间接碘量法测比$\varphi^\ominus(I_2/I^-)$高的氧化性物质

5. 配位滴定法

配位滴定法是以配位化学反应为定量基础的滴定分析法。配位滴定法以螯合滴定为主。配位滴定的关键是干扰因素的控制和滴定终点的判断。常用的螯合剂是乙二胺四乙酸二钠盐(EDTA)，EDTA 滴定反应有如下特点。

(1) EDTA 几乎可与所有的金属离子发生螯合作用形成多个稳定五元环。

(2) 金属与 EDTA 总是以 1∶1 螯合，即 $M+Y \rightleftharpoons MY$(略去电荷)。

(3) 配合物易溶于水，反应速率快。

(4) 与无色金属离子结合可生成无色螯合物，有利于指示剂确定终点，而与有色金属离子结合所生成的螯合物颜色更深，因此测定有色金属离子时应注意控制其浓度，以免干扰指示剂指示滴定终点。

(5) 由于溶液酸度的影响，滴定时需利用缓冲溶液严格控制溶液的酸度；当溶液中其他金属离子对被测离子的测定产生影响时，需通过调节溶液 pH 或加入掩蔽剂等方式排除干扰。

典型例题

例 1　某试样中含有 Na_2CO_3、$NaHCO_3$ 和不与酸反应的杂质，称取该样品 0.6839 g溶于水，用 0.2000 $mol \cdot L^{-1}$ 的 HCl 溶液滴定至酚酞的红色褪去，计用去 HCl 溶液 23.10 mL。加入甲基橙指示剂后，继续用 HCl 标准溶液滴定至由黄色变为橙色，又用去 HCl 溶液 26.81 mL。计算样品中两种主要成分的质量分数。

解

$$w(Na_2CO_3)=\frac{c(HCl)\times V_1(HCl)\times M(HCl)}{m(试样)}$$

$$=\frac{0.2000\ mol\cdot L^{-1}\times 23.10\times 10^{-3}\ L\times 106.0\ g\cdot mol^{-1}}{0.6839\ g}=0.7160$$

$$w(NaHCO_3)=\frac{c(HCl)\times[V_2(HCl)-V_1(HCl)]\times M(HCl)}{m(\text{试样})}$$
$$=\frac{0.2000\ mol\cdot L^{-1}\times(26.81-23.10)\times10^{-3}\ L\times84.0\ g\cdot mol^{-1}}{0.6839\ g}$$
$$=0.09114$$

例 2 临床上常用 EDTA 标准溶液测定体液中某些金属离子的含量,用于诊断是否患有某种疾病,在测定人尿样中 Ca^{2+}、Mg^{2+} 含量时,吸取 10.00 mL 尿样,加入 pH=10 的 NH_4Cl-NH_3缓冲溶液,以铬黑 T 为指示剂,用 0.01000 $mol\cdot L^{-1}$EDTA 标准溶液滴定,消耗 25.00 mL;另取 10.00 mL 尿样,加 NaOH 溶液调节 pH 至 12,以钙指示剂为指示剂,用 0.01000 $mol\cdot L^{-1}$EDTA 标准溶液滴定,消耗 11.00 mL。已知人尿样 Ca^{2+}、Mg^{2+} 含量的质量浓度正常范围分别为 0.1~0.8 $g\cdot L^{-1}$和 0.03~0.6 $g\cdot L^{-1}$,通过计算判断所测尿样中 Ca^{2+}、Mg^{2+} 含量是否正常。

解 分析 在 pH=10 左右以铬黑 T 为指示剂,用 EDTA 滴定的是 Ca^{2+}、Mg^{2+} 总量;而在 pH=12 时,由于 Mg^{2+} 生成了 $Mg(OH)_2$沉淀,以钙指示剂为指示剂,在此 pH 条件下滴定的只是 Ca^{2+}。

根据质量浓度 $\rho=\frac{m}{V}$

$$\rho(Ca^{2+})=\frac{c(EDTA)\cdot V(EDTA)\cdot M(Ca^{2+})}{V(\text{尿})}$$
$$=\frac{0.01000\ mol\cdot L^{-1}\times11.00\ mL\times40.08\ g\cdot mol^{-1}}{10.00\ mL}$$
$$=0.4409\ g\cdot L^{-1}$$
$$\rho(Mg^{2+})=\frac{c(EDTA)\cdot V(EDTA)\cdot M(Mg^{2+})}{V(\text{尿})}$$
$$=\frac{0.01000\ mol\cdot L^{-1}\times(25.00-11.00)\ mL\times24.31\ g\cdot mol^{-1}}{10.00\ mL}$$
$$=0.3408\ g\cdot L^{-1}$$

从计算结果可知,该尿样中 Ca^{2+}、Mg^{2+} 含量均处于正常范围内。

研讨式教学思考题

1. 化学计量点和滴定终点有何不同?在各类酸碱滴定中,计量点、滴定终点和中性点之间的关系如何?

2. 通过酸碱滴定分析实验,简述滴定分析的基本步骤。

3. 某一弱碱型指示剂的 $K_{In^-}=1.3\times10^{-5}$,此指示剂的变色范围是多少?

4. 什么叫酸碱滴定的 pH 突跃范围?影响强酸(碱)和一元弱酸(碱)滴定突跃范围的因素有哪些?下列各种酸(假设浓度均为 0.1000 $mol\cdot L^{-1}$,体积为 20.00 mL),哪些能用 0.1000 $mol\cdot L^{-1}$ NaOH 溶液直接滴定?哪些不能?如能直接滴定,应选用什么指示剂,各有几个滴定突跃?

(1) 蚁酸(HCOOH)　($pK_a=3.75$)。

(2) 琥珀酸($H_2C_4H_4O_4$)　($pK_{a1}=4.16$;$pK_{a2}=5.61$)。

(3) 顺丁烯二酸($H_2C_4H_2O_4$)　($pK_{a1}=1.83$;$pK_{a2}=6.07$)。

(4) 柠檬酸 $H_3Cit(H_3OHC_6H_4O_6)$($pK_{a1}=3.14$;$pK_{a2}=4.77$;$pK_{a3}=6.39$)。

5. 简述滴定和标定的区别。

6. 准确称取维生素 C($C_6H_8O_6$)试样 0.1988 g,加新煮沸过的冷蒸馏水 100 mL 和稀 HAc 10 mL,加淀粉指示剂后,用 0.05000 mol·L^{-1}的 I_2标准溶液滴定,达到终点时用去 22.14 mL,求维生素试样的质量分数。

7. 通过计算,确定 EDTA 滴定 Fe^{2+} 的最低 pH。

8. 取医院放射科含银废液 10.00 mL,用 HNO_3酸化后以 $NH_4Fe(SO_4)_2$为指示剂,用 0.04382 mol·L^{-1}NH_4SCN 标准溶液滴定,消耗 23.48 mL,求废液中 Ag 的含量(g·L^{-1})。

自测题

一、选择题

1. 酸碱滴定达到终点时,下列说法正确的是(　　)。

A. 酸和碱的物质的量一定相等　　B. 溶液为中性

C. 指示剂颜色发生改变　　D. 溶液体积增大一倍

2. 准确滴定弱酸 HB 的条件是(　　)。

A. $c(B^-)=0.1$ mol·L^{-1}　　B. $c(HB)=0.1$ mol·L^{-1}

C. $c(B^-)\ K_b\geqslant10^{-8}$　　D. $c(HB)K_{HB}\geqslant10^{-8}$

3. 用标准 NaOH 溶液滴定同浓度的 HAc,若两者的浓度均增大 10 倍,以下叙述滴定曲线突跃范围大小,正确的是(　　)。

A. 化学计量点前后 0.1%的 pH 均增大

B. 化学计量点前 0.1%的 pH 不变,后 0.1%的 pH 增大

C. 化学计量点前 0.1%的 pH 减小,后 0.1%的 pH 增大

D. 化学计量点前后 0.1%的 pH 均减小

4. Mohr 法测 Cl^- 含量时,要求介质的 pH 在 6.5～10.0 范围内。若酸度过高,则(　　)。

A. AgCl 沉淀不完全　　B. 形成 Ag_2O 沉淀

C. AgCl 沉淀吸附 Cl^- 增强　　D. Ag_2CrO_4沉淀不易形成

5. 在滴定分析中,计量点与滴定终点间的关系是(　　)。

A. 两者含义相同　　B. 两者愈接近,滴定误差越小

C. 两者必须吻合　　D. 两者吻合程度与滴定误差无关

6. 比较下列滴定,(　　)滴定突跃范围最大。

A. 0.10 $mol \cdot L^{-1}$ NaOH 滴定 0.10 $mol \cdot L^{-1}$ HCl

B. 1.0 $mol \cdot L^{-1}$ NaOH 滴定 1.0 $mol \cdot L^{-1}$ HCl

C. 0.10 $mol \cdot L^{-1}$ NaOH 滴定 0.10 $mol \cdot L^{-1}$ HAc ($K_a = 1.0 \times 10^{-5}$)

D. 1.0 $mol \cdot L^{-1}$ NaOH 滴定 1.0 $mol \cdot L^{-1}$ HCN ($K_a = 1.0 \times 10^{-10}$)

7. 已知准确浓度的试剂溶液称为(　　)。

A. 分析试剂　　B. 一级标准物质　C. 待测溶液　　D. 标准溶液

8. 下列说法中正确的是(　　)。

A. 滴定过程中,指示剂发生颜色改变即为计量点

B. 精密度越高,则准确度就越高

C. 标定 NaOH 溶液时,可以用邻苯二甲酸氢钾作为一级标准物质

D. 新配制的 $KMnO_4$ 溶液即可进行标定

9. 被标定的溶液称为(　　)。

A. 分析试剂　　B. 标准溶液　　C. 待测溶液　　D. 一级标准物质

10. 下列各物质的浓度均为 0.1000 $mol \cdot L^{-1}$,不能用 NaOH 标准溶液直接滴定的是(　　)。

A. HCOOH($K_a = 1.8 \times 10^{-4}$)　　B. HAc ($K_a = 1.8 \times 10^{-5}$)

C. H_2SO_4　　D. NH_4Cl($K_b(NH_3) = 1.8 \times 10^{-5}$)

11. 下列一组数据中,有效数字为两位的是(　　)。

A. 0.320　　B. $pK_a = 4.76$　　C. 1.40%　　D. 4.04×10^{-6}

12. 滴定分析中,不可用溶液洗涤的仪器是(　　)。

A. 滴定管　　B. 锥形瓶　　C. 移液管　　D. 吸量管

13. 在滴定分析中,用强碱滴定弱酸时最合适的指示剂是(　　)。

A. 甲基红(4.4～6.2)　　B. 甲基橙

C. 酚酞　　D. 溴酚蓝(3.1～4.6)

14. 用同一 NaOH 溶液分别滴定体积相等的 H_2SO_4 和 HAc 溶液,消耗的体积相等。说明 H_2SO_4 和 HAc 两溶液中的(　　)。

A. H_2SO_4 的浓度是 HAc 浓度的一半　　B. H_2SO_4 和 HAc 浓度相等

C. 氢离子浓度相等　　D. H_2SO_4 和 HAc 电离度相等

15. 指出下列条件适于 Volhard 法的是(　　)。

A. pH 6.5～10　　B. 以 K_2CrO_4 为指示剂

C. 滴定酸度为 0.1～1 $mol \cdot L^{-1}$　　D. 以荧光黄为指示剂

16. 用 EDTA 滴定 Ca^{2+}、Mg^{2+} 时,可用(　　)掩蔽剂掩蔽 Fe。

A. 三乙醇胺或 KCN　　B. 盐酸羟胺或三乙醇胺

C. KCN 或抗坏血酸　　D. 盐酸羟胺或抗坏血酸

17. 减少偶然误差可采用(　　)。

A. 方法对照　　B. 空白对照

C. 增加平行实验次数　　D. 校正仪器

18. 下面的酸碱滴定中，不能直接滴定进行定量分析的是(　　)。(已知：$K(HAc)=1.8\times10^{-5}$；$K(HCN)=4.9\times10^{-10}$；$K_{a_1}(H_2C_2O_4)=5.9\times10^{-2}$，$K_{a_2}(H_2CO_3)=5.6\times10^{-11}$)

A. HCl 滴定 NaAc　　B. HCl 滴定 Na_2CO_3

C. HCl 滴定 NaCN　　D. NaOH 滴定 $H_2C_2O_4$

19. 用感量为 0.1 mg 的分析天平称量试样，为了保证称量误差<0.1%，至少应称(　　)。

A. 0.02 g　　B. 0.2 g　　C. 0.5 g　　D. 1 g

20. 用 NaOH 标准溶液滴定 HAc 溶液，在计量点时，溶液的$[OH^-]^2$等于(　　)。

A. $c(Ac^-)K_a$　　B. $(K_w/K_a)c(Ac^-)$

C. K_aK_b　　D. $[c(HAc)/c(Ac^-)]K_a$

21. 滴定突跃与酸碱的浓度有关，其合适的浓度范围一般在(　　)。

A. 0.1～0.5 $mol\cdot L^{-1}$　　B. 0.2～0.3 $mol\cdot L^{-1}$

C. 0.2～0.5 $mol\cdot L^{-1}$　　D. 0.5～0.7 $mol\cdot L^{-1}$

22. 某指示剂 $K_{HIn}=1.0\times10^{-5}$，酸色为红，碱色为蓝，正确颜色显示是(　　)。

A. pH=2、红；pH=7、蓝　　B. pH=7、红；pH=2、蓝

C. pH=5、红　　D. pH=5、蓝

23. 某碱溶液，以酚酞为指示剂，用标准溶液 HCl 滴定至终点时，耗去 V_1 mL；继续以甲基橙为指示剂，又耗去 V_2 mL，且 $V_1>V_2$，则此碱溶液为(　　)。

A. $NaHCO_3$　　B. NaOH

C. $NaOH+Na_2CO_3$　　D. $NaOH+NaHCO_3$

24. 碘量法基本反应式为 $I_2+2Na_2S_2O_3 = 2NaI+Na_2S_4O_6$，反应要求中性或弱酸性介质。若酸性太高，将发生(　　)。

A. 反应不定量　　B. I_2易挥发

C. 终点不明显　　D. 碘离子被氧化，硫代硫酸钠滴定剂被分解

25. 以 EDTA 为滴定剂，下列叙述中正确的是(　　)。

A. 在酸度较高的溶液中，可形成 MHY 络合物

B. 在碱性较高的溶液中，可形成 MOHY 络合物

C. 不论形成 MHY 或 MOHY，均有利于滴定反应

D. 不论溶液 pH 的大小，只形成 MY 一种形式络合物

二、判断题

(　　)1. 滴定曲线是为获得滴定突跃范围，选择合适的指示剂而制作的。

(　　)2. 配制 $KMnO_4$标准溶液时必须把 $KMnO_4$水溶液煮沸一定时间，放置

数天,使 $KMnO_4$ 浓度稳定后再标定;放置过长时间的 $KMnO_4$ 标准溶液,使用前还需要重新标定;配制好的 $KMnO_4$ 溶液要盛放在棕色瓶中保存,如果没有棕色瓶应放在避光处保存。

(　　)3. 配位滴定法滴定 Ca^{2+}、Mg^{2+} 总量时要控制 pH≈10,而滴定 Ca^{2+} 分量时要控制 pH 为 12～13,若 pH>13 时滴定 Ca^{2+} 则无法确定终点。

(　　)4. 滴定分析的相对误差一般要求为小于 0.1%,滴定时消耗的标准溶液体积应控制在 10～15 mL。

(　　)5. 使用直接碘量法滴定时,淀粉指示剂应在近终点时加入;使用间接碘量法滴定时,淀粉指示剂应在滴定开始时加入。

(　　)6. 甲基红指示剂变色范围为 4.4～6.2,故在 pH=5.2 的溶液应呈现红与黄的混合颜色。

(　　)7. 莫尔法以铬酸钾为指示剂,在中性或弱碱性条件下以硝酸银为标准溶液直接滴定 Cl^- 或 Br^- 等离子。

(　　)8. 因为 $c_a K_a \geqslant 10^{-8}$,所以说明该一元弱酸 HA 可用强碱滴定,而对应一元共轭碱不可用强酸滴定。

(　　)9. $H_2C_2O_4$ 的两步离解常数为 $K_{a1}=5.6\times10^{-2}$,$K_{a2}=5.1\times10^{-5}$,因此不能分步滴定。

(　　)10. 标定 $Na_2S_2O_3$ 的基准物是 $K_2Cr_2O_7$、As_2O_3。

三、填空题

1. 用吸收了 CO_2 的标准 NaOH 溶液测定工业 HAc 的含量时,分析结果会________;如以甲基橙为指示剂,用此溶液测定工业 HCl 的含量时,分析结果会________(偏高,偏低,无影响)。

2. 酸碱滴定中,选择酸碱指示剂的原则是________。

3. 沉淀滴定法中莫尔法和佛尔哈德法的指示剂分别是________;滴定剂分别是________。用沉淀滴定法测定银,适宜的方法是________。

4. 配制 I_2 标准溶液时,必须加入 KI,其目的是________;以 As_2O_3 为基准物质标定 I_2 溶液的浓度时,溶液应控制在 pH 为________。

5. 在任何水溶液中 EDTA 总是以________等七种形式存在。EDTA 与金属离子形成螯合物时,此螯合物络合比一般为________。

四、简答题

1. 滴定反应必须具备哪些条件?

2. 何为滴定突跃范围?它与指示剂的选择有何关系?影响强酸(碱)和一元弱酸(碱)滴定突跃范围的因素有哪些?

3. 区别下列各组概念:(1)计量点和滴定终点;(2)准确度和精密度;(3)标准溶液和一级标准物质;(4)滴定与标定。

4. 简述容量分析的基本步骤。

5. 滴定分析按反应类型可分为哪几类？按滴定方式又可分为哪几类？

五、计算题

1. KCN 及 KCl 混合物 0.2000 g，先用 0.1000 mol · L^{-1} $AgNO_3$滴定到刚出现混浊，消耗 $AgNO_3$ 15.50 mL，加入过量 $AgNO_3$ 25.00 mL，再加铁铵矾指示剂，用 KSCN 返滴定过量的 $AgNO_3$，消耗 0.0500 mol · L^{-1}KSCN 12.40 mL。计算样品中 KCN 及 KCl 的质量分数？（M(KCN)＝65.12 g · mol^{-1}，M(KCl)＝74.55 g · mol^{-1}）。

2. 选用邻苯二甲酸氢钾（$KHC_8H_4O_4$）为一级标准物质，标定约为 0.2 mol · L^{-1}NaOH 的溶液，应称取邻苯二甲酸氢钾多少克？如果改用草酸（$H_2C_2O_4$ · $2H_2O$）为一级标准物质，应称取多少克？（$M(KHC_8H_4O_4)$＝204.2 g · mol^{-1}，$M(H_2C_2O_4 \cdot 2H_2O)$＝126.07 g · mol^{-1}）

3. 某样品中仅含 NaOH 和 Na_2CO_3。称取 0.3720 g 样品，以酚酞为指示剂，消耗 0.1500 mol · L^{-1} HCl 标准溶液 40.00 mL（V_1），那么还需多少毫升 HCl（V_2）才能达到甲基橙变色点？计算样品中 NaOH 和 Na_2CO_3 各自含量。（M(NaOH)＝40 g · mol^{-1}，$M(Na_2CO_3)$＝106 g · mol^{-1}）

4. 称取 2.100 g $KHC_2O_4 \cdot H_2C_2O_4 \cdot 2H_2O$ 配制于 250 mL 容量瓶中，移取 25.00 mL，用 NaOH 滴定消耗 24.00 mL；移取 25.00 mL，于酸性介质中用 $KMnO_4$ 滴定消耗 30.00 mL，求此 NaOH 和 $KMnO_4$溶液的浓度。若用此 $KMnO_4$标准液测定样品中 Fe 含量，称取 0.5000 g 样品消耗 $KMnO_4$ 21.00 mL，求样品中 Fe_2O_3的质量分数。[$M(KHC_2O_4 \cdot H_2C_2O_4 \cdot 2H_2O)$＝254.19 g · mol^{-1}，$M(Fe_2O_3)$＝159.7 g · mol^{-1}]

5. 称取含铝试样 0.2434 g，溶解后加入 0.02000 mol · L^{-1}EDTA 的标准溶液 30.00 mL，调节酸度并加热使 Al^{3+} 定量反应完全，过量的 EDTA 标准溶液用 0.02040 mol · $L^{-1}$$Zn^{2+}$ 标准溶液返滴至终点，消耗 Zn^{2+} 标准溶液 6.00 mL，计算试样中 Al_2O_3的质量分数。（$M(Al_2O_3)$＝101.96 g · mol^{-1}）

扫码看答案

第十四章　可见分光光度法和紫外分光光度法

学习目的要求

1. 掌握分光光度法的基本原理——Lambert-Beer 定律；掌握吸光度及透光率、吸光系数、摩尔吸光系数等概念、相互关系及计算。

2. 熟悉可见分光光度法定量测定方法——标准曲线法及标准对照法。

3. 了解光的基本性质及物质对光的选择性吸收；了解吸收光谱的意义及绘制方法。

4. 了解分光光度计的基本构造——主要部件及其作用；了解提高测量灵敏度和准确度的方法。

5. 了解可见分光光度法和紫外分光光度法的异同点及应用分光光度法进行物质定性分析和定量分析的基本原理。

本章要点回顾

分光光度法是根据物质的吸收光谱及光的吸收定律，对物质进行定性、定量分析的一种方法。光照射溶液时，当光子的能量($h\nu$)与被照射物质的基态和激发态能量之差(ΔE)相等时，就能被吸收。不同物质的基态和激发态的能量之差不等，因此，吸收光子的能量也不同，即吸收光的波长不同，这就是物质对光的选择性吸收。物质选择性的吸收某种颜色的光，则呈现的是吸收光的互补色。

以入射光的波长(λ)为横坐标，溶液的吸光度(A)为纵坐标画出的曲线，即吸收光谱，吸收光谱中吸光度最大的波长，为最大吸收波长，用 λ_{max} 表示。

分光光度法测定物质含量的依据是 Lambert-Beer 定律，即 $A=\varepsilon bc$，此处 c 为物质的量浓度，ε 称为摩尔吸光系数，若用质量浓度 ρ 代替物质的量浓度 c，则 ε 相应地改为 a，$A=ab\rho$，a 为质量吸光系数，a 与 ε 及物质的摩尔质量 M 之间的关系为

$$\varepsilon=a\cdot M$$

吸光度 A 与透光率 T 的关系是 $A=-\lg T=\lg\dfrac{I_0}{I_t}$。

可见分光光度计是以可见光(钨灯)为光源，而紫外分光光度计是以氢灯作光源，经单色器分光后提供所需的波长进入被测溶液的。

定量测定时，常用的定量方法有标准曲线法、标准对照法、比吸光系数比较法以及差示分光光度法。它们各有其适用的范围。为了提高测量的灵敏度和准确度，必须从以下几个方面考虑。①提供测定时所需的单色光(一般为 λ_{max})。②溶液的浓度宜小。③在 $A=0.2\sim0.7$ 的范围内测量。④选择合适的显色剂。⑤选择合适的显色条件。

由于许多物质在可见光区无特征吸收，而在近紫外(200～400 nm)却有特征吸收，故需用紫外光为光源进行测定。紫外分光光度法除了定量测定外，还能作定性鉴别、纯度检查，并可为结构分析提供信息。

典型例题

例　准确称取维生素 C 0.100 g，溶于 100 mL 的 0.005 mol/L 的硫酸溶液中，再量取此溶液 1.0 mL，稀释至 100 mL，取此溶液于 1 cm 吸收池中，在 $\lambda_{max}=245$ nm 处测得吸光度 A 为 0.616，求样品中维生素 C 的百分含量。(已知 $a=560$)

解　由称量、配制过程计算样品浓度，有测量数据计算溶质浓度，溶质浓度与样品浓度之比就是样品含量。

样品浓度 $c_1=\frac{0.100}{0.1}\times\frac{1.0}{100}$ g/L$=0.01$ g/L

$A=0.616$　$b=1$ cm　$a=560$　$c_2=\frac{A}{ab}=\frac{0.616}{560\times1.0}$ g/L$=0.0011$ g/L

维生素 C 的百分含量$=(c_2/c_1)\times100\%=(0.0011/0.01)\times100\%=11\%$

研讨式教学思考题

1. 分光光度法分几种？有哪些优点和作用？为什么分光光度法能对物质进行定性分析和定量分析？

2. 什么是 Lambert-Beer 定律？Lambert-Beer 定律对入射光有何要求？

3. 什么是吸光系数？什么是摩尔吸光系数？其换算关系是怎样的？分光光度法一般要求摩尔吸光系数为多少？ε 的高低反映了什么？它受哪些因素的影响？

4. 什么是吸光度和透光率？他们之间的关系如何？

5. 什么是吸收光谱？如何测定和绘制吸收光谱？说明吸收曲线和标准曲线有何区别？如何绘制标准曲线？试述测定波长选择 λ_{max} 的原因。

6. 如何提高分析结果的灵敏度？在分光光度法中，为了减少测量的相对误差，通常将吸光度控制在什么范围？如何控制？

7. 分光光度分析中为什么要用空白溶液做对照？常用的空白溶液有哪三种？分别在什么情况下使用？

8. 试述紫外-可见分光光度计的主要部件及其作用。

9. 已知胡萝卜素的氯仿溶液在其最大吸收波长 465 nm 时的 ε 为 1.2×10^5。若希望吸光度读数在 0.10～0.80 之间(用 1 cm 的比色皿)，问胡萝卜素的浓度范围应为多少？

10. 强心药托巴丁胺($M=270$)在 260 nm 波长处有最大吸收，摩尔吸光系数 $\varepsilon(260\ \text{nm})=703\ \text{L}\cdot\text{mol}^{-1}\cdot\text{cm}^{-1}$，取该片剂 1 片，溶于水稀释成 2.00 L，静置后取上清液用 1.00 cm 吸收池于 260 nm 波长处测得吸光度为 0.687，计算这药片中含托

巴丁胺多少克?

11. 若将某波长的单色光通过液层厚度为 1.0 cm 的某溶液,则透射光的强度仅为入射光强度的 1/2。当该溶液液层厚度为 2.0 cm 时,其透光率 T 和吸光度 A 各为多少?

自测题

一、选择题

1. 波长为 800 nm 的光能量为(　　)。

A. 2.48×10^{-19} J B. 2.48×10^{-28} J C. 5.30×10^{-31} J D. 5.30×10^{-28} J

2. 200～800 nm 的电磁辐射包含了(　　)。

A. 电子能级跃迁,振动能级跃迁和转动能级跃迁

B. 只有振动能级跃迁和转动能级跃迁

C. 只有转动能级跃迁

D. 只有振动能级跃迁和电子能级跃迁

3. 某样品溶液可以吸收 510 nm 波长的光,其颜色为(　　)。

A. 黄色　B. 紫色　C. 红色　D. 无色

4. 人眼能感觉到的光称为可见光,其波长范围是(　　)。

A. 400～760 nm　B. 200～400 nm　C. 200～600 nm　D. 600～760 nm

5. 在分光光度法中,通过光强度 I_t 与入射光强度 I_0 之比(I_t/I_0)称为(　　)。

A. 吸光度　B. 消光度　C. 透光率　D. 光密度

6. 某置于 1.0 mm 比色皿中的样品溶液,在 560 nm 处可以透过 75.0% 的入射光,若溶液浓度为 0.075 mol·L^{-1},其摩尔吸光系数为(　　)。

A. 1.67 L·mol^{-1}·m^{-1}　B. 1.67 L·mol^{-1}·cm^{-1}

C. 16.7 L·mol^{-1}·cm^{-1}　D. 16.7 L·mol^{-1}·mm^{-1}

7. 分光光度法中,选择测定波长的依据是(　　)。

A. 标准曲线　B. 吸收曲线

C. 滴定曲线　D. 吸收曲线和标准曲线

8. 比色皿应该(　　)。

A. 在使用之前彻底润洗并用吸水纸吸干 B. 在使用之前润洗

C. 润洗并烘干　D. 不润洗直接使用

9. 某样品溶液在选定波长下吸收太强,为减小在该波长下的吸收,下面(　　)方法不合适。

A. 增大摩尔吸光系数　B. 使用短光程比色皿

C. 减小摩尔吸光系数　D. 稀释样品溶液

10. 光谱分析法的 Lambert-Beer 定律(　　)。

A. 只适用于光谱的紫外区　B. 需要使用单色光

C. 只适用于光谱的可见区　　D. 只适用于单光束仪器

11. 下面有关显色剂的叙述正确的是(　　)。

A. 能与被测物质生成稳定的有色物质　　B. 必须是本身有颜色的物质

C. 与被测物质的颜色互补　　D. 本身必须是无色试剂

12. 电磁波谱中的哪个区域通常使用氘灯作为光源?(　　)

A. 红外　　B. 可见　　C. 紫外　　D. 真空紫外

13. 下列哪些因素会使实验结果偏离 Lambert-Beer 定律?(　　)

A. 吸光物质的浓度极稀

B. 吸光物质与溶液中其他物质发生化学反应

C. 溶液中存在其他离子

D. 非单色光通过溶液

14. 下述有关 Lambert-Beer 定律的数学表达式错误的是(　　)。

A. $T=10^{-abc}$　　B. $A=abc$　　C. $-\lg(1/T)=abc$　　D. $\lg(I_t/I_0)=-abc$

15. 与摩尔吸光系数 ε 有关的因素是(　　)。

A. 比色皿厚度　　B. 有色物质浓度　　C. 显色时间　　D. 入射光的波长

16. 某浓度为 2.31×10^{-5} mol·L^{-1}的溶液置于 1.00 cm 比色皿中,在波长 266 nm 处吸光度为 0.822。其透光率为(　　)。

A. 15.1%　　B. 0.151　　C. 66.4%　　D. 6.64%

17. 在 510 nm 波长处, A 和 B 的摩尔吸光系数分别为 36400 和 5250 L·mol^{-1}·cm^{-1},含[A]$=1.00\times10^{-5}$ mol·L^{-1}和 [B]$=2.00\times10^{-5}$ mol·L^{-1}的混合溶液置于 1.00 cm 比色皿中,吸光度为(　　)。

A. 0.469　　B. 4.69　　C. 0.780　　D. 7.80

18. 用于分光光度法中的单色光严格来讲是指(　　)。

A. 单一颜色光　　B. 物质的本色的互补色

C. 单一波长的光束　　D. 白光

19. 紫外区常用的透光材料为(　　)。

A. NaCl　　B. 硼硅玻璃　　C. 石英　　D. 塑料

20. 符合 Lambert-Beer 定律的有色溶液在被适当稀释时,其最大吸收峰的波长位置(　　)。

A. 向长波方向移动　　B. 向短波方向移动

C. 不移动　　D. 移动方向不确定

21. 物质的颜色是由于其分子选择性地吸收了白光中的某些波长的光所致。例如,硫酸铜溶液呈蓝色是由于它吸收了白光中的(　　)。

A. 蓝色光　　B. 绿色光　　C. 黄色光　　D. 紫色光

22. 空白溶液的作用是(　　)。

A. 消除有色试剂的干扰

B. 消除比色皿带来的干扰

C. 补偿比色皿和溶液中试剂及溶剂带来的干扰

D. 补偿样品本身的吸光度读数

23. 光电管的作用是(　　)。

A. 调节通过样品的波长　　B. 调节光源强度

C. 将光能转换为电能　　D. 显示吸光度或透光率

24. 根据某样品溶液的吸光度,可以从其标准曲线获得该样品的(　　)。

A. 最大吸收波长　　B. 样品的摩尔质量

C. 样品浓度　　D. 样品定性

25. 分光光度计检测(　　)。

A. 物质发射的光　　B. 通过样品后光的变化(波长变化)

C. 通过样品的光　　D. 物质发射的荧光

二、判断题

(　　)1. 摩尔吸光系数与溶液浓度、液层厚度无关,而与入射光波长、溶剂性质和温度有关。

(　　)2. 分子光谱为带状光谱而不是线状光谱。

(　　)3. 分光光度法测定溶液吸光度时,总是选择波长等于λ_{max}的光为入射光。

(　　)4. 透光率是透过光与入射光的比值 T。

(　　)5. 水中铜的含量可以采用紫外-可见分光光度法直接测定。

(　　)6. 为提高测定的准确度,溶液的吸光度 A 的读数范围应控制在 0.2～0.7之间。

(　　)7. 标准曲线表示在相应波长下,吸光物质的浓度与吸光度之间的定量关系。

(　　)8. 当浓度的相对误差受到“%T”读出分辨率的限制时,可以通过选择合适浓度的溶液调节 100% T 和“0% T”来提高分析的精密度。

(　　)9. 吸收曲线的基本形状与浓度无关。

(　　)10. 在进行显色反应时,为保证被测物质全部生成有色产物,显色剂用量越多越好。

三、填空题

1. 某样品溶液置于1.00 cm 比色皿中,测得透光率为0.905,则样品的吸光度大小为________。

2. 某单色光通过1 cm 厚度的某溶液时,透光度为 T_1,吸光度为 A_1,则通过2 cm 厚度的该溶液时透光度为________,吸光度为________。

3. ε 称为________,其值越大,表明溶液对入射光越易________, 则测定的灵敏度________。

4. 常用的空白溶液(参比溶液)有三种,它们是________,________,________。

5. 为提高测定的准确度,溶液的吸光度读数范围应调节在________为好,可通过调节溶液的________和________来达到。

四、简答题

1. 列出构成分光光度计的主要部件(用方框图表示)。可见分光光度计与紫外分光光度计的玻璃元件有何不同?

2. 何为标准曲线法?简述其测定步骤。

3. 偏离 Lambert-Beer 定律的因素有哪些?

4. 写出 Lambert-Beer 定律的数学表达式,简述各数学符号的物理意义。

5. 紫外-可见分光光度计中常用的光源和检测器有哪些,分别用于什么光区,采用什么材料?

五、计算题

1. 有一浓度为 c_0 的溶液,吸收了入射光线的 16.69%,在同样条件下浓度为 $2c_0$ 的溶液的透光率应是多少?

2. 有一溶液质量浓度为 6.0×10^{-3} g·L^{-1},此溶质的摩尔质量为 125 g·mol^{-1},将此溶液放在 1.0 cm 厚度吸收池内,测得吸光度是 0.30,计算该溶质的摩尔吸光系数 ε。

3. 用 1 cm 厚的吸收池测得标准锰溶液($\rho=1.2$ g·L^{-1})的吸光度为 0.12,在同样条件下测得含锰试液吸光度为 0.52,求试液中的锰的质量浓度。

4. 已知某废液中每升含铁 47.0 mg。准确吸取此溶液 5.00 mL 于 100 mL 容量瓶中,在适合的条件下加邻二氮菲显色剂显色后稀释至刻度,摇匀。用 1.0 cm 吸收池于 508 nm 处得其吸光度为 0.47。计算邻二氮菲光度法测定铁的吸光系数 a 和摩尔吸光系数 ε。

5. 已知胡萝卜素的氯仿溶液在其最大吸收波长 465 nm 时的摩尔吸光系数 ε 为 1.2×10^5 L·mol^{-1}·cm^{-1}。若希望吸光度读数在 0.10～0.80 之间(用 1 cm 的比色皿),问胡萝卜素的浓度范围应为多少?

扫码看答案

下篇　英文部分

Chapter 1 Colligative Properties of Solutions

PERFORMANCE GOALS

1. Express the concentration of a solution in several different ways (such as molarity, molality, and mole fraction).

2. Convert between different concentration units.

3. Be able to name ionic compounds, acids and binary molecular compounds. Define a colligative property of a solution and describe four such properties.

4. Understand the concept of vapor pressure. Be able to relate changes (both quantitative and qualitative) in vapor pressure to addition of nonvolatile solutes to solvents (Raoult's Law).

5. Be able to recall and use equations relating to quantitative treatments of boiling point elevation, freezing point depression, osmotic pressure and the van't Hoff factor.

6. Use the relationship between freezing point depression (or osmotic pressure) and solution molality (or molarity) to predict the molecular weight of a solute.

7. Understand the importance of osmosis in medicine.

OVERVIEW OF THE CHAPTER

1. The concentration of a solution is independent of the amount of solution and can be expressed by molarity (mol solute/L solution) and molality (mol solute/kg solvent), as well as parts by mass (mass solute/mass solution), parts by volume (volume solute/volume solution), and mole fraction [mol solute/(mol solute+mol solvent)]. The choice of units depends on convenience or the nature of the solution. If, in addition to the quantities of solute and solution, the solution density is also known, all concentration units are interconvertible.

2. An ionic compound is named with cation first and anion last. For metals that can form more than one ion, the charge is shown with a Roman numeral. Oxoanions have suffixes, and sometimes prefixes, attached to the element root name to indicate the number of oxygen atoms. Names of hydrates give the number of water molecules with numerical prefixes. Acid names are based on anion names. Names of covalent compounds have the element that is leftmost or lower down in the periodic table first, and prefixes show the number of each atom.

3. Colligative properties of solutions are related to the number of dissolved solute particles, not their chemical nature. Compared with the pure solvent, a solution of a nonvolatile nonelectrolyte has a lower vapor pressure (Raoult's law), an elevated boiling point, a depressed freezing point, and an osmotic pressure.

$$\text{property} = \text{solute concentration} \times \text{constant}$$

One colligative property differs from another in the units in which the solute concentration is expressed. In most cases, the property is expressed as a difference between its value in the solution and its value in the pure solvent.

To calculate the colligative properties of electrolyte solutions, we incorporate the van't Hoff factor into the equation:

For vapor pressure lowering: $\Delta p = i\,Km$

For boiling point elevation: $\Delta T_b = T_b - T_b^0 = i\,K_b m$

For freezing point depression: $\Delta T_f = T_f^0 - T_f = i\,K_f m$

For osmotic pressure: $\Pi = icRT = imRT$

Colligative properties can be used to determine the solute molar mass.

EXAMPLES

1. Calculate the concentration in (a) the molality, (b) the mole fraction and (c) the molarity of a concentrated solution of specific gravity 1.84 $g \cdot mL^{-1}$ containing 98.3% H_2SO_4 by mass.

Solution

(a) Molality of $H_2SO_4 = \dfrac{\text{moles of solute}}{\text{kilograms of solvent}} = \dfrac{98.3/98.08}{100-98.3}\ mol \cdot kg^{-1} =$ 589.6 $mol \cdot kg^{-1}$

(b) $x_B = \dfrac{\text{moles of } H_2SO_4}{\text{total moles of solution}} = \dfrac{98.3/98.08}{(100-98.3)/18.02+98.3/98.08} = 0.914$

(c) Molarity of $H_2SO_4 = \dfrac{\text{moles of solute}}{\text{liters of solution}} = \dfrac{98.3/98.08}{100/1.84} \times 1000\ mol \cdot L^{-1} =$ 18.5 $mol \cdot L^{-1}$

2. Give the systematic names for the formulas or the formulas for the names of the following compounds: (a) NH_4Br; (b) Cr_2O_3; (c) $Co(NO_3)_2$; (d) potassium sulfide; (e) calcium hydrogen carbonate; (f) nickel(Ⅱ) perchlorate.

Solution

Each compound is ionic and is named using the guidelines we have already discussed. In naming ionic compounds, it is important to recognize polyatomic ions and to determine the charge of cations with variable charge. In going from the name of an ionic compound to its chemical formula, you must know the charges of the ions to determine the subscripts.

(a) NH_4^+ is ammonium; Br^- is bromide. The name is ammonium bromide.

(b) Cr^{3+} is chromium(Ⅲ) or chromic; O^{2-} is oxide. The name is chromium (Ⅲ) oxide or chromic oxide.

(c) Co^{2+} is cobalt(Ⅱ) or cobaltous; NO_3^- is nitrate. The name is cobalt(Ⅱ) nitrate or cobaltous nitrate.

(d) Potassium is K^+; sulfide is S^{2-}. Because ionic compounds are electrically neutral, two K^+ balance one S^{2-}. Therefore, the formula is K_2S.

(e) Calcium is Ca^{2+}; hydrogen carbonate is HCO_3^-. Because ionic compounds are electrically neutral, two HCO_3^- balance one Ca^{2+}. Therefore, the formula is $Ca(HCO_3)_2$.

(f) Nickel(Ⅱ) is Ni^{2+}; perchlorate is ClO_4^-. Because ionic compounds are electrically neutral, two ClO_4^- balance one Ni^{2+}. Therefore, the formula is $Ni(ClO_4)_2$.

3. When NaCl is dissolved in water, the freezing point is found to be −0.26 ℃. What is the osmolarity for this solution at 37 ℃? The K_f for water is 1.86 ℃ · m^{-1}.

Solution

The colligative properties of solutions depend on the total concentration of solute particles, regardless of whether the particles are ions or molecules. NaCl is strong electrolyte. To calculate the colligative properties of electrolyte solution, you incorporate the van't Hoff factor into the equation:

$$\Delta T_f = T_f^0 - T_f = iK_f m$$

Now you can modify equation above slightly (that is, with the osmolarity of solution represented by its molarity multiplied by the van't Hoff factor), and solve it for the osmolarity.

$$\Delta T_f = iK_f m = K_f \cdot \text{osmolarity} \quad \text{or} \quad \text{Osmolarity} = \Delta T_f / K_f$$

Note that $T_f = -0.26$ ℃, and that $\Delta T_f = T_f^0 - T_f = 0.00\ ℃ - (-0.26\ ℃) = 0.26$ ℃

Thus,

$$\text{Osmolarity} = 0.26/1.86\ \text{mol} \cdot \text{kg}^{-1} = 0.14\ \text{mol} \cdot \text{kg}^{-1}$$

4. What is the molar mass of albumin if 100.0 mL of a solution containing 2.00 g of albumin has an osmotic pressure of 0.717 kPa at 25 ℃?

Solution

You can modify Equation $\Pi = cRT = \frac{n_B}{V}\boldsymbol{RT}$ slightly [that is, with the number of moles of solute (n) represented by the mass of solute (m) divided by the molar mass (M)], and solve it for M.

$$\Pi=\frac{\text{mass of solute/molar mass}}{V}RT \quad \text{or} \quad \text{molar mass}=\frac{\text{mass of solute}\times RT}{\Pi V}$$

$$\text{molar mass}=\frac{2.00\times 8.314\times 298}{0.717\times 0.1}\ \text{g}\cdot\text{mol}^{-1}=6.91\times 10^{4}\ \text{g}\cdot\text{mol}^{-1}$$

SELF-HELP TEST

Multiple Choice

1. Which of the following solutions has the lowest freezing point? (　　)

(a) 0.10 mol · L^{-1} sucrose　　(b) 0.10 mol · L^{-1} $NiCl_2$

(c) 0.10 mol · L^{-1} $CuSO_4$　　(d) 0.10 mol · L^{-1} NH_4NO_3

2. What is the osmolarity of 0.0350 mol · L^{-1} $(NH_4)_2SO_4$? (　　)

(a) 0.0350 mol · L^{-1}　　(b) 0.0700 mol · L^{-1}

(c) 0.105 mol · L^{-1}　　(d) 0.140 mol · L^{-1}

3. If the formula of praseodymium oxide is PrO_2, what is the formula of praseodymium sulfate? (　　)

(a) Pr_2SO_4　　(b) $PrSO_4$　　(c) $Pr_2(SO_4)_3$　　(d) $Pr(SO_4)_2$

4. Lysine is an amino acid that is an essential part of nutrition but which is not synthesized by the human body. What is the molar mass of lysine if 750.0 mL of a solution containing 8.60 g of lysine has an osmotic pressure of 194.6 kPa at 25.0 ℃? (　　)

(a) 110 g · mol^{-1}　　(b) 146 g · mol^{-1}

(c) 1340 g · mol^{-1}　　(d) 1780 g · mol^{-1}

5. The freezing point of an aqueous solution of a nonelectrolyte is −0.14 ℃. The molality of this solution is? (　　) K_f=1.86 K · kg · mol^{-1} for water.

(a) 0.075 mol · kg^{-1}　　(b) 1.00 mol · kg^{-1}

(c) 0.16 mol · kg^{-1}　　(d) 0.14 mol · kg^{-1}

6. 1,2-Benzanthracene is a yellow-brown nonvolatile solid with molecular weight 228.29 g · mol^{-1}. 18.2632 g sample of 1,2-benzanthracene is dissolved in 250.0 g of benzene, C_6H_6. What is the vapor pressure of this solution at 25 ℃ in kilopascals, if the vapor pressure of pure benzene is 12.45 kPa at this temperature? (　　)

(a) 8.104　　(b) 12.15　　(c) 12.44　　(d) 12.74

7. A solution is prepared by dissolving 1.864 g of KCl (M=74.55 g · mol^{-1}) and 8.293 g of K_2CO_3 (M=138.21 g · mol^{-1}) in enough water to make the final

volume 500.00 mL. What is the $[K^+]$ in the solution? ( )

(a) 0.2900 mol · L^{-1} (b) 0.1200 mol · L^{-1}

(c) 0.1450 mol · L^{-1} (d) 0.1700 mol · L^{-1}

8. Aqueous solutions that contain dissolved substances are ( ).

(a) freeze at higher temperatures than normal and boil at lower temperatures than normal

(b) freeze at lower temperatures than normal and boil at higher temperatures than normal

(c) freeze at lower temperatures than normal and boil at lower temperatures than normal

(d) freeze at higher temperatures than normal and boil at higher temperatures than normal

9. Human blood has a molar concentration of solutes of 0.30 M. What is the osmotic pressure of blood at 25 ℃? ( )

(a) 1486.5 kPa (b) 62.8 kPa (c) 371.6 kPa (d) 743.3 kPa

10. The K_f for benzene is 5.12 ℃ · kg · mol^{-1}. The freezing point of a solution prepared by dissolving 20.5461 g of a nonvolatile nonelectrolyte with empirical formula $(C_3H_2)_n$, in 400.0 g of benzene is 4.33 ℃. The benzene used to prepare the solution froze at 5.48 ℃, using the same thermometer. The correct molecular formula of this compound is ( ).

(a) $C_{18}H_{12}$ (b) C_6H_4 (c) C_9H_6 (d) $C_{15}H_{10}$

11. The boiling point of a 1.00 m solution of $CaCl_2$ should be elevated by ( ).

(a) exactly 1.536 K (b) somewhat less than 1.024 K

(c) exactly 1.024 K (d) somewhat less than 1.536 K

12. A 0.100 m K_2SO_4 solution has a freezing point of −0.43 ℃. What is the van't Hoff factor for this solution? ( ) K_f=1.86 K · kg · mol^{-1}(or ℃ · m^{-1})

(a) 0.77 (b) 1.0 (c) 2.3 (d) 3.0

13. Aqueous solution of the following substances, concentration is 0.01 mol · L^{-1}, the highest boiling point is which one? ( )

(a) $C_{12}H_{22}O_{11}$ (b) $C_6H_{12}O_6$ (c) KCl (d) $Mg(NO_3)_2$

14. The density of an aqueous solution of acetone, CH_3COCH_3 (M=58.09 g · mol^{-1}), that is 10.00% acetone by mass is 0.9867 g · mL^{-1} at 20 ℃. What is the molarity of acetone in this solution at 20 ℃? ( )

(a) 0.1722 mol · L^{-1} (b) 0.9867 mol · L^{-1}

(c) 1.699 mol · L^{-1} (d) 3.332 mol · L^{-1}

15. Following the same solution concentration, the highest boiling point is which one? (   )

(a) $C_{12}H_{22}O_{11}$ (b) $C_6H_{12}O_6$ (c) KCl (d) $BaCl_2$

16. Colligative properties depend on (   ).

(a) the chemical properties of the solute

(b) the chemical properties of the solvent

(c) the number of particles dissolved

(d) the molar mass of the solute

17. Of the following measurements, the one most suitable for the determination of the molecular weight of oxyhemoglobin, a molecule with a molecular weight of many thousands, is (   ).

(a) the vapor pressure lowering

(b) the elevation of the boiling point

(c) the depression of the freezing point

(d) the osmotic pressure

18. With the same concentration of the following dilute solutions, the right order of the solidification point is which one? (   )

(a) $NaCl > CaCl_2 > C_6H_{12}O_6$ (b) $C_6H_{12}O_6 > NaCl > CaCl_2$

(c) $CaCl_2 > NaCl > C_6H_{12}O_6$ (d) $C_6H_{12}O_6 > CaCl_2 > NaCl$

19. Which of the following is not a colligative property? (   )

(a) the boiling point of a solvent (b) the freezing point depression

(c) the vapor pressure lowering (d) the osmotic pressure

20. The freezing point of an aqueous solution of a nonvolatile electrolyte is -0.073 ℃. What is the normal boiling point of the same solution? (   )($K_f = 1.86\ K \cdot kg \cdot mol^{-1}$, $K_b = 0.512\ K \cdot kg \cdot mol^{-1}$).

(a) 100.05 ℃ (b) 100.04 ℃ (c) 100.02 ℃ (d) 100.06 ℃

21. A 1.00 g sample of $Cr(NH_3)_4Cl_4$ ($M = 244.9\ g \cdot mol^{-1}$) is dissolved in 25.0 g of water and the freezing point of the solution is -0.90 ℃. How many ions are produced per mole of compound? (   ) The K_f of water is $1.86\ K \cdot kg \cdot mol^{-1}$.

(a) 5 (b) 4 (c) 1 (d) 3

22. Which of the following aqueous solutions should have the highest osmotic pressure? (   )

(a) $0.015\ mol \cdot L^{-1}$ sucrose at 15 ℃ (b) $0.01\ mol \cdot L^{-1}$ NaCl at 50 ℃

(c) $0.008\ mol \cdot L^{-1}$ $CaCl_2$ at 50 ℃ (d) $0.008\ mol \cdot L^{-1}$ $CaCl_2$ at 25 ℃

23. Which of the following will produce an aqueous solution with the lowest

vapor pressure? ( )

(a) 0.01 mol · kg^{-1} $CaCl_2$ (b) 0.01 mol · kg^{-1} NaCl

(c) 0.02 mol · kg^{-1} NaCl (d) 0.015 mol · kg^{-1} $CaCl_2$

24. Which colligative property predicts the boiling point elevation phenomenon? ( )

(a) Osmotic pressure (b) Freezing point depression

(c) Viscosity elevation (d) Vapor pressure lowering

25. A 0.0490 M aqueous NaBr solution freezes at −0.173 ℃. What is its apparent percent dissociation in this solution? ( ) $K_f = 1.86$ K · kg · mol^{-1} for water.

(a) 89.8% (b) 84.2% (c) 96.4% (d) 77.0%

True or False

1. The higher osmotic pressure of concentration solution, the larger the molarity of solute. ( )

2. A 1 mol · kg^{-1} aqueous solution of any substance will lower the freezing point of water by 1.86 ℃. ( )

3. The freezing point depression of a 0.100 mol · kg^{-1} solution of NaCl is approximately, twice as large as that of a 0.100 mol · kg^{-1} solution of a nonelectrolyte such as sucrose. ( )

4. The osmotic pressure of a solution is the exerted pressure needed to prevent net transport of solvent across a semipermeable membrane that separates the solution from the pure solvent. ( )

5. When red blood cells are placed in a hypotonic solution, they swell up and finally burst; this process is called hemolysis. ( )

6. An older method still widely used for distinguishing between two differently charged ions of a metal is to apply the ending *-ous* or *-ic*. These endings represent higher and lower charged ions, respectively. ( )

7. For all dilute solutions in which the solvent has a density near 1.0 g · mL^{-1}, the molality and molarity of a solution are nearly the same. ( )

8. It is osmolality within body fluid or blood serum level of 280 ~ 320 mmol · L^{-1}. ( )

9. Red blood cells will remain the same size when placed in 11.1 g · L^{-1} $CaCl_2$ (M=111 g · mol^{-1}) solution. ( )

10. The mixture of 5% (m/v) glucose solution and 0.9% (m/v) NaCl solution is an isotonic solution. ( )

Fill in the Blanks

1. Practice for both types of compounds.

Formula	Name
K_2S	
S_2Cl_2	

Formula	Name
	magnesium perchlorate
	potassium permanganate

2. The essentials of osmosis are ________, and ________. In osmosis, water moves from ________ into ________.

3. The processes of replacing body fluids and supplying nutrients to the body intravenously require the use of ________ such as ________ and ________.

4. The effect of a solute upon the vapor pressure of the solvent is given by ________ Law.

5. Fill in the blanks in the table. Aqueous solutions are assumed.

Compound	Molality	Mass percentage	Mole fraction
NaI	0.15		
C_2H_5OH		5.0%	
$C_{12}H_{22}O_{11}$	0.15		

Short Answer Questions

1. Name each of the following compounds. For ionic compounds, use either the latin or stock names. For molecular compounds, use the proper prefixes.

(a) PCl_5 (b) $Cu(NO_3)_2$ (c) HNO_3 (d) LiF (e) $(NH_4)_2SO_4$
(f) $KHCO_3$

2. Arrange the following solutions in order of increasing freezing point, starting with the solution with the lowest freezing point.

(a) 0.10 mol · kg^{-1} KBr; (b) 0.10 mol · kg^{-1} ethanol; (c) 0.050 mol · kg^{-1} $CaCl_2$; (d) 0.05 mol · kg^{-1} $LiNO_3$; (e) 0.05 mol · kg^{-1} HAc.

3. Give the relationship between freezing point depression and solution molality to predict the molecular weight of a solute.

4. If red blood cells are placed in a solution which is not isotonic with the liquids inside the cells, the cells will undergo either hemolysis or crenation depending on the difference in concentrations. Use a dictionary or science encyclopedia to define these terms.

5. The freezing point depression constants of the solvents cyclohexane and naphthalene are 20.1 K · kg · mol^{-1} and 6.9 K · kg · mol^{-1}, respectively. Which

would give a more accurate determination by freezing point depression of the molar mass of a substance that is soluble in either solvent? Why?

Calculations

1. Catechol, $C_6H_6O_2$, occurs naturally in many plants. A sample of 4.4044 g of catechol is dissolved in 200.0 g of benzene, C_6H_6, at 26.1 ℃. The vapor pressure of pure benzene at this temperature is 13.33 kPa. The K_b and K_f values for benzene are 2.53 and 5.12 K · kg · mol^{-1} respectively. The normal boiling point and freezing point of benzene are 80.0 and 5.5 ℃ respectively.

(a) Calculate the molality of catechol in this solution.

(b) Calculate the mole fraction of catechol in this solution.

(c) What is the boiling point of this solution?

(d) What is the freezing point of this solution?

(e) What is the vapor pressure of this solution?

2. An ester of camphoric acid contains only the elements C, H, and O. When analyzed, it is found to be 65.60% C and 9.44% H by weight. A solution of 0.785 g of this ester in 8.070 g of camphor is found to freeze 15.2 ℃ lower than the freezing point of pure camphor. Determine the exact molecular weight and formula of this ester. The K_f value for camphor is 40 K · kg · mol^{-1}.

3. Calculate the osmotic pressure at 37 ℃ for a solution which has a freezing point −0.52 ℃.

4. An unknown 2.6 g dissolved in 500 g of water, measured the solution freezing point is −0.186 ℃, the relative molecular mass of unknown objects. K_f=1.86 K · kg · mol^{-1} for water.

5. What concentration of sodium chloride in water is needed to an aqueous solution isotonic with blood (Π=780 kPa at 25 ℃)?

扫码看答案

Chapter 2 Electrolyte Solutions

PERFORMANCE GOALS

1. Know the definition of K_w, K_a, K_b, pH, Brønsted-Lowry acids and bases, conjugated acids and bases.

2. Determine relative strengths of acids and bases from K_a and K_b values.

3. Calculate K_a (or K_b), the degree of ionization, pH (or $[H^+]$) and the concentrations of the species for a weak acid or weak base solution. Determine the relationship between K_b for a base and the K_a of its conjugate acid. Predict the effect of adding a common ion to a weak acid or base solution.

4. Calculate pH for an amphiprotic substance.

OVERVIEW OF THE CHAPTER

The Brønsted-Lowry theory describes an acid as a proton donor and a base as a proton acceptor. You can write the formula of the conjugate base of any acid simply by removing a proton. You can also write the formula of the conjugate acid of any base by adding a proton. All acid-base reactions involve two acid-base pairs and the transfer of a proton between these. In general, acid-base reactions are reversible, but equilibrium is displaced in the direction from the stronger acids and bases to their weaker conjugates.

In pure water and in aqueous solutions, self-ionization occurs to a very slight extent, producing H_3O^+ and OH^-, as described by the equilibrium constant K_w ($K_w = [H_3O^+][OH^-]$).

With weak acids and weak bases ionization is reversible and must be described through the ionization constants, K_a and K_b. The magnitude of K_a (or K_b) indicates the relative strength of a weak acid (or base). The relationship between K_a and K_b, for conjugate acid-base pairs, is

$$K_a K_b = K_w$$

For monoprotic acid HB,

$$HB(aq) + H_2O(l) \rightleftharpoons B^-(aq) + H_3O^+(aq) \qquad K_a = \frac{[H_3O^+][B^-]}{[HB]}$$

Since $c_a K_a \geqslant 20K_w$ and $c_a/K_a > 500$, we have

$$[H^+] = \sqrt{K_a c_a}$$

If $c_a K_a \geqslant 20K_w$ and $c_a/K_a < 500$, the quadratic formula must be solved as for other acids in this situation.

$$[H^+]=\frac{-K_a+\sqrt{K_a^{\ 2}+4K_a c_a}}{2}$$

For monoprotic base B^-,

$$B^-(aq)+H_2O(l)\rightleftharpoons HB(aq)+OH^-(aq) \quad K_b=\frac{[HB][OH^-]}{[B^-]}$$

Since $c_b K_b \geqslant 20K_w$ and $c_b/K_b>500$, we have

$$[OH^-]=\sqrt{K_b c_b}$$

If $c_b K_b \geqslant 20K_w$ and $c_b/K_b<500$, the quadratic formula must be solved as for other acids in this situation.

$$[OH^-]=\frac{-K_b+\sqrt{K_b^{\ 2}+4K_b c_b}}{2}$$

For an aqueous solution of a weak acid we denote the degree of ionization by the symbol α (alpha), and define it as

$$\alpha=\frac{[H^+]}{c_a}$$

For an amphoteric substance HB^-,

$$[H^+]=\sqrt{K_{a1}K_{a2}} \quad \text{or} \quad pH=\frac{1}{2}(pK_{a1}+pK_{a2})$$

Equation above holds only if $cK_{a2}>20K_w$ and $c>20K_{a1}$. Note that K_{a2} is the acid-ionization constant when an amphoteric substance acts as a weak acid; K_{a1} is the conjugate acid-ionization constant when it acts as a weak base.

In polyprotic acids, different constants K_{a1}, K_{a2} ... apply to each ionization step. If $K_{a1}/K_{a2}>10^2$ and $c_a/K_{a1}\geqslant 500$, the hydronium ion from the first ionization effectively suppresses the second ionization, and the yield of hydronium ion is essentially all due to the first ionization.

$$[H^+]=\sqrt{K_{a1}[H_2A]}=\sqrt{K_{a1}c(H_2A)}$$

The concentration of the doubly deprotonated acid, A^{2-}, is numerically equal to K_{a2}.

$$[A^{2-}]\approx K_{a2}$$

Note that the degree of ionization of weak acid (or base) is decreased by the addition of a common ion.

EXAMPLES

You are given a 0.2 mol · L^{-1} HCl solution:

(a) Should HAc or NaAc be added to the solution to make the pH of the solution equal 4.0?

(b) If equal volumes of 2.0 mol · L^{-1} NaAc solution and 0.2 mol · L^{-1} HCl solution are mixed, what is the pH of the mixture?

(c) If equal volumes of 2.0 mol · L^{-1} NaOH solution and 0.2 mol · L^{-1} HCl solution are mixed, what is the pH of the mixture? $K_a(HAc)=1.8\times10^{-5}$.

Solution:

(a) NaAc should be added to the solution to make the pH of the solution equal 4.0.

(b) Consider the reaction of NaAc with HCl.

Concentration (mol · L^{-1})	NaAc (aq)	+ HCl(aq) ⇌	HAc(aq)	+ NaCl(aq)
Starting	2.0/2=1.0	0.2/2=0.1	0	0
Change	−0.1	−0.1	+0.1	+0.1
Equilibrium	1.0−0.1=0.9	0	0.1	0.1

The resulting solution contains 0.9 mol · L^{-1} NaAc and 0.1 mol · L^{-1} HAc.

Concentration (mol · L^{-1})	HAc(aq)	+ H_2O (l) ⇌	H_3O^+ (aq)	+ Ac^- (aq)
Starting	0.10		0	0.90
Change	$-x$		$+x$	$+x$
Equilibrium	$0.10-x\approx0.10$		x	$0.90+x\approx0.90$

$$K_a=\frac{[H_3O^+][Ac^-]}{[HAc]}=\frac{x\times0.90}{0.10}=1.8\times10^{-5}$$

$$x=2.0\times10^{-6}\ \text{mol}\cdot L^{-1}$$

$$pH=-\lg[H^+]=5.70$$

(c) Consider the reaction of NaOH with HCl.

Concentration (mol · L^{-1})	NaOH (aq)	+ HCl(aq) ⇌	H_2O(aq)	+ NaCl(aq)
Starting	2.0/2=1.0	0.2/2=0.1	0	0
Change	−0.1	−0.1	+0.1	+0.1
Equilibrium	1.0−0.1=0.9	0	0.1	0.1

The resulting solution contains 0.9 mol · L^{-1} NaOH.

$$pOH=-\lg[OH^-]=0.046$$

$$pH=14-pOH=13.95$$

SELF-HELP TEST

Multiple Choice

1. Given that the K_b for a weak base is 10^{-6}, what is the K_a for its conjugate acid? (　　)

(a) 10^{-10}　　(b) 10^{-8}　　(c) 10^{-6}　　(d) 10^{-7}

2. The pH of a solution of 0.10 mol · L^{-1} CH_3COOH increases when which of the following substances is added? ( )

(a) $NaHSO_4$ (b) $HClO_4$ (c) NH_4NO_3 (d) K_2CO_3

3. Which of the following species is an ampholyte? ( )

(a) CH_3COO^- (b) H_2O (c) NH_4^+ (d) C_6H_5COOH

4. All of the following are conjugate acid-base pairs except ( ).

(a) HONO, NO_2^- (b) H_3O^+, OH^-

(c) $CH_3NH_3{}^+$, CH_3NH_2 (d) HS^-, S^{2-}

5. The pH of 0.10 mol · L^{-1} HB solution is 3.00 at the room temperature. What is the pH of 0.10 mol · L^{-1}NaB at this temperature? ( )

(a) 12.0 (b) 10.0 (c) 9.0 (d) 8.0

6. The symbol $K_a(HS^-)$ is the equilibrium constant for the reaction ( ).

(a) $HS^- + OH^- \rightleftharpoons S^{2-} + H_2O$ (b) $HS^- + H_2O \rightleftharpoons H_2S + OH^-$

(c) $HS^- + H_2O \rightleftharpoons H_3O^+ + S^{2-}$ (d) $HS^- + H_3O^+ \rightleftharpoons H_2S + H_2O$

7. A solution that is 0.500 mol · L^{-1} HCl is saturated with H_2S at 25 ℃. Its pH is ( ).

(a) 0.30 (b) 0.50 (c) 1.5 (d) 4.0

8. Acid strength decreases in the series: $HNO_3 > HF > HAc$. Which of the following species is the strongest base? ( )

(a) NO_3^- (b) Ac^- (c) F^- (d) HAc

9. What is the $[H^+]$ of a 0.075 mol · L^{-1} solution of the acid HA ($K_a = 4.8 \times 10^{-8}$)? ( )

(a) 6.1×10^{-4} mol · L^{-1} (b) 2.2×10^{-4} mol · L^{-1}

(c) 6.0×10^{-5} mol · L^{-1} (d) 4.8×10^{-8} mol · L^{-1}

10. The conjugate acid of HSO_3^- is ( ).

(a) $H_2SO_3{}^+$ (b) H_2SO_3 (c) SO_3^{2-} (d) H_2SO_4

11. The ionization of benzoic acid is represented by this equation. $C_6H_5COOH(aq) \rightleftharpoons H^+(aq) + C_6H_5COO^-(aq)$. If a 0.045 mol · L^{-1} solution of benzoic acid has an $[H^+] = 1.7 \times 10^{-3}$ mol · L^{-1}, what is the K_a of benzoic acid? ( )

(a) 7.7×10^{-5} (b) 6.4×10^{-5} (c) 3.8×10^{-2} (d) 8.4×10^{-1}

12. $C_6H_5OH(aq) + CN^-(aq) \rightleftharpoons HCN(aq) + C_6H_5O^-(aq)$. The equilibrium constant for this reaction is less than 1. What is the strongest base in this system? ( )

(a) C_6H_5OH (aq) (b) CN^-(aq) (c) HCN(aq) (d) $C_6H_5O^-$(aq)

13. The equilibrium constant for the reaction, $HONO + CN^- \rightleftharpoons HCN + ONO^-$, is 1.1×10^6. From the magnitude of this constant one can conclude that

(　　).

(a) CN^- is a stronger base than ONO^-

(b) HCN is a stronger acid than HONO

(c) the conjugate acid of HONO is ONO^-

(d) the conjugate base of CN^- is HCN

14. A 0.1 $mol \cdot L^{-1}$ HA solution is 1% ionized at 25 ℃. K_a for HA at 25 ℃ is (　　).

(a) 1.0×10^{-5}　　(b) 1.0×10^{-3}　　(c) 1.0×10^{-6}　　(d) 1.0×10^{-4}

15. Hydrosulfuric acid (H_2S) has $K_{a1} = 1.0 \times 10^{-7}$ and $K_{a2} = 1.0 \times 10^{-12}$. What is the pH of 0.10 $mol \cdot L^{-1}$ H_2S at 25 ℃? (　　)

(a) 1.0　　(b) 2.9　　(c) 4.0　　(d) 6.0

16. NH_4Ac is (　　).

(a) amphoteric　　(b) monoprotic acid

(c) monoprotic base　　(d) polyprotic acid

17. The degree of dissociation of 0.10 $mol \cdot L^{-1}$ HCN decreases when which of the following substances is added? (　　)

(a) NaCN　　(b) NaCl　　(c) NaOH　　(d) H_2O

18. Hydrosulfuric acid (H_2S) has $K_{a1} = 1.0 \times 10^{-7}$ and $K_{a2} = 1.0 \times 10^{-12}$. What is the $[S^{2-}]$ in 0.10 $mol \cdot L^{-1}$ H_2S at 25 ℃? (　　)

(a) 1×10^{-4} $mol \cdot L^{-1}$　　(b) 1×10^{-12} $mol \cdot L^{-1}$

(c) $1 \times 10^{-9.5}$ $mol \cdot L^{-1}$　　(d) 1×10^{-7} $mol \cdot L^{-1}$

19. A solution saturated with H_2S at 25 ℃ and 101.3 kPa pressure is 0.10 $mol \cdot L^{-1}$ in H_2S. What is the $[HS^-]$ in this solution? (　　) Hydrosulfuric acid (H_2S) has $K_{a1} = 1.0 \times 10^{-7}$ and $K_{a2} = 1.0 \times 10^{-12}$.

(a) 1.0×10^{-1} $mol \cdot L^{-1}$　　(b) 1.0×10^{-2} $mol \cdot L^{-1}$

(c) 1.0×10^{-4} $mol \cdot L^{-1}$　　(d) 1.0×10^{-7} $mol \cdot L^{-1}$

20. What is the $[H^+]$ in a solution made by mixing equal volumes of c $mol \cdot L^{-1}$ HCl and c $mol \cdot L^{-1}$ $NH_3 \cdot H_2O$? (　　)

(a) $\sqrt{\frac{1}{2}cK_b}$　　(b) $\sqrt{\frac{1}{2}c\frac{K_w}{K_b}}$　　(c) $\sqrt{c\frac{K_w}{K_b}}$　　(d) $\frac{K_w}{\sqrt{\frac{1}{2}cK_b}}$

21. If equal volumes of equal concentrations of Na_3PO_4 and HCl are mixed, the mixture is (　　).

(a) a weak acid　(b) a weak base　(c) an amphoteric　(d) a neutral

22. Which weak acid has the strongest conjugate base? (　　)

(a) acetic acid ($K_a = 1.8 \times 10^{-5}$)

(b) formic acid ($K_a = 1.8\times10^{-4}$)

(c) hydrofluoric acid ($K_a = 6.8\times10^{-4}$)

(d) propanoic acid ($K_a = 5.5\times10^{-5}$)

23. What is the $[H^+]$ in a solution in which $[HA] = 4.0\times10^{-2}$ mol · L^{-1} and $[A^-] = 2.0\times10^{-2}$ mol · L^{-1}? ( ) ($K_a = 3.0\times10^{-6}$)

(a) 1.5×10^{-6} mol · L^{-1} (b) 3.0×10^{-6} mol · L^{-1}

(c) 6.0×10^{-6} mol · L^{-1} (d) 3.8×10^{-3} mol · L^{-1}

24. If 50.00 mL of 0.20 mol · L^{-1} H_3PO_4 is added to 50.00 mL of 0.10 mol · L^{-1} Na_3PO_4, the pH of the resulting solution is ( ). (For H_3PO_4, $pK_{a1} = 2.12$, $pK_{a2} = 7.21$, and $pK_{a3} = 12.67$)

(a) 2.12 (b) 4.67 (c) 7.21 (d) 9.94

25. Water molecules dissociate producing hydrogen ions (H^+) and hydroxide ions (OH^-). Regarding the ion product of water, all of the following statements are true except ( ).

(a) at equilibrium, the product of the concentrations of the ionized ions is a constant, K_w

(b) in an aqueous solution the concentrations of hydrogen ions and hydroxide are inversely proportional

(c) K_w is a constant representing the ion product of water and is equivalent to $= 1\times10^{-14}$ at 25 ℃

(d) if H^+ is added to an aqueous solution, OH^- increases proportionately

True or False

1. If equal volumes and equal concentrations of Na_2CO_3 and HCl are mixed, the mixture is a weak acid. ( )

2. The degree of ionization of HAc is decreased by the addition of NaAc. ( )

3. $[Al(H_2O)_5OH]^{2+}$ is the conjugate base of $[Al(H_2O)_6]^{3+}$. ( )

4. The reaction of an acid with an equivalent quantity of a base always gives a solution that is neutral. ( )

5. The relative strengths of acids stronger than hydronium ion can be determined by studying reaction in nonaqueous solutions, using solvent more acidic than water. ( )

6. You may encounter the common-ion effect by adding H_3PO_4 solution to NaH_2PO_4 solution or Na_3PO_4 solution to Na_2HPO_4 solution. ( )

7. In aqueous solutions, such as HCl, HAc and $NH_3 \cdot H_2O$, $[H_3O^+][OH^-]$

is equal to 1×10^{-14} at 298.15 K. ( )

8. Dilution with water increase both the degree of dissociation of 0.1 mol · L^{-1} HAc and the $[H^+]$ of this solution. However, the K_a of HAc remains constant. ( )

9. The weaker an acid, the stronger is its conjugate base. ( )

10. These acids are listed in order of decreasing acid strength (K_a) in water. HI>HNO_2>HAc>HCN. When 0.10 mol · L^{-1} solutions of the solutes, NaI, $NaNO_2$, NaAc, NaCN; are arranged in order of increasing pH, the correct order is NaCN<NaAc<$NaNO_2$<NaI. ( )

Fill in the Blanks

1. A 1.00 mol · L^{-1} solution of HNO_2 is 2.0% ionized at 25 ℃. The pH of this solution is ________. The degree of ionization of 0.10 mol · L^{-1} HNO_2 is ________.

2. When 40 mL of 0.1 mol · L^{-1} $NH_3 \cdot H_2O$ is mixed with 40 mL of 0.1 mol · L^{-1} HCl, the $[H^+]$ of this solution is ________. When 40 mL of 0.1 mol · L^{-1} $NH_3 \cdot H_2O$ is mixed with 20 mL of 0.1 mol · L^{-1} HCl, the pH of this solution is ________. ($NH_3 \cdot H_2O$: $K_b=10^{-5}$)

3. A Brønsted-Lowry acid is a proton (H^+) ________, a Brønsted-Lowry base is a proton ________, and a Brønsted-Lowry acid-base reaction is a proton ________. The normal direction of an acid-base reaction is from ________.

4. The reaction of the autoprotolysis of H_2NCH_2COOH is ________.

5. When solid NH_4Ac is added to $NH_3 \cdot H_2O$ solution, the degree of ionization of $NH_3 \cdot H_2O$ solution ________, the K_b of $NH_3 \cdot H_2O$ ________, and the pH of this solution ________. (increases, decreases, or remains the same)

Short Answer Questions

1. Classify each of the following as an acid or a base or an ampholyte.

(a) NH_3; (b) H_2O; (c) H_3O^+; (d) Ac^-; (e) $H_2PO_4^-$; (f) HCN; (g) $HCOO^-$; (h) CO_3^{2-}

2. Give the formula of the conjugate base of each of the following.

H_2CO_3; $H_2PO_4^-$; NH_4^+; $[Fe(H_2O)_5(OH)]^{2+}$

3. Give the formula of the conjugate acid of each of the following.

Ac^-; HPO_4^{2-}; HCO_3^-; $[Fe(H_2O)_5(OH)]^{2+}$

4. Explain with equations (relationship between K_a and K_b) and calculation, when necessary, whether an aqueous solution of each of the following salt is acidic, basic or neutral:

(a) NaH_2PO_4; (b) Na_2HPO_4; (c) NH_4Ac

5. Deduce the relationship between K_a and K_b, for conjugate acid-base pairs.

Calculations

1. Calculate the pH of a 0.100 mol · L^{-1} solution of ammonium chloride, NH_4Cl. ($NH_3 \cdot H_2O$: $K_b = 1.8 \times 10^{-5}$)

2. What is the pH of a solution in which 100 mL of 0.20 mol · L^{-1} HAc is added to 100 mL of 0.20 mol · L^{-1} NaOH? (K_a for HAc is 1×10^{-5})

3. A solution that is 0.30 mol · L^{-1} HCl is saturated with a 0.10 mol · L^{-1} H_2S at 25 ℃. What is the $[S^{2-}]$ in this solution?

4. The pH of 0.1 mol · L^{-1} NaX, NaY, and NaZ are 8.0, 9.0 and 10.0, respectively.

(a) Calculate the acid-ionization constant for each acid.

(b) List the three acids in order of decreasing acid strength.

5. Calculate the pH of the following mixtures.

(a) Equal volumes of 0.10 mol · L^{-1} HCl and 0.10 mol · L^{-1} $NH_3 \cdot H_2O$ are mixed.

(b) Equal volumes of 0.10 mol · L^{-1} HAc and 0.10 mol · L^{-1} $NH_3 \cdot H_2O$ are mixed.

(c) Equal volumes of 0.10 mol · L^{-1} HCl and 0.10 mol · L^{-1} Na_2CO_3 are mixed.

(d) Equal volumes of 0.10 mol · L^{-1} NaOH and 0.10 mol · L^{-1} Na_2HPO_4 are mixed.

(e) Equal volumes of 0.20 mol · L^{-1} H_3PO_4 and 0.20 mol · L^{-1} Na_3PO_4 are mixed.

扫码看答案

Chapter 3 Equilibria of Slightly Soluble Ionic Compounds

PERFORMANCE GOALS

1. Know the definition of K_{sp} and its application in determining the solubility of the salt in pure water and in a solution which has common ions.

2. Know how to calculate Q and compare to K_{sp} to determine whether a precipitate will form.

OVERVIEW OF THE CHAPTER

Equilibrium between a slightly soluble ionic compound and its ions in solution is expressed through the solubility product constant, K_{sp}. Although K_{sp} and molar solubility are not equal, they are related to each other in a way that makes it possible to calculate one when the other is known.

Type of electrolyte	Relation between K_{sp} and S
AB	$S=\sqrt{K_{sp}}$
A_2B	$S=\sqrt[3]{K_{sp}/4}$

The solubility of a slightly soluble solute is greatly reduced in a solution containing an ion in common with the solubility equilibrium — a common ion.

A comparison of the ion product (reaction quotient) Q with K_{sp} provides a criterion for precipitation: If $Q>K_{sp}$, precipitation should occur; if $Q<K_{sp}$, the solution remains unsaturated. A comparison of K_{sp} values is a factor in determining the feasibility of fractional precipitation. This is a process in which one type of ion is removed by precipitation while others remain in solution.

Ions can be removed from saturated solutions of slightly soluble electrolytes, and hence solid electrolytes dissolved, in the following ways: (1) by the formation of a weak electrolyte; (2) changing an ion to another species; (3) by formation of a complex ion.

EXAMPLES

1. A solution contains 0.010 $mol \cdot L^{-1}$ KCl and 0.10 $mol \cdot L^{-1}$ K_2CrO_4. $AgNO_3$ is added slowly and volume changes are so small that they can be neglected. (K_{sp}(AgCl) $= 1.77 \times 10^{-10}$ and K_{sp}(Ag_2CrO_4) $= 1.12 \times 10^{-12}$) (a) What

precipitates first? (b) What is the concentration of the first anion in solution just as the second anion begins to precipitate from solution?

Solution:

Calculate the $[Ag^+]$ necessary to start the precipitation of KCl.

$AgCl(s) \rightleftharpoons Ag^+(aq) + Cl^-(aq)$ $[Ag^+][Cl^-] = K_{sp}(AgCl) = 1.77 \times 10^{-10}$

$$[Ag^+] = \frac{K_{sp}(AgCl)}{[Cl^-]} = \frac{1.77 \times 10^{-10}}{0.01}\ mol \cdot L^{-1} = 1.77 \times 10^{-8}\ mol \cdot L^{-1}$$

Calculate the $[Ag^+]$ necessary to start the precipitation of Ag_2CrO_4.

$$Ag_2CrO_4(s) \rightleftharpoons 2Ag^+(aq) + CrO_4^{2-}(aq)$$

$$[Ag^+]^2[CrO_4^{2-}] = K_{sp}(Ag_2CrO_4) = 1.12 \times 10^{-12}$$

$$[Ag^+] = \sqrt{\frac{K_{sp}(Ag_2CrO_4)}{[CrO_4^{2-}]}} = \sqrt{\frac{1.12 \times 10^{-12}}{0.1}}\ mol \cdot L^{-1} = 3.35 \times 10^{-6}\ mol \cdot L^{-1}$$

A greater concentration of Ag^+ is necessary to cause precipitation of Ag_2CrO_4 than for AgCl, so AgCl will precipitate first.

The $[Ag^+]$ necessary to initiate the precipitation of Ag_2CrO_4 is 3.35×10^{-6} $mol \cdot L^{-1}$. For this concentration of Ag^+, the Cl^- concentration will be

$$[Cl^-] = \frac{K_{sp}(AgCl)}{[Ag^+]} = \frac{1.77 \times 10^{-10}}{3.35 \times 10^{-6}}\ mol \cdot L^{-1} = 5.28 \times 10^{-5}\ mol \cdot L^{-1}$$

2. A volume of 100 mL of 0.20 $mol \cdot L^{-1}$ $MnCl_2$ is mixed with an equal volume of an NH_4Cl solution containing 0.10 $mol \cdot L^{-1}$ $NH_3 \cdot H_2O$. What mass of NH_4Cl is needed to prevent the precipitation of $Mn(OH)_2$? ($Mn(OH)_2$: $K_{sp} = 2.06 \times 10^{-13}$; $NH_3 \cdot H_2O$: $K_b = 1.8 \times 10^{-5}$)

Solution:

Writing the overall equation:

$$Mn(OH)_2(s) \rightleftharpoons Mn^{2+}(aq) + 2\ OH^-(aq) \quad K_{sp} \tag{1}$$

$$NH_3(aq) + H_2O(l) \rightleftharpoons NH_4^+(aq) + OH^-(aq) \quad K_b \tag{2}$$

$(1) - 2 \times (2)$: $Mn(OH)_2(s) + 2NH_4^+(aq) \rightleftharpoons 2NH_3 \cdot H_2O(aq) + Mn^{2+}(aq)$

$K = K_{sp}/K_b{}^2 = 6.36 \times 10^{-4}$

Equilibrium x $0.1/2 = 0.05\ mol \cdot L^{-1}$ $0.2/2 = 0.1\ mol \cdot L^{-1}$

$$K = \frac{[NH_3 \cdot H_2O]^2[Mn^{2+}]}{[NH_4^+]^2} = \frac{(0.05)^2 \times 0.1}{x^2} = 6.36 \times 10^{-4}$$

$$x = 0.627\ mol \cdot L^{-1}$$

$$x = 0.627 \times 0.2 \times 53.5\ g = 6.7\ g$$

SELF-HELP TEST

Multiple Choice

1. If 50.0 mL of 0.050 $mol \cdot L^{-1}$ $BaCl_2$ is mixed with 50.0 mL of 0.10 mol ·

L^{-1} K_2SO_4 (　　).

(a) Potassium chloride will precipitate

(b) Barium sulfate will precipitate

(c) No reaction will occur

(d) The $[Ba^{2+}]$ in the resulting solution will be 0.025 mol · L^{-1}

2. Lead(Ⅱ) fluoride (PbF_2), lead(Ⅱ) chloride ($PbCl_2$), lead(Ⅱ) bromide ($PbBr_2$), and lead(Ⅱ) iodide (PbI_2) are all slightly soluble in water. Which lead salt will increase in solubility when its saturated solution is acidified? (　　)

(a) PbF_2　　(b) $PbCl_2$　　(c) $PbBr_2$　　(d) PbI_2

3. Which of the following insoluble substances has the largest molar solubility in water? (　　)

(a) AgI　　(b) PbI_2　　(c) $SrSO_4$　　(d) $Zn(OH)_2$

4. How many moles of calcium fluoride, CaF_2, must be dissolved in 2.0 L of water at 25 ℃ to form a saturated solution? (　　) If $K_{sp}(CaF_2)=1.6\times10^{-10}$

(a) 2.6×10^{-2} mol　　(b) 1.3×10^{-3} mol

(c) 6.8×10^{-4} mol　　(d) 3.4×10^{-4} mol

5. What is the solubility of magnesium carbonate, $MgCO_3$, in water at 25 ℃? (　　) Data for $MgCO_3$: molar mass=84 g · mol^{-1}, K_{sp} at 25 ℃=6.8×10^{-6}

(a) 0.22 g · L^{-1}　　(b) 2.6×10^{-3} g · L^{-1}

(c) 3.1×10^{-5} g · L^{-1}　　(d) 8.1×10^{-8} g · L^{-1}

6. A saturated solution of which compound has the lowest $[Ca^{2+}]$? (　　) $K_{sp}(CaF_2)=4.0\times10^{-11}$, $K_{sp}(CaCO_3)=8.7\times10^{-9}$, $K_{sp}(Ca(OH)_2)=8.0\times10^{-6}$, $K_{sp}(CaSO_4)=2.4\times10^{-5}$

(a) CaF_2　　(b) $CaCO_3$　　(c) $Ca(OH)_2$　　(d) $CaSO_4$

7. When solid silver chloride (molar mass = 143.4 g · mol^{-1}) is added to 100 mL of H_2O, 1.9×10^{-4} grams dissolves. What is the K_{sp} for silver chloride? (　　)

(a) 1.3×10^{-5}　　(b) 3.7×10^{-6}　　(c) 3.7×10^{-8}　　(d) 1.8×10^{-10}

8. When the compounds below are arranged in order of increasing solubility in water, which order is correct? (　　) $K_{sp}(BaCO_3)=2.6\times10^{-9}$, $K_{sp}(BaSO_4)=1.1\times10^{-10}$, $K_{sp}(CaCO_3)=4.9\times10^{-9}$, $K_{sp}(CaSO_4)=7.1\times10^{-9}$

(a) $BaCO_3$, $BaSO_4$, $CaCO_3$, $CaSO_4$　(b) $BaSO_4$, $CaCO_3$, $CaSO_4$, $BaCO_3$

(c) $CaSO_4$, $CaCO_3$, $BaCO_3$, $BaSO_4$　(d) $BaSO_4$, $BaCO_3$, $CaCO_3$, $CaSO_4$

9. The anion of the insoluble salt MX is the conjugate base of the weak acid HX. The relationship between the equilibrium constant for the reaction is that K_{eq} equals (　　).

$$MX(s)+H^+(aq) \rightleftharpoons M^+(aq)+HX$$

(a) $K_{sp}(MX)/K_a(HX)$ (b) $K_a(HX)/K_{sp}(MX)$

(c) $K_a(HX)+K_{sp}(MX)$ (d) $K_{sp}(MX)-K_a(HX)$

10. When 20.00 mL of 0.100 mol · L^{-1} $Pb(NO_3)_2$ and 30.00 mL of 0.150 mol · L^{-1} $Na_2C_2O_4$ are mixed, PbC_2O_4 precipitates. The $[C_2O_4^{2-}]$ in the resulting solution is (　　).

(a) 0.045 mol · L^{-1} (b) 0.050 mol · L^{-1}

(c) 0.090 mol · L^{-1} (d) 0.100 mol · L^{-1}

11. The K_{sp} for Fe $(IO_3)_3(s)$ is 1×10^{-14}. Consider what would happen if the following two solutions are mixed together. One solution contains Fe^{3+} and the other contains IO_3^- at 25 ℃. At the instant of mixing, $[Fe^{3+}]=1\times10^{-4}$ mol · L^{-1} and $[IO_3^-]=1\times10^{-5}$ mol · L^{-1}. Which one of the following statements is true? (　　)

(a) A precipitate forms because $Q>K_{sp}$

(b) A precipitate forms because $Q<K_{sp}$

(c) No precipitate forms because $Q>K_{sp}$

(d) No precipitate forms because $Q<K_{sp}$

12. The molar solubility, S, of $Mn(OH)_2$ in water in terms of its K_{sp} is (　　).

(a) $S=\sqrt{K_{sp}}$ (b) $S=\sqrt[3]{K_{sp}}$ (c) $S=\sqrt[3]{K_{sp}/4}$ (d) $S=\sqrt[4]{K_{sp}/27}$

13. What concentration of aqueous NH_3 is necessary to just start precipitation of $Mn(OH)_2$ from a 0.020 mol · L^{-1} solution $MnSO_4$? (　　) K_b for NH_3 is 1.8×10^{-5} and K_{sp} for $Mn(OH)_2$ is 4.6×10^{-14}.

(a) 1.4×10^{-5} mol · L^{-1} (b) 3.7×10^{-7} mol · L^{-1}

(c) 1.6×10^{-6} mol · L^{-1} (d) 1.3×10^{-7} mol · L^{-1}

14. The solubility of saturated BaS solution (which contains a large amount of solid BaS) remains the same when which of the following substances is added? (　　)

(a) Na_2S (b) KCl (c) $BaCl_2$ (d) H_2O

15. If 1.0 liter of solution is to be made 0.010 mol · L^{-1} in $Mg(NO_3)_2$ and 0.10 mol · L^{-1} in aqueous ammonia, how many moles of NH_4Cl are necessary to prevent the precipitation of magnesium hydroxide? (　　) The solubility product for $Mg(OH)_2$ is 1.5×10^{-11}, and the ionization constant for aqueous ammonia is 1.8×10^{-5}.

(a) 0.018 mol (b) 0.046 mol (c) 0.020 mol (d) 0.040 mol

16. In which of the solutions below is $CaCO_3$ the most soluble? (　　)

(a) water (b) 0.20 mol · L^{-1} $CaCl_2$

(c) 0.20 mol · L^{-1} HCl　　(d) 0.20 mol · L^{-1} NaCl

17. How many moles of SrF_2 will dissolve in 1 L of 0.10 mol · L^{-1} $Sr(NO_3)_2$, if $K_{sp}(SrF_2)=7.9\times10^{-10}$? (　)

(a) 2.8×10^{-5}　(b) 7.9×10^{-8}　(c) 7.9×10^{-9}　(d) 4.4×10^{-5}

18. The solubility product expression for Hg_2Cl_2 is (　).

(a) $[Hg^+]^2[Cl^-]^2$　　(b) $[Hg_2{}^{2+}][Cl^-]^2$

(c) $[Hg^+][Cl^-]$　　(d) $[Hg_2{}^{2+}]+[2Cl^-]$

19. How many moles of SrF_2 will dissolve in 1 L of water if $K_{sp}(SrF_2)=7.9\times10^{-10}$? (　)

(a) 2.8×10^{-5}　(b) 7.9×10^{-10}　(c) 5.8×10^{-4}　(d) 5.8×10^{-5}

20. The maximum concentration of Ba^{2+} that can exist in a solution in which the sulfate ion concentration is 5.0×10^{-4} mol · L^{-1} is (　). ($K_{sp}(BaSO_4)=1.0\times10^{-10}$)

(a) 2.0×10^{-7} mol · L^{-1}　　(b) 5.0×10^{-4} mol · L^{-1}

(c) 4.0×10^{-8} mol · L^{-1}　　(d) 4.5×10^{-3} mol · L^{-1}

21. The relationship between the K_{sp} of AgBr and the molar solubility, S of AgBr in 0.20 mol · L^{-1}KBr is that K_{sp} equals (　).

(a) S^2　(b) $S/0.20$　(c) $4S^3$　(d) $0.20S$

22. The K_{sp} of Hg_2Cl_2 is 4.0×10^{-15}. What is the maximum possible concentration of chloride ion in this saturated solution? (　)

(a) 1.0×10^{-5}　(b) 4.0×10^{-5}　(c) 2.0×10^{-5}　(d) 1.6×10^{-5}

23. How many moles of SrF_2 will dissolve in 1.0 L of 0.10 mol · L^{-1} NaF, if $K_{sp}(SrF_2)=7.9\times10^{-10}$? (　)

(a) 8.8×10^{-5}　(b) 7.9×10^{-8}　(c) 7.9×10^{-9}　(d) 4.0×10^{-9}

24. At the temperature at which the molar solubility of $PbBr_2$ in water is 2.0×10^{-2} mol · L^{-1}. What is the K_{sp} of $PbBr_2$? (　)

(a) 4.0×10^{-4}　(b) 4.0×10^{-6}　(c) 8.0×10^{-6}　(d) 3.2×10^{-5}

25. How is the K_{sp} of $Ca_3(PO_4)_2$ related to S, the molar solubility of $Ca_3(PO_4)_2$? (　)

(a) $K_{sp}=4S^5$　(b) $K_{sp}=54S^4$　(c) $K_{sp}=27S^3$　(d) $K_{sp}=108S^5$

True or False

1. The effect of the NO_3^- ion provided by $NaNO_3$ is to make AgCl less soluble than it would be in pure water. (　)

2. Slightly soluble salts are weak electrolytes. (　)

3. The value of K_{sp} indicates the solubility of a compound: the smaller the K_{sp},

the less soluble the compound. ( )

4. Solubility product constant and molar solubility for a substance are terms that mean the same thing. ( )

5. Consider the slightly soluble salt, $Mg(OH)_2$. At equilibrium, the molar solubility of $Mg(OH)_2$ equals the molar concentration of $[OH^-]$. ( )

6. The K_{sp} expression for determining the molar solubility of the slightly soluble salt, $Pb_3(AsO_4)_2$, where x = molar solubility of $Pb_3(AsO_4)_2$, is: $K_{sp} = (3x)^3(2x)^2$. ( )

7. The K_{sp} of calcium sulfate ($CaSO_4$) is 2.4×10^{-5} at room temperature (25 ℃). The molar concentration of Ca^{2+} in a solution that is saturated with $CaSO_4$ at 25 ℃ is 4.9×10^{-3} $mol \cdot L^{-1}$. ( )

8. The K_{sp} for magnesium arsenate is 2.1×10^{-20} at 25 ℃. So, the molar solubility of $Mg_3(AsO_4)_2$ at 25 ℃ is 4.5×10^{-5} $mol \cdot L^{-1}$. ( )

9. $AgIO_3$ will precipitate when 100 mL of 0.010 $mol \cdot L^{-1}$ $AgNO_3$ is mixed with 10 mL of 0.015 $mol \cdot L^{-1}$ $NaIO_3$? (K_{sp} of $AgIO_3$ is 3.0×10^{-8}). ( )

10. $Mn(OH)_2$ will precipitate from solution if the pH of a 0.050 $mol \cdot L^{-1}$ solution of $MnCl_2$ is adjusted to 8.0. ( )

Fill in the Blanks

1. The solubility of $BaSO_4$ will ________ if it is placed in 0.10 $mol \cdot L^{-1}$ $BaCl_2$. This influence is known as ________. The solubility of $BaSO_4$ will ________ if it is placed in 0.10 $mol \cdot L^{-1}$ NaCl instead of 0.10 $mol \cdot L^{-1}$ $BaCl_2$. This influence is known as ________.

2. The K_{sp} expression for $Ca_3(PO_4)_2$ is ________. If $Q < K_{sp}$, ________; if $Q > K_{sp}$, ________.

3. When two anions form slightly soluble ionic compounds with the same cation or when two cations form slightly soluble ionic compounds with the same anion, ________ will precipitate first on the addition of a precipitant to a solution containing both.

4. Slightly soluble lead sulfate dissolves readily in solutions of ammonium acetate when the formation of slightly ionized (but soluble) lead acetate ________.

5. Relative solubilities can be deduced by directly comparing K_{sp} values, but only if ________. If they don't, ________.

Short Answer Questions

1. Discuss the effect on solubility of AgCl by adding (a) HCl, (b) $AgNO_3$, (c) KNO_3, and (d) aqueous ammonia to an saturated AgCl solution.

2. Explain why AgCl salt which is insoluble in water, dissolves when aqueous

ammonia is added.

3. Write the ion-product expressions (K_{sp}) for each of the following.

(a) Ag_2CrO_4; (b) $Al(OH)_3$; (c) $Ca_3(PO_4)_2$

4. Write a balanced ionic equation for an aqueous reaction mixture of silver(I) nitrate, $AgNO_3$, and ammonium carbonate, $(NH_4)_2CO_3$.

5. How do you know that precipitation occur for given starting ion concentrations?

Calculations

1. A solution contains 0.01 mol of KI and 0.10 mol of KCl per liter. Silver nitrate is gradually added to this solution. Which will be precipitated first, AgI or AgCl? What will be the concentration of I^- in this solution when AgCl begins to precipitate as a result of the continued addition of Ag^+?

2. If 5.0 mL of 1.0×10^{-3} mol · L^{-1} NaCl is added to 1.0 mL of 1.0×10^{-3} mol · L^{-1} $Pb(NO_3)_2$, will solid $PbCl_2$ ($K_{sp}=1.70\times10^{-5}$) precipitate? If a precipitate will not form, what chloride ion concentration will cause a precipitate of lead chloride to form?

3. A solution contains 0.1 mol · L^{-1} KI and 0.1 mol · L^{-1} K_2CrO_4. $AgNO_3$ is added slowly and volume changes are so small that they can be neglected. (AgI: $K_{sp}=8.5\times10^{-17}$; Ag_2CrO_4: $K_{sp}=1.1\times10^{-12}$)

(a) What precipitates first?

(b) What is the concentration of the first anion in solution just as the second anion begins to precipitate from solution?

4. At 298.15 K, calculate the solubility (in grams per liter) of $BaSO_4$ in (a) pure water and (b) 0.01 mol · L^{-1} Na_2SO_4. The solubility product constant for $BaSO_4$ is 1.08×10^{-10}.

5. A volume of 50 mL of 1.8 mol · L^{-1} NH_3 is mixed with an equal volume of a solution containing 0.95g $MgCl_2$. What mass of NH_4Cl must be added to resulting solution to prevent the precipitation of $Mg(OH)_2$? (NH_4Cl is added and volume changes can be neglected) ($Mg(OH)_2$: $K_{sp}=5.6\times10^{-12}$; $NH_3\cdot H_2O$: $K_b=1.8\times10^{-5}$; $M_r(Mg(OH)_2)=95$ g · mol^{-1}; $M_r(NH_4Cl)=53.5$ g · mol^{-1}).

扫码看答案

Chapter 4 Buffer Solutions

PERFORMANCE GOALS

1. Understand how a buffer system works.

2. Calculate the pH of a buffer solution before and after adding a strong acid or base.

3. Know how to prepare a buffer solution.

OVERVIEW OF THE CHAPTER

A buffer is a solution characterized by the ability to resist changes in pH when limited amounts of acid or base are added to it. It consists of relatively high concentrations of the components of a conjugate weak acid-base pair, called buffer system or buffer pair. According to the Henderson-Hasselbalch equation, the pH of a buffer depends mainly on pK_a, as well as on buffer ratio, $\frac{[\text{base}]}{[\text{acid}]}$ (or b/a). As a small amount of strong base (or acid) is added, one buffer component reacts with it and is converted into the other component, so the buffer-component ratio, and thus the free $[H_3O^+]$ (and pH), changes only slightly. A concentrated buffer undergoes smaller changes in pH than a dilute buffer. When the buffer pH equals the pK_a of the acid component, the buffer has its highest capacity.

The buffer capacity is a quantitative measure of the ability of the buffer to resist changes in pH and depends on the total buffer concentration, $c_{\text{total}}=[HA]+[A^-]$, and the buffer ratio, $[A^-]/[HA]$ (or b/a). If the buffer ratio is the same, the buffer capacity is directly proportional to the total buffer concentration, $c_{\text{total}}=[HA]+[A^-]$. If the concentrations are the same, the buffer capacity is largest when the buffer ratio is 1 : 1. A buffer has an effective range of $pK_a \pm 1$ pH unit. When preparing a buffer, you choose the conjugate acid-base pair, determine the buffer concentration, calculate the ratio of buffer components, and adjust the final solution to the desired pH.

The pH of the blood in a healthy individual remains remarkably constant at 7.35 to 7.45. This is because the blood contains a number of buffers that protect against pH change due to the presence of acidic or basic metabolites. The HCO_3^-/H_2CO_3 buffer system, is the most important one in buffering blood in the lung (alveolar blood). Note that the ratio of HCO_3^-/H_2CO_3 remains constant at 20 : 1.

This ratio is related to the pH of the blood by the Henderson-Hasselbalch equation:

$$pH = pK_{a1} + \lg \frac{[HCO_3^-]}{[CO_2]_{dissolved}} = 6.10 + \lg \frac{[HCO_3^-]}{[CO_2]_{dissolved}}$$

EXAMPLES

1. A 2.461 g sample of solid sodium acetate is dissolved in enough water to make 50.00 mL of solution. To the sodium acetate solution 100.00 mL of 0.120 mol · L^{-1} HCl is added.

(a) What is the pH of the resulting solution?

(b) A subsequent addition of 5.00 mL of 0.120 mol · L^{-1} HCl is made to the buffer solution of part (a). What is the pH after this addition?

Solution

(a) The reaction that occurs when sodium acetate solution and HCl are mixed.

$$Ac^-(aq) + H_3O^+(aq) \rightleftharpoons HAc(aq) + H_2O(l)$$

	$Ac^-(aq)$	$H_3O^+(aq)$	$HAc(aq)$	$H_2O(l)$
Starting	$\frac{2.461\ g}{82.03\ g \cdot mol^{-1}}$ $=30.0$ mmol	$100\ mL \times 0.120\ mmol \cdot mL^{-1}$ $=12.0$ mmol		
Change	12.0 mmol	12.0 mmol	12.0 mmol	
Equilibrium	18.0 mmol	0 mmol	12.0 mmol	

The solution resulted after mixing the two reagents contains 12.0 mmol of acetic acid and 18.0 mmol of acetate ion in a total volume of 150.0 mL. Thus,

$$pH = pK_a + \lg \frac{n(A^-)}{n(HA)} = 4.74 + \lg \frac{18.0}{12.0} = 4.92$$

This is an effective butter solution because the buffer ratio is 1.5.

(b) If we add 5.00 mL of 0.120 mol · L^{-1} HCl to the buffer, we are adding

$$5.00\ mL \times 0.120\ mmol/mL = 0.600\ mmol\ of\ H_3O^+$$

This 0.600 mmol of H_3O^+ reacts with 0.600 mmol of Ac^- forming 0.600 mmol of HAc. Thus after the addition, the solution will contain 12.0 + 0.600 = 12.6 mmol of HAc, and 18.0 − 0.600 = 17.4 mmol of Ac^-, in a total volume of 155.0 mL.

$$pH = pK_a + \lg \frac{n(A^-)}{n(HA)} = 4.74 + \lg \frac{17.4}{12.6} = 4.89$$

The pH changed from 4.92 to 4.89 when 5.00 mL of 0.120 mol · L^{-1} HCl were added to the buffer. A pH change of only 0.03 units upon the addition of a moderately large amount of a strong acid is a very small pH change, and shows how effective the buffer solution is at maintaining the pH approximately constant.

2. Describe how to prepare 1 L a buffer solution with pH = 9.00 and c_{total} =

0.125 mol · L^{-1} by combining a solid NH_4Cl ($pK_a = 9.25$) with any necessary amount of 1.00 mol · L^{-1} NaOH.

Solution

Let x be the volume, in liters, of 1.00 mol · L^{-1} NaOH that must be added to y g of NH_4Cl to make 1L buffer. Recall that a strong base will react completely with a weak acid forming water and the conjugate base of the weak acid.

$$NH_4^+(aq) \quad + \quad OH^-(aq) \rightleftharpoons NH_3(aq) + H_2O(l)$$

	NH_4^+	OH^-	NH_3
Starting	$\frac{y}{53.5}$	x	
Change	$-x$	$-x$	$+x$
Equilibrium	$(y/53.5-x)$	0	$+x$

The solution resulted after mixing the two reagents contains $(y/53.5-x)$ mol of NH_4^+ and x mol of NH_3 in a total volume of 1L. Thus,

$$pH = pK_a + \lg\frac{n(A^-)}{n(HA)} = 9.25 + \lg\frac{x}{(y/53.5-x)} = 9.0$$

$$c_{total} = [NH_4^+] + [NH_3] = (y/53.5-x) + x = 0.125 \text{ mol} \cdot L^{-1}$$

so, $x = 0.045$ L $\qquad y = 6.7$ g

SELF-HELP TEST

Multiple Choice

1. One liter (1L) of a buffer solution consisting of 0.060 mol HCOOH and 0.080 mol $HCOO^-$ is prepared. What is a consequence of 0.010 mol of NaOH being mistakenly added to the system? ( ) K_a for HCOOH is 1.8×10^{-4}.

(a) At equilibrium [HCOOH] ≈ 0.060 mol · L^{-1} and [$HCOO^-$] ≈ 0.090 mol · L^{-1}

(b) At equilibrium [HCOOH] ≈ 0.050 mol · L^{-1} and [$HCOO^-$] ≈ 0.080 mol · L^{-1}

(c) At equilibrium [HCOOH] ≈ 0.060 mol · L^{-1}, [$HCOO^-$] ≈ 0.080 mol · L^{-1}

(d) At equilibrium [HCOOH] ≈ 0.050 mol · L^{-1} and [$HCOO^-$] ≈ 0.090 mol · L^{-1}

2. To prepare a buffer with pH close to 3.4, you could use a mixture of ( ).

(a) NH_4NO_3 and NH_3 ($K_b = 1.8\times10^{-5}$)

(b) HOCl($K_a = 2.9\times10^{-8}$) and NaOCl

(c) HAc ($K_a = 1.8\times10^{-5}$) and NaAc

(d) HNO_2 ($K_a=4.6\times10^{-4}$) and $NaNO_2$

3. What is the $[H_3O^+]$ in a solution made by mixing 60.0 mL of 1.00 mol·L^{-1} sodium acetate with 40.0 mL of 0.50 mol·L^{-1} HCl? (　　) The pK_a of HAc is 4.74.

(a) 5.4×10^{-5} mol·L^{-1}　　(b) 3.6×10^{-5} mol·L^{-1}

(c) 1.8×10^{-5} mol·L^{-1}　　(d) 9.0×10^{-5} mol·L^{-1}

4. A buffer that is a mixture of acetic acid and potassium acetate has a pH= 5.24, The $[Ac^-]/[HAc]$ ratio in this buffer is (　　).

(a) 5∶1　　(b) 3∶1　　(c) 1∶3　　(d) 1∶5

5. Which of the following pairs of compounds would NOT make a good buffer solution? (　　)

(a) HCN, NaCN　　(b) HNO_2, KNO_2

(c) NH_3, NH_4Cl　　(d) HCl, NaCl

6. All of the following mixtures result in the formation of a buffer solution except (　　).

(a) equal volumes of 0.10 mol·L^{-1} HAc and 0.10 mol·L^{-1} NaAc

(b) 100 mL of 0.10 mol·L^{-1} HAc and 50 mL of 0.10 mol·L^{-1} NaOH

(c) 100 mL of 0.10 mol·L^{-1} HAc and 100 mL of 0.10 mol·L^{-1} NaOH

(d) 50 mL of 0.10 mol·L^{-1} NH_3 and 25 mL of 0.10 mol·L^{-1} HCl

7. A weak base, B, has base-ionization constant, $K_b=2\times10^{-5}$. The pH of any solution in which $[B]=[BH^+]$ is (　　).

(a) 4.7　　(b) 7.0　　(c) 9.3　　(d) 9.7

8. What is the formula for the conjugate acid of antacid component, which is the most important one in buffering blood? (　　)

(a) HCO_3^-　　(b) H_2CO_3　　(c) CO_3^{2-}　　(d) $H_2PO_4^-$

9. A buffer that is a mixture of 2L HA ($pK_a=5.3$) and 1L NaA has a pH= 5.00. The originally concentration ratio, [NaA]/[HA], in the solution is (　　).

(a) 1∶1　　(b) 1∶2　　(c) 2∶1　　(d) 4∶1

10. If 10.00 mL of 0.1 mol·L^{-1} Na_3PO_4 is added to 5.00 mL of 0.1 mol·L^{-1} HCl, the pH of the resulting solution is (　　). (For H_3PO_4, $pK_{a1}=2.12$, $pK_{a2}=7.21$, and $pK_{a3}=12.67$)

(a) 2.12　　(b) 7.21　　(c) 12.67　　(d) 9.70

11. If 60.00 mL of 0.1 mol·L^{-1} HB is added to 30.00 mL of 0.1 mol·L^{-1} NaOH, the pH of the resulting solution is 5.00. What is the K_a of HB? (　　)

(a) 2.0×10^{-9}　　(b) 2.0×10^{-5}　　(c) 1.0×10^{-5}　　(d) 1.0×10^{-9}

12. Which of the following mixtures will be a buffer solution when dissolved in

500.00 mL of water? (   )

(a) Equal volumes of 0.1 mol · L^{-1} KH_2PO_4 and 0.1 mol · L^{-1} Na_2HPO_4

(b) Equal volumes of 0.1 mol · L^{-1} HAc and 0.1 mol · L^{-1} NaOH

(c) Equal volumes of 0.1 mol · L^{-1} $NH_3 \cdot H_2O$ and 0.1 mol · L^{-1} HCl

(d) Equal volumes of 0.1 mol · L^{-1} $NaHCO_3$ and 0.1 mol · L^{-1} NaOH

13. The HAc/NaAc buffer solution with a pH=4.75 has the same osmotic pressure as the blood plasma (osmolarity = 0.3 mol · L^{-1}). What is the concentration of NaAc in the buffer? (   ) (HAc: pK_a=4.75)

(a) 0.1 mol · L^{-1} (b) 0.15 mol · L^{-1}

(c) 0.2 mol · L^{-1} (d) 0.3 mol · L^{-1}

14. Consider the HAc/NaAc buffer system: which of the following mixtures has the largest buffer capacity? (   )

(a) Mixing equal volumes of 0.1 mol · L^{-1} HAc and 0.1 mol · L^{-1} NaAc

(b) Mixing equal volumes of 0.2 mol · L^{-1} HAc and 0.1 mol · L^{-1} NaAc

(c) Mixing equal volumes of 0.20 mol · L^{-1} HAc and 0.15 mol · L^{-1} NaAC

(d) Mixing equal volumes of 0.2 mol · L^{-1} HAc and 0.2 mol · L^{-1} NaAc

15. What is the pH of a buffer with the largest buffer capacity if a total concentration of NH_3 ($K_b = 1.0 \times 10^{-5}$) and NH_4Cl equals to 0.20 mol · L^{-1}? (   )

(a) 5 (b) 6 (c) 8 (d) 9

16. How does the addition of NaOH affect an aqueous system that is 0.030 mol · L^{-1} NaH_2PO_4 and 0.060 mol · L^{-1} Na_2HPO_4? (   )

(a) increases the concentration of HPO_4^{2-} only

(b) increases the concentration of $H_2PO_4^-$ only

(c) increases the concentration of HPO_4^{2-} and decreases the concentration of $H_2PO_4^-$

(d) decreases the concentration of HPO_4^{2-} and increases the concentration of $H_2PO_4^-$

17. If the buffer ratio is the same, the buffer capacity is directly proportional to the buffer concentration. Here the buffer concentration is (   ).

(a) [HB] (b) $[B^-]$

(c) $[HB]+[B^-]$ (d) $[HB]/[B^-]$

18. How would you increase the buffer capacity of the $NaHCO_3/Na_2CO_3$ buffer system? (   )

(a) increase the concentration of $NaHCO_3$

(b) increase the concentration of Na_2CO_3

(c) increase the concentrations of $NaHCO_3$ and Na_2CO_3

(d) increase the ratio of CO_3^{2-} to HCO_3^-

19. Consider the HCO_3^-/CO_3^{2-} buffer system: which of the following mixtures has the lowest $[H_3O^+]$? (　　)

(a) 0.20 mol·L^{-1} HCO_3^- and 0.10 mol·L^{-1} CO_3^{2-}

(b) 0.10 mol·L^{-1} HCO_3^- and 0.10 mol·L^{-1} CO_3^{2-}

(c) 0.20 mol·L^{-1} HCO_3^- and 0.20 mol·L^{-1} CO_3^{2-}

(d) 0.10 mol·L^{-1} HCO_3^- and 0.20 mol·L^{-1} CO_3^{2-}

20. For H_3PO_4, $pK_{a1}=2.12$, $pK_{a2}=7.21$, and $pK_{a3}=12.67$. On the basis of the information given above, a buffer with pH = 6.5 can best be made by using (　　).

(a) pure NaH_2PO_4　　(b) H_3PO_4 and $H_2PO_4^-$

(c) $H_2PO_4^-$ and HPO_4^{2-}　　(d) HPO_4^{2-} and $PO_4{}^{3-}$

21. For which of the following reaction mixtures is the $K_a=[H_3O^+]$? (　　)

(a) 10.0 mL of 0.10 mol·L^{-1} HCOOH+10.0 mL of 0.10 mol·L^{-1} NaOH

(b) 10.0 mL of 0.10 mol·L^{-1} HCOOH + 10.0 mL of 0.10 mol·L^{-1} HCOOK

(c) 10.0 mL of 0.10 mol·L^{-1} HCl+10.0 mL of 0.10 mol·L^{-1} NaOH

(d) 10.0 mL of 0.10 mol·L^{-1} HCOOH+5.0 mL of 0.10 mol·L^{-1} HCOOK

22. What mass of sodium acetate, NaAc (M=82 g·mol^{-1}) do you have to add to 1.00 L of 0.15 mol·L^{-1} acetic acid to prepare a buffer solution with a pH of 4.89? (　　) (HAc: $pK_a=4.75$)

(a) 12.3 g　　(b) 17.3 g　　(c) 22.1 g　　(d) 82.0 g

23. After you make the NaAc/HAc buffer solution, you add 1.00 mL of water. What happens to the pH of the buffer? (　　)

(a) The pH increases

(b) The pH decreases

(c) The pH stays the same

(d) Can't determine the effect without more information

24. What is the pH of the solution resulted by mixing 10.0 mL of 0.2 mol·L^{-1} H_3PO_4 and 10.0 mL of 0.2 mol·L^{-1} Na_3PO_4? (　　) (For H_3PO_4, pK_{a1} = 2.12, $pK_{a2}=7.21$, and $pK_{a3}=12.67$)

(a) $pH=pK_{a1}+\lg([H_2PO_4^-]/[H_3PO_4])$

(b) $pH=1/2(pK_{a1}+pK_{a2})$

(c) $pH=pK_{a2}+\lg([HPO_4^{2-}]/[H_2PO_4^-])$

(d) $pH=1/2(pK_{a2}+pK_{a3})$

25. A buffer solution is prepared by mixing H_3PO_4 and NaOH. If the pH of the buffer is 7.0, the anti-alkaline component of the buffer is ( ). (For H_3PO_4, $pK_{a1}=2.12$, $pK_{a2}=7.21$, and $pK_{a3}=12.67$)

(a) $H_2PO_4^-$ (b) HPO_4^{2-} (c) H_3PO_4 (d) H_3O^+

True or False

1. A buffer is a solution characterized by the ability to resist changes in pH when limited amounts of acid or base are added to it. ( )

2. The K_b of NH_3 is 1.8×10^{-5}. You have a buffer solution based on NH_3 and NH_4Cl. If the pH of the buffer is 9.00, the amount of NH_4Cl present in the solution is larger than that of NH_3. ( )

3. If $pH>pK_a$, a buffer solution can keep the pH approximately constant for a limited amounts of added acid and suffer a greater change in pH for the same amount of added base. ( )

4. In order to make a buffer with pH = 6.00, we must make the $[Ac^-]/[HAc]$ ratio equal 18.2. ( ) (HAc: $pK_a=4.74$) ( )

5. If the total buffer concentration, $c_{total}=[HB]+[B^-]$, is the same, the buffer capacity is directly proportional to the buffer ratio, $[B^-]/[HB]$. ( )

6. The buffer capacity of a buffer solution is controlled by the relative amounts of weak acid and conjugate base present and by the weak acid K_a. The larger the K_a, the greater the buffer capacity. ( )

7. The potassium biphthalate alone can be used for preparing a buffer solution. ( )

8. The $[HCO_3^-]/[H_2CO_3]$ ratio at pH 7.4 in a healthy individual is 20 : 1. This is not a very effective buffer ratio. ( )

9. If the pH of the blood drops below 7.35, a potentially fatal condition called alkalosis results. ( )

10. The conjugate base will increase and the conjugate acid will decrease after the addition of a strong acid to buffer system. ( )

Fill in the Blanks

1. The K_a of HAc is 1.0×10^{-5}. The pH of a 0.100 $mol\cdot L^{-1}$ solution of NaAc is ________. If 50.00 mL of 0.2 $mol\cdot L^{-1}$ HCl is added to 50.00 mL of 0.4 $mol\cdot L^{-1}$ NaAc, the pH of the resulting solution is ________. After the addition of 0.1 mL of 1 $mol\cdot L^{-1}$ NaOH (or HCl) to the buffer solution described above, the pH will be ________ because this solution is ________.

2. The pH of human blood remains nearly 7.35, or slightly alkaline. The most

important buffer system in blood is ________ system. The anti-alkaline component of the buffer is ________, The antacid component of the buffer is ________.

3. The pK_a of HAc is 4. 74. The buffer range for this buffer system is ________. If ________ mL of 0. 1 mol · L^{-1} HAc is added to ________ mL of 0. 1 mol · L^{-1} NaAc to give 100 mL solution, the pH of the resulting solution is 4. 74.

4. According to the Henderson-Hasselbalch equation, the pH of a buffer solution is related to ________ and ________. After addition the small amounts of water, the pH of the buffer will ________ and the buffer capacity of the buffer will ________.

5. In order for the buffer to function properly, it must contain comparable amounts of the acid and its conjugate base. Unless this ratio is between ________, the buffer capacity will be too low to be useful. The buffer is most efficient at maintaining constant pH when the [conjugate base]/[weak acid] ratio is ________.

Short Answer Questions

1. Explain the mechanism of buffer action for the buffer solution composed of aqueous ammonia and ammonium chloride.

2. Can $NaHCO_3$ alone be used for preparing a buffer solution?

3. What is buffer capacity? What are the factors affecting the buffer capacity?

4. Explain the increase or decrease in the pH and the buffer ratio, $[A^-]/[HA]$, of a buffer in each of the following cases:

(a) Add 0. 1 mol · L^{-1} NaOH to the buffer; (b) Add 0. 1 mol · L^{-1} HCl to the buffer; (c) Dissolve pure NaA in the buffer; (d) Dissolve pure HA in the buffer

5. Describe how you would prepare a "phosphate buffer" at a pH of about 7. 40.

Calculations

1. How to prepare 100 mL phosphatic buffer with pH=7. 21 by using 0. 020 mol · L^{-1} NaOH and 0. 020 mol · L^{-1} H_3PO_4? (For H_3PO_4, $pK_{a1}=2.12$, $pK_{a2}=7.21$, and $pK_{a3}=12.67$)

2. A buffer is prepared by mixing equal volumes of 0. 1 mol · L^{-1} NaAc and 0. 2 mol · L^{-1} HAc. What is the pH of the final solution? The pK_a of HAc is 4. 74. What will the pH be after the addition of 0. 005 mol of NaOH(s) to 500 mL of the buffer solution described above?

3. Calculate the pH of a buffer prepared by mixing HA with NaA. The buffer contains HA at a concentration of 0. 25 mol · L^{-1}. After 0. 20 g NaOH is added to 100 mL of this buffer, the pH of the resulting solution is 5. 60. The acid-ionization

constant of HA is 5.0×10^{-6}.

4. If 30.00 mL of 0.1 mol · L^{-1} HB is added to 20.00 mL of 0.1 mol · L^{-1} KOH to give a final volume of 100 mL, the pH of the resulting solution is 5.3. What is the K_a of HB?

5. The HCO_3^-/H_2CO_3 buffer system, is the most important one in buffering blood. 6.10 is pK'_{a1} of carbonic acid in blood at body temperature (37 ℃). The pH of the blood in a healthy individual remains remarkably constant at 7.40. What is the $[HCO_3^-]/[H_2CO_3]$ ratio in this buffer?

扫码看答案

Chapter 5 Colloids

PERFORMANCE GOALS

1. Understand the terms: colloidal state, dispersed phase, and dispersion medium. Grasp the character of colloid disperse system. Distinguish different kinds of colloidal systems.

2. Describe and distinguish between (a) hydrophilic and hydrophobic sol; (b) positive and negative adsorption.

3. Know the conceptions of surface energy, the surface tension and the relation between them.

4. Understand kinetic, optical and electric properties of sols. Know well the effect of electrolyte on the colloid stability.

5. Understand the conceptions of surface active agent and emulsion.

6. Know some of similarities and differences between macromolecule solution and colloid.

OVERVIEW OF THE CHAPTER

1. The important characteristic of the colloidal state is that the diameters of the particles must be in the range $1 \sim 100$ nm. The two phases involved in a colloidal system may be distinguished by the terms disperse phase forming the particle, and dispersion medium in which the particles are distributed (or dispersed).

The particle size in colloids is such that they pass through holes of filter paper, but not through a semipermeable membrane. Many individual protein molecules and other large biological molecules are colloidal in size.

2. The properties of sols are: (1) Tyndall effect; (2) Brownian movement; and (3) Electric behaviors including electrophoresis and electroosmosis.

If light is passed through a colloid, the light is scattered by the larger, colloidal particles, the beam becomes visible from the side. This effect is called the Tyndall effect. The Tyndall effect can be used to differentiate between a colloidal dispersion and a true solution.

When observed in the ultramicroscope colloidal particles are seen to be undergoing continuous and rapid motion in all directions; in other words, the particles exhibit Brownian movement. The Brownian movement is primarily responsible for keeping colloidal particles from settling.

One of the most important properties of dispersed colloidal particles is that they are usually electrically charged. The phenomenon of the migration of colloidal particles under the influence of an electrical potential is called electrophoresis. When electrophoresis of a dispersoid is prevented by some suitable means, the medium can be made to move under the influence of an applied electric field. This phenomenon is referred to as electroosmosis.

Why are colloidal dispersions stable? The answer is the charges on colloidal particles, the extensive solvation and Brownian movement.

The charges on colloidal particles result from the preferential adsorption of ions which are common to them in the dispersion medium. The net charge at the particle surface affects the ion distribution in the nearby region, increasing the concentration of counterions close to the surface. Thus, an electrical double layer is formed in the region of the particle-liquid interface. This double layer consists of two parts: an inner region (Stern layer or adsorbed layer) that includes ions bound relatively tightly to the surface, and an outer region (diffuse layer) where a balance of electrostatic forces and random thermal motion determines the ion distribution. Thus, the structure of iron(Ⅲ) hydroxide sol can be written as follows

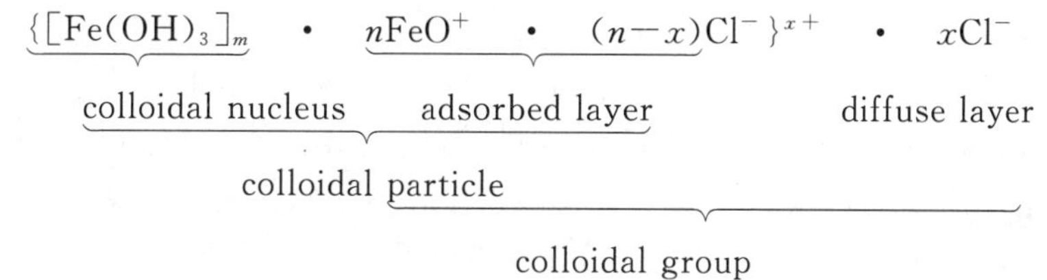

There are several methods of bringing about the coagulation of colloidal dispersions. In many cases, heating is all that is necessary. Perhaps the most effective way of coagulating colloidal dispersions of the sol is by adding an electrolyte. Note that the greater the magnitude of the opposite charge, the more effective is the coagulation. Finally, the mixing of two colloidal dispersions whose particles are oppositely charged causes both to coagulate.

3\. Macromolecules, polymers, high polymers, and giant molecules are high molecular weight materials composed of repeating structural units which are connected by covalent chemical bonds. Macromolecules involving C—C single bond have freedom of rotation, and the bond has more flexibility in this regard. In a good solvent, the macromolecule appears swollen and occupies a large volume. The solutions are formed spontaneously and they are thermodynamically stable.

4\. A solute that significantly lowers the surface tension is said to be a surface active agent or surfactant. Commonly, all of surface active agents have both a hydrophobic and a hydrophilic end, so they can link water with hydrophilic end and oil with hydrophobic end to mix the water and oil.

A colloidal dispersion of one liquid in another immiscible with it is called an emulsion. Such emulsions prepared from the pure liquids only are generally not stable and settle out on standing. To prevent this, small quantities of substances called emulsifying agents or emulsifiers are added during preparation to stabilize the emulsions. If we employ the term oil to designate any liquid immiscible with water and capable of forming an emulsion with it, we may classify emulsions into two classes: (1) emulsions of oil in water (O/W), in which the disperse phase is the oil while water is the medium; and (2) emulsions of water in oil (W/O), in which the functions of the two are reversed.

EXAMPLES

1. If 12 mL of 0.02 mol · L^{-1} KCl solution is added to 100 mL of 0.05 mol · L^{-1} $AgNO_3$, a AgCl sol results. Draw the structure of AgCl sol and point out the colloidal nucleus, adsorbed layer, diffuse layer, colloidal particle, and colloidal group.

Solution:

$$n(KCl)=0.24\ mmol; n(AgNO_3)=5\ mmol.$$

Thus, $n(Ag^+)>n(Cl^-)$. The positively charged silver chloride sol formed in the presence of an excess of silver (positive) ions can be written as

$$\{\underbrace{\underbrace{(AgCl)_m}_{\text{colloidal nucleus}} \cdot \underbrace{nAg^+ \cdot (n-x)\ NO_3^-\}^{x+}}_{\text{adsorbed layer}}}_{\text{colloidal particle}} \cdot \underbrace{xNO_3^-}_{\text{diffuse layer}}$$

colloidal group

2. What is an emulsion? Describe the two main types of emulsions. How may they be distinguished?

Solution:

A colloidal dispersion of one liquid in another immiscible with it is called an emulsion.

If we employ the term oil to designate any liquid immiscible with water and capable of forming an emulsion with it, we may classify emulsions into two classes: (1) emulsions of oil in water (O/W), in which the disperse phase is the oil while water is the medium; and (2) emulsions of water in oil (W/O), in which the functions of the two are reversed.

To find out whether an emulsion is oil in water or water in oil, the effect of adding a small amount of either oil or water to a sample of the emulsion on a microscope slide is observed. If you add the external phase, it will mix easily and quickly, but the internal phase will not mix and remain a drop. This is called the dilution test.

SELF-HELP TEST

Multiple Choice

1. What are compounds called when they do not interact with water? ( )

(a) Hydrophilic. (b) Hydrophobic. (c) Ionic. (d) Acidic.

2. An example of a colloid which is an emulsion is ( ).

(a) wipped cream (b) milk (c) fog (d) gelatin

3. An emulsion is always between ( ).

(a) two solids (b) a solid and liquid

(c) two gases (d) two liquids

4. Aluminum hydroxide forms a positively charged sol. Which of the following ionic substances should be most effective in coagulating the sol? ( )

(a) $NaCl$ (b) $CaCl_2$ (c) $Fe_2(SO_4)_3$ (d) K_3PO_4

5. Michael Faraday first prepared ruby-red colloids of gold particles in water that were stable for indefinite times. To the unaided eye these brightly colored colloids are not distinguishable from solutions. How could you determine whether a given colored preparation is a solution or colloid? ( )

(a) Tyndall effect. (b) Brownian motion.

(c) Electrophoresis. (d) Electroosmosis.

6. Which of the following factors helps determine the stability of a colloidal dispersion? ( )

(a) Particulate mass. (b) Hydrophobic character.

(c) Charges on colloidal particles. (d) Tyndall effect.

7. Which of the following is a hydrophilic colloid? ( )

(a) Butterfat in homogenized milk. (b) Hemoglobin in blood.

(c) Vegetable oil in a salad dressing. (d) Clay particles in water.

8. The fluid inside a bacterial cell is considered ( ).

(a) a solution (b) a colloid

(c) both a solution and a colloid (d) none of the above

9. The minimum concentration of an electrolyte, which is able to bring about

the flocculation of a sol,is called its flocculation value. Which of the following ionic substances should have the lowest flocculation value for coagulating a negatively sol? ( )

(a) NaCl (b) $CaCl_2$ (c) $Fe_2(SO_4)_3$ (d) K_3PO_4

10. Colloids can be purified by ( ).

(a) peptization (b) coagulation (c) centrifugation (d) dialysis

11. What is one property of a suspension that is different from that of a solution or a colloid? ( )

(a) If left to rest, the particles of a suspension will settle out.

(b) The particles of a suspension reflect light.

(c) A suspension is always clear.

(d) Suspensions are colorless.

12. Tyndall effect in colloids is due to ( ).

(a) dispersion of light (b) merging of light rays

(c) scattering of light (d) convergence of light rays

13. Colloids ( ).

(a) can be separated by filtering (b) settle out when allowed to stand

(c) scatter light (d) are heterogeneous

14. An example of an emulsifying agent would be ( ).

(a) oil (b) soap (c) water (d) salt

15. An example of a homogeneous mixture is ( ).

(a) sand and water (b) flour and water

(c) salt dissolved in water (d) oil and water

16. Which statement is true about Brownian motion? ( )

(a) When observed in the ultramicroscope colloidal particles are seen to exhibit Brownian movement.

(b) Brownian motion is the random movement of colloid particles.

(c) Brownian movement is primarily responsible for keeping collidal particles from settling.

(d) All of the above.

17. A hydrophobic colloid is most likely to be stabilized in water by the presence of ( ).

(a) sodium ions, Na^+ (b) benzene molecules, C_6H_6

(c) stearate ions, $C_{17}H_{35}COO^-$ (d) sucrose molecules, $C_{12}H_{22}O_{11}$

18. The colloidal solution of arsenic sulphide prefers to absorb ( ).

(a) NO_3^- (b) K^+ (c) S^{2-} (d) H^+

19. What are the surface active agents? (　　)

(a) These substances produce a marked reduction in surface tension of a solvent.

(b) These substances produce a marked increase in surface tension of a solvent.

(c) These substances produce a reduction in surface tension of a solute.

(d) These substances produce an increase in surface tension of a solute.

20. Which of the following can act as a protective colloid? (　　)

(a) Gelatin　　(b) Silica gel

(c) Oil-in-water emulsion　　(d) All of the above

21. Which of the following electrolytes will be most effective in the coagulation of arsenious sulphide sol? (　　)

(a) $NaNO_3$　　(b) $MgSO_4$　　(c) $AlPO_4$　　(d) $K_4[Fe(CN)_6]$

22. The migration of positively charged colloidal particles, under an electrical field, towards the "-" electrode is called (　　).

(a) electrophoresis　　(b) electroosmosis

(c) sedimentation　　(d) electrodialysis

23. Smoke is a dispersion of (　　).

(a) gas in gas　　(b) gas in solid　　(c) solid in gas　　(d) liquid in gas

24. In the process of electroosmosis (　　).

(a) only colloidal particles move towards the electrodes

(b) both colloidal particles and dispersion medium move

(c) only dispersion medium moves to carry the current

(d) positively charged colloidal particles move, but negatively charged particles remain stationary

25. Which of the following colligative properties can be used to characterize colloidal particles? (　　)

(a) Lowering in vapour pressure.　　(b) Elevation in boiling point.

(c) Depression in freezing point.　　(d) Osmotic pressure.

True or False

1. There is no colloid in which both the dispersed substance and the dispersing substance are gases.　　(　　)

2. Dilute unstabilized emulsions are said to resemble lyophobic sols, while stabilized emulsions are like lyophilic sols.　　(　　)

3. These different types of colloids have different names: a foam is a gas dispersed in a liquid or solid; a liquid aerosol is a liquid dispersed in a gas; a solid

aerosol or a smoke is a solid dispersed in a gas; an emulsion is a liquid dispersed in a liquid; a gel is a liquid dispersed in a solid; and a sol is a solid dispersed in a liquid or solid. ( )

4. Any solute which causes the surface tension of the solvent decrease will have a lower concentration in the surface than in the bulk of the solution. This behavior is known as negative adsorption. ( )

5. The charges on colloidal particles result from the adsorption of ions that exist in the dispersion medium. The colloidal nucleus appears to have a preference for adsorbing ions which are common to them. If a colloidal particle preferentially adsorbs positive ions, it acquires a positive charge. ( )

6. The negative silver iodide sol formed in the presence of an excess of KI may be represented as

$$\{(AgI)_m \cdot nI^- \cdot (n-x)K^+\}^{x-} \cdot xK^+$$

where $(AgI)_m$ represents a small particle of silver iodide, called colloidal nucleus; $\{(AgI)_m \cdot nI^- \cdot (n-x)K^+\}^{x-}$ represents the dispersed particle itself; the ions of opposite sign, K^+, present in excess on the solution side is diffuse layer. ( )

7. The order of efficiency in coagulating the positive sol would be: $NaCl > MgSO_4 > Na_3PO_4$. ( )

8. The addition of small amount of a macromolecule to a sol frequently renders the latter less sensitive to the precipitating effect of electrolytes. On the other hand, the addition of large amount of a macromolecule to a sol frequently renders the latter more sensitive to the precipitating effect of electrolytes. ( )

9. If the pH is adjusted to the pI, the net charge is zero and the protein molecules can aggregate, precipitating from solution. ( )

10. Any water added to the emulsion of W/O will be readily miscible with it, while oil will not. ( )

Fill in the Blanks

1. Properties peculiar to colloids are ________, ________, and ________.

2. A solute that significantly lowers the surface tension is said to be ________. Commonly, all of surface active agent have both ________ and ________ end.

3. Electrophoresis is the movement of ________ under the influence of an applied electric field. Electroosmosis is the movement of ________ under the influence of an electric field.

4. The factors which determine the stability of a sol are ________, ________

and ________ respectively. The methods which bring about the coagulation of colloidal dispersions are ________, ________ and ________ respectively.

5. As with an individual protein, if the pH is lower than its pI, the protein has a net ________ charge; at a pH above the pI, the charge is ________.

Short Answer Questions

1. What is the factor that most commonly prevents colloidal particles from coalescing into larger aggregates? How can colloids be coagulated?

2. What is an emulsifying agent? Describe the three main types of emulsifying agents. Give examples of their action.

3. What's the difference among a solution, a suspension, and a colloid? Give examples of each.

4. Describe the electrophoretic properties of sols. How are they utilized for the separation of proteins? What is meant by the isoelectric point of a protein sol?

5. Draw the structure of iron(Ⅲ) hydroxide sol and point out the colloidal nucleus, adsorbed layer, diffuse layer, colloidal particle, and colloidal group.

6. What's the difference between a sol and a macromolecular solution?

7. What's the difference between electrophoresis and electroosmosis?

8. If 100 mL of 0.05 mol · L^{-1} KI solution is added to 100 mL of 0.10 mol · L^{-1} $AgNO_3$, a AgI sol results. Draw the structure of AgI sol and point out the colloidal nucleus, adsorbed layer, diffuse layer, colloidal particle, and colloidal group.

9. Arsenic(Ⅲ) sulfide (As_2S_3) particles preferentially adsorb sulfide ions (S^{2-}) due to the ionization of H_2S, and become negatively charged. Indicate which of the following would be the most effective in coagulating colloidal arsenic sulfide: NaCl, $MgCl_2$, or $AlCl_3$.

10. Approximately 1000 years ago, a river delta was formed where the city of New Orleans is now located. This delta consists of deposited silt formerly held in colloidal dispersion in the mississippi River. Explain why this silt from the Mississippi River was deposited at the point where the river empties into the salt-laden Gulf of Mexico.

扫码看答案

Chapter 6 Thermochemistry and Thermodynamics

PERFORMANCE GOALS

1. Describe how heat flow in chemical reactions can be expressed as the change in enthalpy, ΔH.

2. Calculate the enthalpy change ($\Delta_r H_m^\ominus$) of a reaction by using Hess's law.

3. Calculate the heat of reaction from the standard enthalpy of formation.

4. Define entropy and calculate entropy changes in the reaction.

5. Define free energy and know that the sign of a free energy change corresponds to the direction of spontaneous reaction.

6. Determine the influence of temperature on free energy.

OVERVIEW OF THE CHAPTER

1. Both heat and work are forms of energy transfer. The internal energy, U, of the system includes both kinetic and potential energy, and is a state function. Changes in the internal energy obey the first law of thermodynamics, $\Delta U = Q + W$, where Q is the heat exchanged between the system and the surroundings and W is the work done on (or by) the system. If the system performs work on the surroundings, W is negative; if the surroundings do work on the system, then W is positive. Similarly, if the system absorbs heat from the surroundings, Q is positive; if the surroundings absorb heat from the system, Q is negative.

An example of a system that does work is a gas expanding against a constant opposing pressure. Under these circumstances, $W = -p_{ext}\Delta V$. If a process occurs without a change in the volume of the system, then $p_{ext}\Delta V$ is zero; the heat transferred at constant volume is ΔU ($\Delta U = Q_v$). If the system is allowed to perform only p-V work at constant pressure, then the heat transferred between the system and the surroundings is ΔH ($\Delta H = Q_p$), the change in enthalpy. Enthalpy is defined as $H = U + pV$, and it is a state function.

2. The heat absorbed or evolved during a reaction involving substances in their standard states can be calculated by Hess's law or the standard enthalpy of formation. Hess's law is more generally useful, however, in that it allows you to calculate the enthalpy change for one reaction from the values for others, whatever their source. For a reaction, $\Delta_r H_m^\ominus$ is the sum of the $\Delta_f H_m^\ominus$'s of the products

(multiplied by their coefficients in balanced chemical equation) minus the sum of the $\Delta_f H_m^\ominus$'s of the reactants (also multiplied by their coefficients).

$$\Delta_r H_m^\ominus = \sum \Delta_f H_m^\ominus(\text{products}) - \sum \Delta_f H_m^\ominus(\text{reactants})$$

The standard enthalpy of formation ($\Delta_f H_m^\ominus$) is the amount of energy evolved or absorbed in the formation of one mole of the compound in its standard state from its constituent elements in their standard states (101.3 kPa pressure and a specified temperature, usually 25 ℃). A chemical equation must be provided before you can calculate the heat of reaction, since the heat evolved or absorbed depends on the amounts of the reactants present. A reaction for which $\Delta_r H_m^\ominus < \mathbf{0}$ transfers heat to the surroundings and is called exothermic. A reaction for which $\Delta_r H_m^\ominus > \mathbf{0}$ absorbs heat from the surroundings and is called endothermic.

3. Reactions are driven by both changes in enthalpy and changes in entropy, a measure of disorder. The most important factor that influences entropy changes is a change in phase, because gases are more disordered than liquids, and liquids are more disordered than solids. If there are more moles of gases on the product side of the equation, entropy increases.

The second law of thermodynamics states that, for any spontaneous process, the entropy of the universe increases, $\Delta S_{univ} = \Delta S_{sys} + \Delta S_{surr} > 0$. It is important to note that the second law of thermodynamics refers to the entropy of the universe, not that of the system or the surroundings. Although absolute energy and enthalpy measurements cannot be performed, entropy can be measured since there is a reference point. The entropy of a pure crystalline substance is zero at 0 K, as stated by the third law of thermodynamics.

4. Free energy, G, defined as $G = H - TS$, is a state function. For a change at constant temperature and pressure, $\Delta G = \Delta H - T\Delta S$. ΔG is negative for any spontaneous process and zero when the system is at equilibrium.

Changes in $\Delta_r G_m^\ominus$ can be calculated from tables of $\Delta_f G_m^\ominus$ for products and reactants ($\Delta_r G_m^\ominus = \sum \Delta_f G_m^\ominus(\text{products}) - \sum \Delta_f G_m^\ominus(\text{reactants})$) or from tables of $\Delta_f H_m^\ominus$ and $S_m^\ominus$ ($\Delta_r G_m^\ominus = \Delta_r H_m^\ominus - T\Delta_r S_m^\ominus$). The change in free energy is mainly influenced by temperature through the $T\Delta S$ term.

$\Delta_r H_m^\ominus$	$\Delta_r S_m^\ominus$	$-T\Delta_r S_m^\ominus$	$\Delta_r G_m^\ominus$	Description
−	+	−	−	Spontaneous at all T
+	−	+	+	Nonspontaneous at all T
+	+	−	+ or −	Spontaneous at higher T; nonspontaneous at lower T

续表

$\Delta_r H_m^\ominus$	$\Delta_r S_m^\ominus$	$-T\Delta_r S_m^\ominus$	$\Delta_r G_m^\ominus$	Description
$-$	$-$	$+$	$+$or$-$	Spontaneous at lower T; nonspontaneous at higher T

EXAMPLES

1. Calculate $\Delta_r H_m^\ominus$ for the reaction:

$$6C(g)+3H_2(g)\longrightarrow C_6H_6(l)$$

given the following set of reactions:

(1) $C_6H_6(l)+7\frac{1}{2}O_2(g)\longrightarrow 6CO_2(g)+3H_2O(l)$ $\Delta_r H_{m,1}^\ominus=-3267.6$ kJ · mol^{-1}

(2) $C(g)+O_2(g)\longrightarrow CO_2(g)$ $\Delta_r H_{m,2}^\ominus=-393.5$ kJ · mol^{-1}

(3) $H_2(g)+\frac{1}{2}O_2(g)\longrightarrow H_2O(l)$ $\Delta_r H_{m,3}^\ominus=-285.8$ kJ · mol^{-1}

Solution (1) $C_6H_6(l)+7\frac{1}{2}O_2(g)\longrightarrow 6CO_2(g)+3H_2O(l)$ $\Delta_r H_{m,1}^\ominus=-3267.6$ kJ · mol^{-1}

(2) $C(g)+O_2(g)\longrightarrow CO_2(g)$ $\Delta_r H_{m,2}^\ominus=-393.5$ kJ · mol^{-1}

(3) $H_2(g)+\frac{1}{2}O_2(g)\longrightarrow H_2O(l)$ $\Delta_r H_{m,3}^\ominus=-285.8$ kJ · mol^{-1}

$6\times(2)+3\times(3)-(1)$: $6C(g)+3H_2(g)\longrightarrow C_6H_6(l)$ $\Delta_r H_m^\ominus=6\times\Delta_r H_{m,2}^\ominus+3\times\Delta_r H_{m,3}^\ominus-\Delta_r H_{m,1}^\ominus$

$\Delta_r H_m^\ominus=6\times(-393.5\ \text{kJ}\cdot\text{mol}^{-1})+3\times(-285.8\ \text{kJ}\cdot\text{mol}^{-1})-(-3267.6\ \text{kJ}\cdot\text{mol}^{-1})=49.2\ \text{kJ}\cdot\text{mol}^{-1}$

2. Consider the reaction: $CH_3OH(l)\longrightarrow CH_4(g)+\frac{1}{2}O_2(g)$

	$CH_3OH(l)$	$CH_4(g)$	$O_2(g)$
$\Delta_f H_m^\ominus$(kJ · mol^{-1})	-239.2	-74.6	0
$S_m^\ominus$(J · mol^{-1} · K^{-1})	126.8	186.3	205.2

(a) Is the reaction spontaneous at standard conditions? Explain.

(b) Identify the temperature conditions at which the reaction is spontaneous. Show your work!

Solution

(a) $\Delta_r H_m^\ominus=1/2\Delta_f H_m^\ominus(O_2, g)+\Delta_f H_m^\ominus(CH_4, g)-\Delta_f H_m^\ominus(CH_3OH, l)$

$=1/2\times 0\ \text{kJ}\cdot\text{mol}^{-1}+(-74.6\ \text{kJ}\cdot\text{mol}^{-1})-(-239.2\ \text{kJ}\cdot\text{mol}^{-1})$

$=164.6\ \text{kJ}\cdot\text{mol}^{-1}$

$\Delta_r S_m^\ominus=1/2S_m^\ominus(O_2, g)+S_m^\ominus(CH_4, g)-S_m^\ominus(CH_3OH, l)$

$=1/2 \times 205.2\ \text{J}\cdot\text{mol}^{-1}\cdot\text{K}^{-1} + 186.3\ \text{J}\cdot\text{mol}^{-1}\cdot\text{K}^{-1} - 126.8\ \text{J}\cdot\text{mol}^{-1}\cdot\text{K}^{-1} = 162.1\ \text{J}\cdot\text{mol}^{-1}\cdot\text{K}^{-1}$

$\Delta_r G_m^\ominus = \Delta_r H_m^\ominus - T\Delta_r S_m^\ominus = 164.6\ \text{kJ}\cdot\text{mol}^{-1} - 298.15\ \text{K} \times 162.1 \times 10^{-3}\ \text{kJ}\cdot\text{mol}^{-1}\cdot\text{K}^{-1} = 116.2\ \text{kJ}\cdot\text{mol}^{-1}$

Because $\Delta_r G_m^\ominus$ is positive, the reaction should be nonspontaneous at 25 ℃ and 101.3 kPa.

(b) $\Delta_r G_m^\ominus = \Delta_r H_m^\ominus - T\Delta_r S_m^\ominus = 0$

Solving for T gives

$$T = \frac{\Delta_r H_{m,T}^\ominus}{\Delta_r S_{m,T}^\ominus} \approx \frac{\Delta_r H_{m,298.15}^\ominus}{\Delta_r S_{m,298.15}^\ominus} = \frac{164.6\ \text{kJ}\cdot\text{mol}^{-1}}{162.1\times 10^{-3}\ \text{kJ}\cdot\text{mol}^{-1}\cdot\text{K}^{-1}} = 1015\ \text{K}$$

SELF-HELP TEST

Multiple Choice

1. For which of the following equations is the enthalpy change at 25 ℃ and 101.3 kPa equal to $\Delta_f H_m^\ominus(CH_3OH, l)$? (   )

(a) $CO(g) + 2H_2(g) = CH_3OH(l)$

(b) $C(g) + 4H(g) + O(g) = CH_3OH(l)$

(c) $C(g) + H_2O(g) + H_2(g) = CH_3OH(l)$

(d) $C(g) + 2H_2(g) + 1/2O_2(g) = CH_3OH(l)$

2. For which of the following substances is $\Delta_f G_m^\ominus$ equal to 0? (   )

(a) $Br_2(g)$ (b) $Ne(g)$ (c) $O_3(g)$ (d) $CO(g)$

3. At 25 ℃, $\Delta_r H_m^\ominus$ for the reaction $Ca(s) + 1/2\ O_2(g) = CaO(s)$ is $-635.5\ \text{kJ}\cdot\text{mol}^{-1}$. How many grams of calcium must combine with oxygen to liberate 1000 kJ of heat? (   )

(a) 40.0 (b) 62.9 (c) 24.5 (d) 25.4

4. The standard enthalpy change in kilojoules per mole at 25 ℃ for the reaction

$$CH_4(g) + 2\ O_2(g) = CO_2(g) + 2H_2O(g)$$

is the value of (   ).

[$\Delta_f H_m^\ominus(H_2O, g) = -241.8\ \text{kJ}\cdot\text{mol}^{-1}$, $\Delta_f H_m^\ominus(H_2O, l) = -285.84\ \text{kJ}\cdot\text{mol}^{-1}$,

$\Delta_f H_m^\ominus(CO_2, g) = -393.51\ \text{kJ}\cdot\text{mol}^{-1}$, $\Delta_f H_m^\ominus(CH_4, g) = -74.81\ \text{kJ}\cdot\text{mol}^{-1}$]

(a) $-393.51 - 2\times 241.83 + 74.81$ (b) $-393.51 - 2\times 285.84 - 74.81$

(c) $-393.51 - 2\times 285.84 + 74.81$ (d) $-393.51 + 2\times 241.83 - 74.81$

5. Which of the following is not a state function? (   )

(a) Internal energy (b) Free energy

(c) Work (d) Enthalpy

6. Given the standard enthalpies at 25 ℃, in kilojoules per mole, for the following two reactions:

$Fe_2O_3(s)+3/2C(s)=3/2CO_2(g)+2Fe(s)$ $\Delta_r H_m^\ominus=+234.1$ kJ · mol^{-1}

$C(s)+O_2(g)=CO_2(g)$ $\Delta_r H_m^\ominus=-393.5$ kJ · mol^{-1}

the $\Delta_r H_m^\ominus$ value for $4Fe(s)+3O_2(g)=2Fe_2O_3(s)$ is calculated as (　　).

(a) $3/2\times(-393.5)-234.1$　　(b) $3/2\times(-393.5)+234.1$

(c) $-393.5-234.1$　　(d) $3\times(-393.5)-2\times234.1$

7. A gas absorbs 100 J of heat and is simultaneously compressed by a constant external pressure of 151.95 kPa from 8.00 to 2.00 L in volume. What is ΔU in joules for the gas? (　　)

(a) −812　　(b) 1012　　(c) −912　　(d) +912

8. For the gas-phase decomposition: $PCl_5(s)=PCl_3(g)+Cl_2(g)$

(a) $\Delta H<0$ and $\Delta S<0$　　(b) $\Delta H>0$ and $\Delta S>0$

(c) $\Delta H>0$ and $\Delta S<0$　　(d) $\Delta H<0$ and $\Delta S>0$

9. For the reaction at 25 ℃, $2SO_2(g)+O_2(g)=2SO_3(g)$, $\Delta_r S_m^\ominus$ is −188.0 J · mol^{-1} · K^{-1}, and $\Delta_r H_m^\ominus$ is −197.7 kJ · mol^{-1}. What is $\Delta_r G_m^\ominus$ for this reaction in kilojoules per mole (kJ · mol^{-1}) at 25 ℃? (　　)

(a) −253.8　　(b) −193.0　　(c) −141.6　　(d) 5.586×10^4

10. Given the thermochemical equations:

$Br_2(l)+F_2(g)=2BrF(g)$ $\Delta_r H_m^\ominus=-188$ kJ · mol^{-1}

$Br_2(l)+3F_2(g)=2BrF_3(g)$ $\Delta_r H_m^\ominus=-768$ kJ · mol^{-1}

determine $\Delta_r H_m^\ominus$ for the reaction $BrF(g)+F_2(g)=BrF_3(g)$ $\Delta_r H_m^\ominus=?$ (　　)

(a) −956kJ · mol^{-1}　　(b) −580 kJ · mol^{-1}

(c) −478 kJ · mol^{-1}　　(d) −290 kJ · mol^{-1}

11. For which of the following reactions is $\Delta S<0$? (　　)

(a) $C_6H_6(s)=C_6H_6(l)$

(b) $2NO_2(g)=N_2(g)+2O_2(g)$

(c) $2IBr(g)=I_2(s)+Br_2(l)$

(d) $(NH_4)_2CO_3(s)=2NH_3(g)+H_2O(g)+CO_2(g)$

12. For which of these is $\Delta_f H_m^\ominus$ not equal to zero? (　　)

(a) $Br_2(l)$　　(b) $Fe(s)$　　(c) $I_2(s)$　　(d) $O_3(g)$

13. If a process is both endothermic and spontaneous then (　　).

(a) $\Delta S>0$　　(b) $\Delta S<0$　　(c) $\Delta H<0$　　(d) $\Delta G>0$

14. For a particular reaction, it has been determined that the value of $\Delta_r H_m^\ominus=17.2$ kJ · mol^{-1} and the value of $\Delta_r S_m^\ominus=56.2$ J · mol^{-1} · K^{-1}. At what Celsius temperature does the reaction become spontaneous? (　　)

(a) 0.306 ℃ (b) 33 ℃ (c) 122 ℃ (d) 306 ℃

15. What is the standard enthalpy of formation of MgO(s) if 300.9 kJ is evolved when 20.15 g of MgO(s) is formed by the combustion of magnesium under standard conditions? ( )

(a) $-601.8\ kJ \cdot mol^{-1}$ (b) $-300.9\ kJ \cdot mol^{-1}$

(c) $+300.9\ kJ \cdot mol^{-1}$ (d) $+601.8\ kJ \cdot mol^{-1}$

16. The standard enthalpy of formation of propane, C_3H_8, is $-103.6\ kJ \cdot mol^{-1}$. Calculate the heat of combustion of one mole of C_3H_8. The heats of formation of $CO_2(g)$ and $H_2O(l)$ are $-394\ kJ \cdot mol^{-1}$ and $-285.8\ kJ \cdot mol^{-1}$, respectively. Which one is correct? ( )

(a) $1856\ kJ \cdot mol^{-1}$ (b) $-1939.1\ kJ \cdot mol^{-1}$

(c) $2060.0\ kJ \cdot mol^{-1}$ (d) $2221.6\ kJ \cdot mol^{-1}$

17. For the formation of one mole of each of these gases from their elements, which reaction is most endothermic? ( )

(a) CO ($\Delta_f H_m^{\ominus} = -110.5\ kJ \cdot mol^{-1}$) (b) NO_2 ($\Delta_f H_m^{\ominus} = +33.9\ kJ \cdot mol^{-1}$)

(c) O_3 ($\Delta_f H_m^{\ominus} = +142.2\ kJ \cdot mol^{-1}$) (d) SO_2 ($\Delta_f H_m^{\ominus} = -300.4\ kJ \cdot mol^{-1}$)

18. $4Li(s) + O_2(g) \xlongequal{\quad} 2Li_2O(s)$. At 25 ℃, $\Delta_r H_m^{\ominus}$ for this reaction is -598.8 kilojoules per mole of $Li_2O(s)$ formed. What mass of Li should be reacted with excess $O_2(g)$ in order to release 150 kJ? ( )

(a) 0.874 g (b) 1.74 g (c) 3.48 g (d) 6.98 g

19. When these substances are arranged in order of increasing $S_m^{\ominus}$ values at 25 ℃, what is the correct order? ( )

(a) Na(s), $Cl_2(g)$, NaCl(s) (b) NaCl(s), $Cl_2(g)$, Na(s)

(c) $Cl_2(g)$, NaCl(s), Na(s) (d) Na(s), NaCl(s), $Cl_2(g)$

20. The $\Delta_r H_m^{\ominus}$ and $\Delta_r S_m^{\ominus}$ values for a particular reaction are $-60.0\ kJ \cdot mol^{-1}$ and $-0.200\ kJ \cdot mol^{-1} \cdot K^{-1}$ respectively. Under what conditions is this reaction spontaneous? ( )

(a) all conditions (b) $T < 300$ K (c) $T = 300$ K (d) $T > 300$ K

21. For the reaction, $2\ Fe_2O_3(s) + 3\ C(g) \xlongequal{\quad} 4\ Fe(s) + 3\ CO_2(g)$, $\Delta_r H_m^{\ominus} = +467.9\ kJ \cdot mol^{-1}$ and $\Delta_r S_m^{\ominus} = +560.3\ J \cdot mol^{-1} \cdot K^{-1}$. What statement is true regarding the reaction? ( )

(a) The reaction may occur spontaneously at all temperatures.

(b) The reaction will never occur spontaneously at any temperature.

(c) The reaction may occur spontaneously, but only at high temperatures.

(d) The reaction may occur spontaneously, but only at low temperatures.

22. Which reaction occurs with an increase in entropy? ( )

(a) $2C(s)+O_2(g)=2CO(g)$

(b) $2H_2S(g)+SO_2(g)=3S(s)+2H_2O(g)$

(c) $4Fe(s)+3O_2(g)=2Fe_2O_3(s)$

(d) $CO(g)+2H_2(g)=CH_3OH(l)$

23. Consider this reaction: $2N_2H_4(l)+N_2O_4(l)=3N_2(g)+4H_2O(g)$ $\Delta H=-1078\ kJ\cdot mol^{-1}$ How much energy is released by this reaction during the formation of 140 g of $N_2(g)$? (   )

(a) 1078 kJ (b) 1797 kJ (c) 3234 kJ (d) 5390 kJ

24. The following reaction is exothermic: $CO(g)+Cl_2(g)=COCl_2(g)$. What can be inferred from the reaction? (   )

(a) The reaction is spontaneous only at high temperatures.

(b) The reaction is spontaneous only at low temperatures.

(c) The reaction is spontaneous at all temperatures.

(d) The reaction is nonspontaneous at all temperatures.

25. Which of the following substances would have the highest entropy at 25 ℃? (   )

(a) $O_3(g)$ (b) $O(g)$ (c) $H_2O(l)$ (d) $O_2(s)$

True or False

1. $\Delta H<0$ for an endothermic reaction. (   )

2. The heat applied to a system is a state function. (   )

3. For the following reaction at standard state conditions, $2H_2(g)+O_2(g)=2H_2O(l)$, the heat of reaction is the same as $\Delta_f H_m^\ominus$ for $H_2O(l)$. (   )

4. A reaction that has a negative ΔG proceeds spontaneously and rapidly. (   )

5. Entropy is a quantitative measure of the disorder of a system. (   )

6. Free energy change is a measure of the "available work or energy" possible from a system. (   )

7. A positive free energy change for a reaction infers a spontaneous reaction. (   )

8. Values for $\Delta_r H_m^\ominus$ and $\Delta_r S_m^\ominus$ are relatively independent of temperature. Thus, value for $\Delta_r G_m^\ominus$ is independent of temperature. (   )

9. The second law of thermodynamics means that the entropy of a perfectly crystalline substance is zero at 0 K. (   )

10. $\Delta_f H_m^\ominus=\Delta_f G_m^\ominus=S_m^\ominus=0$ (for any element in its most stable form). (   )

Fill in the Blanks

1. The specific part of the universe that is under study in chemical

thermodynamics is called the ________.

2. The numerical value for a change in internal energy is independent of how the change is achieved, so the internal energy is called a ________.

3. It is correct to say that $\Delta H = Q$ under the condition that ________.

4. A pure substance exists in its standard state at a temperature of ________ and a pressure of ________.

5. The method of calculating $\Delta_r H_m^\ominus$ for any reaction by using a sum of $\Delta_f H_m^\ominus$ for each substance is described by a law known as ________.

Short Answer Questions

1. For each of the following, identify the state function and give the extensive property:

T, p, V, ΔU, ΔH, ΔG, S, G, Q_p, Q_v, Q, W

2. Without referring to Appendix D, predict the sign of ΔH, ΔS and ΔG for each of the following processes:

(a) 1 mol water vapor condenses to liquid water at 100 ℃ and 101. 3 kPa pressure.

(b) Methane burning in air.

(c) Water decomposing to $H_2(g)$ and $O_2(g)$ at room temperature and 101. 3 kPa pressure.

(d) KNO_3 solid dissolving in the water.

3. Distinguish between the terms spontaneous and nonspontaneous. Is it possible for a nonspontaneous process to occur? Explain.

4. (a) What is the entropy of a perfect crystal at absolute zero (0 K)?

(b) Does the entropy increase or decrease as the temperature rises?

(c) Why does $\Delta_f H_m^\ominus = 0$ for an element in its standard state, but $S_m^\ominus > 0$?

(d) Why do tables of thermodynamic values list $\Delta_f H_m^\ominus$ values but not $\Delta_f S_m^\ominus$ values?

5. Without consulting Appendix D, arrange each of the following groups in order of decreasing standard molar entropy, $S_m^\ominus$, and explain your choice:

(a) $O_2(l)$, $O_3(g)$, $O_2(g)$

(b) $NaCl(s)$, $Na_2O(s)$, $Na_2CO_3(s)$, $NaNO_3(s)$, $Na(s)$

(c) $H_2(g)$, $F_2(g)$, $Br_2(g)$, $Cl_2(g)$, $I_2(g)$

Calculations

1. Calculate $\Delta_r H_m^\ominus$ for the reaction

$$FeO(s) + CO(g) \longrightarrow Fe(s) + CO_2(g)$$

from the following thermochemical data:

(1) $Fe_2O_3(s)+3CO(g)=\!=\!=2Fe(s)+3CO_2(g)$ $\Delta_r H^{\ominus}_{m,1}=-26.8\ kJ\cdot mol^{-1}$

(2) $3Fe_2O_3(s)+CO(g)=\!=\!=2Fe_3O_4(s)+CO_2(g)$ $\Delta_r H^{\ominus}_{m,2}=-58.2\ kJ\cdot mol^{-1}$

(3) $Fe_3O_4(s)+CO(g)=\!=\!=3FeO(s)+CO_2(g)$ $\Delta_r H^{\ominus}_{m,3}=-38.4\ kJ\cdot mol^{-1}$

2. Consider the reaction, $2POCl_3(g)=\!=\!=2PCl_3(g)+O_2(g)$

	$2POCl_3(g)$	$2PCl_3(g)$	$O_2(g)$
$S^{\ominus}_m(J\cdot mol^{-1}\cdot K^{-1})$	325	311.7	205.0
$\Delta_f G^{\ominus}_m(kJ\cdot mol^{-1})$	−502.5	−269.6	0

(a) Is the reaction spontaneous at standard conditions? Explain.

(b) Is the reaction endothermic or exothermic at standard conditions? Explain.

(c) Identify the temperature conditions at which the reaction is spontaneous.

3. The following data are given for solid ammonium chloride: $\Delta_f H^{\ominus}_m(NH_4Cl, s)=-314.4\ kJ\cdot mol^{-1}$; $\Delta_f G^{\ominus}_m(NH_4Cl, s)=-201.5\ kJ\cdot mol^{-1}$. Explain why $\Delta_f G^{\ominus}_m(NH_4Cl, s)$ is more positive than $\Delta_f H^{\ominus}_m(NH_4Cl, s)$.

4. An important reaction in the production of sulfuric acid is the oxidation of $SO_2(g)$ to $SO_3(g)$:

$$2SO_2(g)+O_2(g)=\!=\!=2SO_3(g)$$

At 298 K, $\Delta_r G^{\ominus}_m=-141.6\ kJ\cdot mol^{-1}$; $\Delta_r H^{\ominus}_m=-198.4\ kJ\cdot mol^{-1}$; and $\Delta_r S^{\ominus}_m=-187.9\ J\cdot mol^{-1}\cdot K^{-1}$.

(a) Use the data to decide if this reaction is spontaneous at 25 ℃ and how $\Delta_r G^{\ominus}_m$ will change with increasing T.

(b) Assuming $\Delta_r H^{\ominus}_m$ and $\Delta_r S^{\ominus}_m$ are constant with T, is the reaction spontaneous at 900 ℃?

5. One reaction used to produce small quantities of pure $H_2(g)$ is:

	$CH_3OH(g)$	$=\!=\!=$	$CO(g)$	+	$2H_2(g)$
$\Delta_f G^{\ominus}_m(kJ\cdot mol^{-1})$	−161.9		−137.2		0
$\Delta_f H^{\ominus}_m(kJ\cdot mol^{-1})$	−201.2		−110.5		0

(a) Predict the sign of $\Delta_r S^{\ominus}_m$. Explain.

(b) Determine $\Delta_r H^{\ominus}_m$ and $\Delta_r S^{\ominus}_m$ for the reaction at 298 K.

(c) Assuming these values are relatively independent of temperature, calculate $\Delta_r G^{\ominus}_m$ at 38 ℃, 138 ℃, and 238 ℃.

(d) What do these different values of $\Delta_r G^{\ominus}_m$ mean?

扫码看答案

Chapter 7 Chemical Equilibrium

PERFORMANCE GOALS

1. Develop the relationship between standard free energy change and the equilibrium constant.

2. Altering Equilibrium Conditions: Le Chatelier's principle.

OVERVIEW OF THE CHAPTER

1. Concentration influences the free energy change since

$$\Delta_r G_m = \Delta_r G_m^\ominus + RT\ \ln Q = RT\ \ln(Q/K^\ominus)$$

If Q, the reaction quotient, is less than $K^\ominus$, then $\Delta_r G_m$ is less than 0, and the forward reaction proceeds spontaneously. When the system reaches equilibrium, then $\Delta_r G_m$ is 0 and Q is equal to $K^\ominus$, so $\Delta_r G_m^\ominus$ can be related to the equilibrium constant:

$$\Delta_r G_m^\ominus = -RT\ln K^\ominus$$

2. **Le Chatelier's principle** allows us to predict the effects of changes in temperature, pressure, and concentration on a system at equilibrium. Table below summarizes the effects of changing conditions on the position of equilibrium.

Disturbance	Net direction of reaction	Effect on value of $K^\ominus$
Concentration		
Increase [reactant]	Toward formation of product	None
Decrease [reactant]	Toward formation of reactant	None
Pressure (volume)		
Increase p	Toward formation of lower amount (mol) of gas	None
Decrease p	Toward formation of higher amount (mol) of gas	None
Temperature		
Increase T	Toward absorption of heat	Increases if $\Delta_r H_m^\ominus > 0$ Decreases if $\Delta_r H_m^\ominus < 0$
Decrease T	Toward release of heat	Increases if $\Delta_r H_m^\ominus < 0$ Decreases if $\Delta_r H_m^\ominus > 0$

续表

Disturbance	Net direction of reaction	Effect on value of $K^{\ominus}$
Catalyst added	None; rates of forward and reverse reactions increase equally	None

Not that all only changes in temperature affect the value of equilibrium constant, that is, all other changes except temperature can not influence the equilibrium position.

$$\ln\frac{K_2^{\ominus}}{K_1^{\ominus}}=\frac{\Delta_r H_m^{\ominus}}{R}\left(\frac{T_2-T_1}{T_1T_2}\right)$$

A temperature rise will increase $K^{\ominus}$ for a system with a positive $\Delta_r H_m^{\ominus}$ and decrease $K^{\ominus}$ for a system with a negative $\Delta_r H_m^{\ominus}$. Thus, a temperature rise will favor the endothermic (heat-absorbing) direction and temperature decrease favors the exothermic (heat-releasing) direction.

EXAMPLES

1. Calculate the equilibrium constant K_{sp} at 298.15 K for the reaction

$$AgCl(s) \rightleftharpoons Ag^+(aq)+Cl^-(aq)$$

using standard free energies of formation.

Solution Write the balanced equation with values of $\Delta_f G_m^{\ominus}$ below each formula.

$$
\begin{array}{llll}
 & AgCl(s) & \rightleftharpoons & Ag^+(aq)+Cl^-(aq) \\
\Delta_f G_m^{\ominus}(kJ\cdot mol^{-1}) & -109.8 & & 77.1 \quad -131.2
\end{array}
$$

$$
\begin{aligned}
\Delta_r G_m^{\ominus} &= \Delta_f G_m^{\ominus}(Ag^+,aq)+\Delta_f G_m^{\ominus}(Cl^-,aq)-\Delta_f G_m^{\ominus}(AgCl,s)\\
&=77.1\ kJ\cdot mol^{-1}+(-131.2\ kJ\cdot mol^{-1})-(-109.8\ kJ\cdot mol^{-1})\\
&=55.7\ kJ\cdot mol^{-1}
\end{aligned}
$$

Substitute the value of $\Delta_r G_m^{\ominus}$ at 298.15 K, which equals $55.7\times10^3\ J\cdot mol^{-1}$, into the equation relating $\ln K^{\ominus}$ and $\Delta_r G_m^{\ominus}$.

$$\ln K^{\ominus}=-\frac{\Delta_r G_m^{\ominus}}{RT}=-\frac{55.7\times10^3\ J\cdot mol^{-1}}{8.314\ J\cdot mol^{-1}\cdot K^{-1}\times 298.15\ K}=-22.47$$

$$K_{sp}=K^{\ominus}=1.7\times10^{-10}$$

2. For the following reaction, $\Delta_r G_m^{\ominus}=-31.05\ kJ\cdot mol^{-1}$ at 310.15 K

$$ATP \rightleftharpoons ADP+H_3PO_4$$

(a) What is the equilibrium concentration of ATP when $3.0\ mmol\cdot L^{-1}$ ADP and $1.0\ mmol\cdot L^{-1}$ H_3PO_4 react in a container at 310.15 K.

(b) If the actual concentration of ATP is $10\ mmol\cdot L^{-1}$, calculate $\Delta_r G_m$ for this reaction.

Solution

(a) $\Delta_r G_m^\ominus = -RT\ln K^\ominus$

$$\ln K^\ominus = -\frac{\Delta_r G_m^\ominus}{RT} = \frac{31.05\times10^3\ \text{J}\cdot\text{mol}^{-1}}{8.314\ \text{J}\cdot\text{mol}^{-1}\cdot\text{K}^{-1}\times310.15\ \text{K}} = 12.04$$

$K^\ominus = 1.7\times10^5$

Concentration ($\text{mol}\cdot\text{L}^{-1}$)	ATP	$\rightleftharpoons$	ADP	+	H_3PO_4
Initial	0		3.0×10^{-3}		1.0×10^{-3}
Change	$+x$		$-x$		$-x$
Equilibrium	x		$(3.0\times10^{-3}-x)$ $\approx3.0\times10^{-3}$		$(1.0\times10^{-3}-x)$ $\approx1.0\times10^{-3}$

$$K^\ominus = \frac{[\text{ADP}][H_3PO_4]}{[\text{ATP}]} = \frac{(3.0\times10^{-3})\times(1.0\times10^{-3})}{x} = 1.7\times10^5$$

$[\text{ATP}] = x = 1.8\times10^{-11}\ \text{mol}\cdot\text{L}^{-1}$

(b) $$Q = \frac{[c(\text{ADP})/c^\ominus][c(H_3PO_4)/c^\ominus]}{[c(\text{ATP})/c^\ominus]}$$

$$= \frac{3.0\times10^{-3}\ \text{mol}\cdot\text{L}^{-1}/1.0\ \text{mol}\cdot\text{L}^{-1}\times(1.0\times10^{-3}\ \text{mol}\cdot\text{L}^{-1}/1.0\ \text{mol}\cdot\text{L}^{-1})}{10\times10^{-3}\ \text{mol}\cdot\text{L}^{-1}/1.0\ \text{mol}\cdot\text{L}^{-1}}$$

$= 3.0\times10^{-4}$

$\Delta_r G_m = \Delta_r G_m^\ominus + RT\ln Q$

$= -31.05\ \text{kJ}\cdot\text{mol}^{-1} + 8.314\times10^{-3}\ \text{kJ}\cdot\text{mol}^{-1}\cdot\text{K}^{-1}\times310.15\ \text{K}\ \ln(3.0\times10^{-4})$

$= -51.97\ \text{kJ}\cdot\text{mol}^{-1}$

3. For the reaction

$$2SO_2(g) + O_2(g) = 2SO_3(g)$$

The value for the equilibrium constant, $K^\ominus$, at 800 K is 910. Estimate the value for $K^\ominus$ at 900 K. Assume that $\Delta_r H_m^\ominus$ is approximately independent of temperature.

Solution Here is the equation with the $\Delta_f H_m^\ominus$'s recorded beneath it:

	$2SO_2(g)$	+	$O_2(g)$	=	$2SO_3(g)$
$\Delta_f H_m^\ominus$ ($\text{kJ}\cdot\text{mol}^{-1}$)	-296.8		0		-395.7

$\Delta_r H_m^\ominus = 2\Delta_f H_m^\ominus(SO_3, g) - \Delta_f H_m^\ominus(O_2, g) - 2\Delta_f H_m^\ominus(SO_2, g)$

$= 2\times(-395.7\ \text{kJ}\cdot\text{mol}^{-1}) - (0\ \text{kJ}\cdot\text{mol}^{-1}) - 2\times(-296.8\ \text{kJ}\cdot\text{mol}^{-1})$

$= -197.8\ \text{kJ}\cdot\text{mol}^{-1}$

Using the van't Hoff equation, we have

$$\ln\frac{K_2^\ominus}{910} = \frac{-197.8\times10^3\ \text{J}\cdot\text{mol}^{-1}}{8.314\ \text{J}\cdot\text{mol}^{-1}\cdot\text{K}^{-1}} \times \frac{900\ \text{K} - 800\ \text{K}}{900\ \text{K}\times800\ \text{K}} = -3.304$$

$K_2^\ominus = 33.4$

SELF-HELP TEST

Multiple Choice

1. In a system at equilibrium, which of the following is not true? (　　)

(a) There are both reactants and products present.

(b) The forward and reverse reactions occur at the same rate.

(c) The concentrations of reactants and products are equal.

(d) The concentrations of reactants and products remain constant.

2. The equilibrium constant for a reaction that occurs totally in the gas phase is given below. What is the chemical equation for this equilibrium? (　　)

$$K_c=\frac{[CO_2][CF_4]}{[COF_2]^2}$$

(a) $CO_2+CF_4 \rightleftharpoons COF_2$　　(b) $CO_2+CF_4 \rightleftharpoons 2COF_2$

(c) $2COF_2 \rightleftharpoons CO_2+CF_4$　　(d) $COF_2 \rightleftharpoons CO_2+CF_4$

3. Which one of the following will increase the rate at which the state of equilibrium is attained, without affecting the position of equilibrium? (　　)

(a) Increasing the temperature.

(b) Increasing the pressure.

(c) Decreasing the concentration of the products.

(d) Adding a catalyst.

4. In the manufacture of methanol, when hydrogen is reacted with carbon monoxide over a catalyst of zinc and chromium oxides, the following equilibrium is established:

$2H_2(g)+CO(g) \rightleftharpoons CH_3OH(g)$　　$\Delta_r H_m^{\ominus}=-128.4\ kJ\cdot mol^{-1}$

Which one of the following changes would increase the percentage of carbon monoxide converted to methanol at equilibrium? (　　)

(a) Decreasing the total pressure.

(b) Increasing the temperature.

(c) Increasing the proportion of hydrogen in the mixture of gases.

(d) Increasing the surface area of the catalyst.

5. Which statement is true for a reaction at equilibrium? (　　)

(a) All reaction ceases.

(b) The reaction has gone to completion.

(c) The rates of the forward and reverse reactions are equal.

(d) The amount of product equals the amount of reactant.

6. When methane and steam are passed over a heated catalyst the equilibrium

below is established. Which one of the following will result in a change in the value of the equilibrium constant (K_c)? (   )

$$CH_4(g)+H_2O(g) \rightleftharpoons CO(g)+3H_2(g)$$

(a) Increasing the pressure.

(b) Adding more methane (CH_4).

(c) Decreasing the concentration of water.

(d) Increasing the temperature.

7. When 0.1 mol · L^{-1} aqueous solutions of silver nitrate and iron(Ⅱ) nitrate are mixed, the following equilibrium is established: $Ag^+(aq)+Fe^{2+}(aq) \rightleftharpoons Fe^{3+}(aq)+Ag(s)$

Which of the following changes would produce more silver? (   )

(a) Adding some iron (Ⅲ) nitrate solution.

(b) Adding more iron (Ⅱ) nitrate solution.

(c) Removing some of the Ag^+ ions by forming insoluble silver chloride.

(d) Increasing the total pressure.

8. The value of the equilibrium constant for the reaction, $2\,HBr(g) \rightleftharpoons H_2(g)+Br_2(g)$, is $K^{\ominus}=1.26\times10^{-12}$ at 500 K. This implies that (   ).

(a) the product concentrations will be large relative to the reactants at equilibrium

(b) the reaction has a large negative $\Delta_r G_m^{\ominus}$

(c) the rate of this reaction is very slow

(d) the reactants are much more thermodynamically stable than the products

9. For the reaction, $2SO_2(g)+O_2(g) \rightleftharpoons 2SO_3(g)$ $\Delta_r H_m^{\ominus}<0$. Which change (s) will increase the fraction of $SO_3(g)$ in the equilibrium mixture? (   )

Ⅰ. Increasing the pressure Ⅱ. Increasing the temperature Ⅲ. Adding a catalyst

(a) Ⅰ only (b) Ⅲ only (c) Ⅰ and Ⅲ only (d) Ⅰ, Ⅱ and Ⅲ

10. A collection of gases $N_2(g)$, $Cl_2(g)$ and $NCl_3(g)$ are in equilibrium in a reaction vessel.

$$N_2(g)+3\,Cl_2(g) \rightleftharpoons 2\,NCl_3(g)$$

Suddenly the vessel size is compressed to half its volume. What will happen? (   )

(a) The system will no longer be in equilibrium and more product will form as equilibrium is restored.

(b) The system will no longer be in equilibrium and more reactants will form as equilibrium is restored.

(c) Nothing will change. The system is at equilibrium.

(d) The equilibrium constant will get larger.

11. Which of the following is true for the reaction $H_2O(l) \rightleftharpoons H_2O(g)$ at 100 ℃ and 101.3 kPa pressure? (　　)

(a) $\Delta H=0$　　(b) $\Delta H=\Delta G$　　(c) $\Delta H=\Delta U$　　(d) $\Delta H=T\Delta S$

12. If $\Delta_f G_m^{\ominus}(HI, g)=+1.7\ kJ \cdot mol^{-1}$, what is the equilibrium constant at 25 ℃ for the reaction, $2HI(g) \rightleftharpoons H_2(g)+I_2(s)$? (　　)

(a) 24　　(b) 3.9　　(c) 2.0　　(d) 0.50

13. For the reaction system, $N_2(g)+3H_2(g) \rightleftharpoons 2NH_3(g)$, $\Delta_r H_m^{\ominus}>0$

the conditions that would favor maximum conversion of the reactants to products would be (　　).

(a) high temperature and high pressure

(b) high temperature, pressure unimportant

(c) high temperature and low pressure

(d) low temperature and high pressure

14. Consider this reaction. $2NO(g)+Cl_2(g) \rightleftharpoons 2NOCl(g)$ $\Delta H=-78.38\ kJ \cdot mol^{-1}$. What conditions of temperature and pressure will produce the highest yield of NOCl at equilibrium? (　　)

	T	P
(a)	high	high
(b)	high	low
(c)	low	high
(d)	low	low

15. Which of the following parameters is least affected by temperature changes? (　　)

(a) Free energy change, ΔG　　(b) Rate constant, k

(c) Equilibrium constant, $K^{\ominus}$　　(d) Activation energy, E_a

16. Given the equilibrium constants at 25 ℃ for the following two reactions:

$H_2(g)+S(s) \rightleftharpoons H_2S(g)$　$K_1^{\ominus}$　　$S(s)+O_2(g) \rightleftharpoons SO_2(g)$　$K_2^{\ominus}$

the $K^{\ominus}$ value for $H_2(g)+SO_2(g) \rightleftharpoons O_2(g)+H_2S(g)$ is calculated as (　　).

(a) $K_1^{\ominus}-K_2^{\ominus}$　　(b) $\frac{K_1^{\ominus}}{K_2^{\ominus}}$　　(c) $K_1^{\ominus} \cdot K_2^{\ominus}$　　(d) $K_1^{\ominus}+K_2^{\ominus}$

17. Three of the following four conditions will favor the formation of nitrogen gas for the endothermic equilibrium, $2NO(g)+2H_2(g) \rightleftharpoons N_2(g)+2H_2O(g)$

Which condition does not favor its formation? (　　)

(a) Increasing the heat of the system

(b) Increasing the moles of NO(g)

(c) Reducing the partial pressure of $H_2O(g)$

(d) Increasing the moles of $H_2O(g)$

18. Exactly 0.400 mol each of carbon monoxide gas, chlorine gas, and carbonyl chloride gas are sealed into a 0.770 L reaction vessel. $K^{\ominus}=7.52$ at 919 ℃ for the reaction, $CO(g)+Cl_2(g) \rightleftharpoons COCl_2(g)$. Which of the following statements is true regarding the conditions of the system? ( )

(a) The system is at equilibrium.

(b) The reaction quotient, Q, is greater than $K^{\ominus}$ and the reaction proceeds right to reach equilibrium.

(c) The reaction quotient, Q, is greater than $K^{\ominus}$ and the reaction proceeds left to reach equilibrium.

(d) The reaction quotient, Q, is less than $K^{\ominus}$ and the reaction proceeds right to reach equilibrium.

19. Which one is incorrect? ( )

(a) $\Delta_r G_m^{\ominus}=-RT\ln K^{\ominus}$

(b) $\Delta_r G_m^{\ominus}=\Delta_r G_m-RT\ln Q$

(c) $\Delta_r G_m^{\ominus}=\sum \Delta_f G_m^{\ominus}(\text{products})-\sum \Delta_f G_m^{\ominus}(\text{reactants})$

(d) $\Delta_r G_m^{\ominus}=\Delta_r H_m^{\ominus}+T\Delta_r S_m^{\ominus}$

20. A reaction mixture has concentrations such that $\Delta_r G_m=0$. However, $\Delta_r G_m^{\ominus}$ for the reaction is $-10\ \text{kJ}\cdot\text{mol}^{-1}$. This information means that ( ).

(a) further reaction will take place to form more products

(b) the reaction mixture is at equilibrium but the concentration of the products is large

(c) the reaction mixture is at equilibrium but the concentration of the products is small

(d) the reverse reaction will take place to form more reactants

21. $H_2(g)+I_2(s) \rightleftharpoons 2HI(g)$ $\Delta H=+51.8\ \text{kJ}\cdot\text{mol}^{-1}$. Which would increase the equilibrium quantity of HI(g)? ( ) Assume the system has reached equilibrium with all three components present.

Ⅰ. increasing pressure Ⅱ. increasing temperature

(a) Ⅰ only (b) Ⅱ only

(c) Both Ⅰ and Ⅱ (d) Neither Ⅰ nor Ⅱ

22. For the reaction, $4Fe(s)+3O_2(g) \rightleftharpoons 2Fe_2O_3(s)$, $\Delta_r G_m^{\ominus}=-1484.4$

$kJ \cdot mol^{-1}$

Which of the following statements is true? (　　)

(a) The reaction occurs spontaneously and is enthalpy driven.

(b) The reaction does not occur spontaneously at low temperatures.

(c) The reaction occurs spontaneously but is neither enthalpy or entropy driven.

(d) The reaction occurs spontaneously and is entropy driven.

23. Chemical thermodynamics provides information about each of the following except (　　).

(a) whether changes can occur spontaneously

(b) how rapidly a chemical reaction can occur

(c) the equilibrium constant for a reaction

(d) whether energy changes (at constant pressure) or entropy changes "drive" a reaction

24. For the reaction, $2NO(g)+O_2(g) \rightleftharpoons 2NO_2(g)$, $\Delta_r H_m^\ominus$ is negative. At a certain temperature the equilibrium concentrations for this system are: $[NO]=0.52\ mol \cdot L^{-1}$; $[O_2]=0.24\ mol \cdot L^{-1}$; $[NO_2]=0.18\ mol \cdot L^{-1}$. What is the value of K_c at this temperature? (　　)

(a) 0.063　　(b) 0.50　　(c) 1.4　　(d) 2.0

True or False

1. The temperature at which the following process reaches equilibrium at 101.3 kPa is the normal boiling point of bromine:

$$Br_2(l) \rightleftharpoons Br_2(g)$$

Using $\Delta_r H_m^\ominus$ and $\Delta_r S_m^\ominus$ values, the numerical value for $\Delta_r G_m^\ominus$ is 0 and the normal boiling point of bromine equals to $\Delta_r H_m^\ominus / \Delta_r S_m^\ominus$. (　　)

2. Nitrogen reacts with hydrogen to form ammonia: $N_2(g)+3H_2(g) \rightleftharpoons 2NH_3(g)$. $H_2(g)$ is added to this reaction mixture at equilibrium. Thus, the value of Q would immediately be less than $K^\ominus$, and the reaction would shift right in order to return to equilibrium. (　　)

3. A negative standard free energy change ($\Delta_r G_m^\ominus$) for a reaction infers a spontaneous reaction. (　　)

4. For the reaction, $SO_2(g)+2H_2(g) \rightleftharpoons S(s)+2H_2O(g)$, $\Delta_r G_m^\ominus=-156.7\ kJ \cdot mol^{-1}$. The reaction occurs spontaneously but is driven primarily by enthalpy change at standard state conditions. (　　)

5. A chemical reaction is known to be spontaneous at high temperatures but

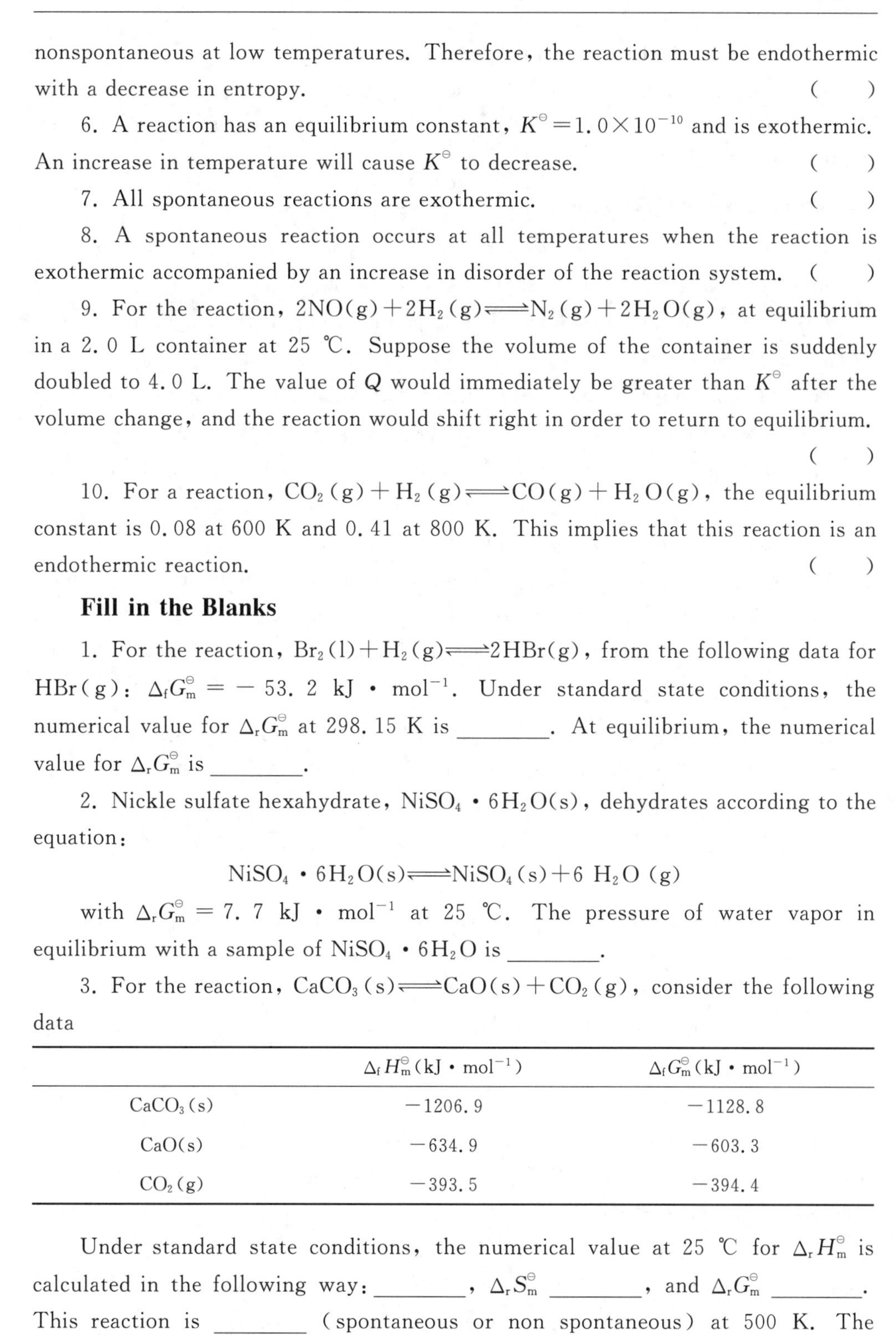

nonspontaneous at low temperatures. Therefore, the reaction must be endothermic with a decrease in entropy. ( )

6. A reaction has an equilibrium constant, $K^{\ominus}=1.0\times10^{-10}$ and is exothermic. An increase in temperature will cause $K^{\ominus}$ to decrease. ( )

7. All spontaneous reactions are exothermic. ( )

8. A spontaneous reaction occurs at all temperatures when the reaction is exothermic accompanied by an increase in disorder of the reaction system. ( )

9. For the reaction, $2NO(g)+2H_2(g) \rightleftharpoons N_2(g)+2H_2O(g)$, at equilibrium in a 2.0 L container at 25 ℃. Suppose the volume of the container is suddenly doubled to 4.0 L. The value of Q would immediately be greater than $K^{\ominus}$ after the volume change, and the reaction would shift right in order to return to equilibrium. ( )

10. For a reaction, $CO_2(g)+H_2(g) \rightleftharpoons CO(g)+H_2O(g)$, the equilibrium constant is 0.08 at 600 K and 0.41 at 800 K. This implies that this reaction is an endothermic reaction. ( )

Fill in the Blanks

1. For the reaction, $Br_2(l)+H_2(g) \rightleftharpoons 2HBr(g)$, from the following data for HBr(g): $\Delta_f G_m^{\ominus} = -53.2\ kJ \cdot mol^{-1}$. Under standard state conditions, the numerical value for $\Delta_r G_m^{\ominus}$ at 298.15 K is ________. At equilibrium, the numerical value for $\Delta_r G_m^{\ominus}$ is ________.

2. Nickle sulfate hexahydrate, $NiSO_4 \cdot 6H_2O(s)$, dehydrates according to the equation:

$$NiSO_4 \cdot 6H_2O(s) \rightleftharpoons NiSO_4(s)+6\ H_2O\ (g)$$

with $\Delta_r G_m^{\ominus} = 7.7\ kJ \cdot mol^{-1}$ at 25 ℃. The pressure of water vapor in equilibrium with a sample of $NiSO_4 \cdot 6H_2O$ is ________.

3. For the reaction, $CaCO_3(s) \rightleftharpoons CaO(s)+CO_2(g)$, consider the following data

	$\Delta_f H_m^{\ominus}(kJ \cdot mol^{-1})$	$\Delta_f G_m^{\ominus}(kJ \cdot mol^{-1})$
$CaCO_3(s)$	−1206.9	−1128.8
$CaO(s)$	−634.9	−603.3
$CO_2(g)$	−393.5	−394.4

Under standard state conditions, the numerical value at 25 ℃ for $\Delta_r H_m^{\ominus}$ is calculated in the following way: ________, $\Delta_r S_m^{\ominus}$ ________, and $\Delta_r G_m^{\ominus}$ ________. This reaction is ________ (spontaneous or non spontaneous) at 500 K. The temperature at which the reaction is spontaneous is ________.

4. The relationship between $\Delta_r G_m$ and $\Delta_r G_m^\ominus$ is ________.

5. If an overall reaction is the sum of two or more reactions, the overall equilibrium constant is ________.

Short Answer Questions

1. (a) If $K^\ominus \ll 1$ for a reaction, what do you know about the sign and magnitude of $\Delta_r G_m^\ominus$?

(b) If $\Delta_r G_m^\ominus \ll 0$ for a reaction, what do you know about the magnitude of $K^\ominus$? Of Q?

(c) What is the difference between the terms $\Delta_r G_m^\ominus$ and $\Delta_r G_m$? Under what circumstances does $\Delta_r G_m = \Delta_r G_m^\ominus$? What is the relationship between $\Delta_r G_m$ and Q?

2. What ' s the meaning of the following symbols? $\Delta_r H_{m,298.15}^\ominus$, $\Delta_f H_m^\ominus(H_2O, g)$, $S_m^\ominus(H_2, g)$, $\Delta_r S_m^\ominus$, $\Delta_r G_m^\ominus$, $\Delta_f G_m^\ominus(CO_2, g)$, $K^\ominus$.

3. Explain Le Chatelier's principle.

4. Explain why adding an inert gas has no effect on the equilibrium position.

5. How do you know if the reaction has reached equilibrium? And, if it hasn't, how do you know in which direction it is progressing to reach equilibrium?

Calculations

1. Given the equilibrium constant at 823 K for the following two reactions,

$$(1)\ CO_2(g) + H_2(g) \rightleftharpoons CO(g) + H_2O(g) \quad K_1^\ominus = 0.14$$

$$(2)\ CoO(s) + H_2(g) \rightleftharpoons Co(s) + H_2O(g) \quad K_2^\ominus = 67$$

(a) Calculate $K_3^\ominus$ value at 823 K for the reaction (3), $CoO(s) + CO(g) \rightleftharpoons Co(s) + CO_2(g)$.

(b) Calculate $\Delta_r G_{m,823\,K}^\ominus$ for the reactions (2) and (3). Compare with the relative strengths of the reducing agents of $CO(g)$ and $H_2(g)$.

2. From the following data at 298.15 K:

$$MnO_2(s) + 4H^+(aq) + 2Cl^-(aq) \rightleftharpoons Mn^{2+}(aq) + Cl_2(g) + 2H_2O(l)$$

$\Delta_f G_m^\ominus(kJ \cdot mol^{-1})$	−465.1	0	−131.2	−228.1	0	−237.1

(a) Write the expression for thermodynamic equilibrium constant, $K^\ominus$.

(b) Calculate $\Delta_r G_m^\ominus$ and $K^\ominus$ at 298.15 K for the reaction. Is the reaction spontaneous at standard conditions?

(c) Calculate $\Delta_r G_m$ for this reaction if all other reactants and products are in their standard states and $c(HCl) = 12.0\ mol \cdot L^{-1}$.

3. (a) What is the value of $K^\ominus$ at 1000 ℃ for the following reaction? What is

the partial pressure of CO_2?

	$CaCO_3(s) \rightleftharpoons$	$CaO(s)+$	$CO_2(g)$
$\Delta_f H_m^\ominus$ ($kJ \cdot mol^{-1}$)	−1206.9	−634.9	−393.5
$S_m^\ominus$ ($J \cdot mol^{-1} \cdot K^{-1}$)	92.9	38.1	213.8

(b) If the partial pressure of CO_2 is 0.010 kPa, estimate the minimum temperature at which you would conduct the reaction?

4. For the reaction at 700 ℃: $CO(g)+H_2O(g) \rightleftharpoons CO_2(g)+H_2(g)$, $K^\ominus=0.71$

(a) Calculate $\Delta_r G_m$ when $p_{CO}=p_{H_2O}=p_{H_2}=p_{CO_2}=1.5\times100$ kPa. In which direction will the reaction proceed to achieve equilibrium?

(b) Calculate $\Delta_r G_m$ when $p_{CO}=10\times100$ kPa, $p_{H_2}=p_{CO_2}=1.5\times100$ kPa and $p_{H_2O}=5\times100$ kPa. In which direction will the reaction go?

5. For the reaction

	$N_2(g)+$	$3H_2(g) \rightleftharpoons$	$2NH_3(g)$
$\Delta_f H_m^\ominus$ ($kJ \cdot mol^{-1}$)	0	0	−45.9
$S_m^\ominus$ ($J \cdot mol^{-1} \cdot K^{-1}$)	191.6	130.7	192.8

(a) Calculate the value for the equilibrium constant, $K^\ominus$, at 298.15 K and 101.3 kPa.

(b) Estimate the value for $K^\ominus$ at 500 ℃ and 101.3 kPa.

扫码看答案

Chapter 8 Kinetics: Rates and Mechanisms of Chemical Reactions

PERFORMANCE GOALS

1. Define reaction rate and calculate the rate of reaction from experimental data.

2. Use initial concentration and initial rates of reactions to determine the rate law and rate constant.

3. Calculate the concentration-time, and rate constant or half-life for first order reactions.

4. Determine the influence of temperature on the rate of reaction.

5. Determine how activation energy and collision frequency influence the rate of reaction.

6. Define catalysis and determine how catalysts influence chemical reactions.

7. Define the rate-limiting step of a reaction and determine its molecularity. Predict the experimental rate law given the chemical equation for the rate-limiting step.

OVERVIEW OF THE CHAPTER

1. Chemical kinetics involves the rates of chemical reactions and the factors that affect them, namely, concentration, temperature, and catalysts. Reaction rates are usually expressed as changes in concentration per unit time. For a general reaction,

$$aA + bB \longrightarrow cC + dD$$

the rate related to the reactant or product concentrations can be summarized as

$$v = -\frac{1}{a}\frac{\Delta c(A)}{\Delta t} = -\frac{1}{b}\frac{\Delta c(B)}{\Delta t} = \frac{1}{c}\frac{\Delta c(C)}{\Delta t} = \frac{1}{d}\frac{\Delta c(D)}{\Delta t}$$

2. A rate law reveals the quantitative relationship between the rate and the concentration. For a general reaction,

$$aA + bB \longrightarrow cC + dD$$

the rate law usually has the following form:

$$v = kc^{\alpha}(A)c^{\beta}(B)$$

The constant k in the rate law is called the rate constant; the exponents α, β are called reaction orders for the reactants. The sum of the exponents $(\alpha+\beta)$ gives the overall reaction order. For an elementary process, its order can be obtained from the stoichiometry and its rate law can be obtained simply from law of mass action. However, for a complex reaction, both rate law and reaction order must be determined experimentally. The units of the rate constant depend on the overall reaction order ($(\text{mol} \cdot \text{L}^{-1})^{1-n} \cdot (\text{time})^{-1}$).

Rate laws can be used to determine the concentrations of reactants or products at any time during a reaction. Table below summarizes rate laws for zero-, first-and second-order reactions.

Order	Zero-order	First-order	Second-order
Rate expression	$v=-\dfrac{dc(A)}{dt}=k$	$v=-\dfrac{dc(A)}{dt}=kc(A)$	$v=-\dfrac{dc(A)}{dt}=kc^2(A)$
Conc-time relationship	$c(A)_t=-kt+c(A)_0$	$\ln\dfrac{c(A)_0}{c(A)_t}=kt$	$\dfrac{1}{c(A)_t}-\dfrac{1}{c(A)_0}=kt$
Half-life	$c(A)_0/2k$	$0.693/k$	$1/[kc(A)_0]$
Linear plot	$c(A)$ vs. t	$\lg c(A)$ vs. t	$1/c(A)$ vs. t
Slope	$-k$	$-k$	k
Units of k, rate constant	$\text{mol} \cdot \text{L}^{-1} \cdot \text{s}^{-1}$	s^{-1}	$\text{L} \cdot \text{mol}^{-1} \cdot \text{s}^{-1}$

3. A reaction mechanism describes the individual steps that occur in the course of a reaction. Each of these steps is called an elementary step, which is defined as either unimolecular, bimolecular, or termolecular (termolecular elementary steps are extremely rare), depending on whether one, two, or three reactant molecules are involved in the elementary step, respectively. In a mechanism, the slowest elementary step, called the rate-determining step, determines the overall rate of the reaction. The rate law predicted by a reasonable mechanism must be the same as that observed experimentally.

Two theories are introduced to explain how an elementary reaction occurs: (1) collision theory, and (2) transition state theory. Collision theory assumes that reactions occur as a result of collisions between particles (atoms, ions, molecules). There are two conditions for the collision to lead to formation of products. First, the collision between two reactant molecules must take place in the right geometric orientation. A second condition is that the collision must occur with enough energy to break the bonds in the reactants so that new bonds can form in the products. The minimum energy required for a reaction to occur is called the activation energy, E_a. The molecules with energy equal to or greater than E_a are called activated molecules. In a reaction system, the more the activated molecules, the faster the reaction rate. In the transition state theory, the activation energy is the energy barrier which the reactants must conquer to form products. It is the energy difference between the activated complex and the reactant molecules. The enthalpy of the reaction, $\Delta_r H_m^\ominus$, is defined as the activation energy difference between forward and reverse reaction:

$$\Delta_r H_m^\ominus = E_a - E'_a$$

4. Because the kinetic energy of molecules depends on temperature, the rate constant of a reaction is closely related with temperature. Arrhenius proposed an equation, $k = Ae^{-E_a/RT}$, which uncovered the relationship between rate constant k and temperature. From Arrhenius equation, we can find E_a and k of a reaction at a given temperature.

5. Catalysts increase rate of a chemical reaction by altering the reaction route, thereby lower the activation energy. A catalyst speeds up both forward and reverse reaction rate equally, and thus has no effect on the equilibrium of the reaction. Catalysis can be roughly classified into two types: homogeneous catalysis and heterogeneous catalysis based on whether the catalysts present in the same phase as the reactants.

Enzymes are large protein molecules and function as biological catalysts to catalyze reactions in living organisms with incredible high efficiency and excellent specificity. Several theory models are proposed to explain the mechanisms of enzymatic catalysis, such as lock-and-key model for enzyme catalysis. Indeed, enzymes accelerate biochemical reaction rates by enormous factors. When functioning, enzymes are only active within a relative narrow range of temperature and pH.

EXAMPLES

1. The initial rate of the reaction $2A + 2B \longrightarrow C + D$ is determined for different initial conditions, with the results listed in the following table:

Run number	$c(A)_0/(mol \cdot L^{-1})$	$c(B)_0/(mol \cdot L^{-1})$	Initial rate/$(mol \cdot L^{-1} \cdot s^{-1})$
1	0.185	0.133	3.35×10^{-4}
2	0.185	0.266	1.34×10^{-3}
3	0.370	0.133	6.70×10^{-4}
4	0.370	0.266	2.70×10^{-3}

Find the rate law and rate constant for this reaction.

Solution This is an initial rate problem. There is more than one species present as a reactant, so we must isolate the effect of each of the reactants' concentrations on the overall rate of reaction. Run #1 and #3 have the same concentration of B but the concentration of A doubles. The rate of the reaction doubles too, so the reaction is first order in A. Run #1 and #2 have the same concentration of A but the concentration of B doubles. The rate quadruples under these conditions so the reaction is second order in B. Thus the rate law is

$$v=kc(\mathrm{A})c^2(\mathrm{B})$$

The rate constant may be evaluated with any set (row) of data. Try run #1

$$3.35\times10^{-4}\ \mathrm{mol\cdot L^{-1}\cdot s^{-1}}=k\cdot 0.185\ \mathrm{mol\cdot L^{-1}}(0.133\ \mathrm{mol\cdot L^{-1}})^2$$

$$k=0.102\ \mathrm{L^2\cdot mol^{-2}\cdot s^{-1}}$$

As a check, let's use run #4

$$2.70\times10^{-3}\ \mathrm{mol\cdot L^{-1}\cdot s^{-1}}=k\cdot 0.370\ \mathrm{mol\cdot L^{-1}}\times(0.266\ \mathrm{mol\cdot L^{-1}})^2$$

$$k=0.103\ \mathrm{L^2\cdot mol^{-2}\cdot s^{-1}}$$

2. A biochemist studying breakdown of the insecticide DDT finds that it decomposes by a first-order reaction with a half-life of 12 yr. How long does it take DDT in a soil sample to decompose from 275 ppbm to 10 ppbm (parts per billion by mass)?

Solution This is a first-order reaction problem. From the half-life, the rate constant can be obtained.

$$t_{1/2}=0.693/k$$

$$k=0.693/t_{1/2}=0.693/12=0.0578\ \mathrm{yr^{-1}}$$

According to $\ln\frac{c(\mathrm{A})_0}{c(\mathrm{A})_t}=kt$, we have

$$t=\ln\frac{c(\mathrm{A})_0}{c(\mathrm{A})_t}/k=\ln\frac{275\ \mathrm{ppbm}}{10\ \mathrm{ppbm}}/0.0578\ \mathrm{yr^{-1}}=57.3\ \mathrm{yr}$$

3. The activation energy of an enzyme-catalyzed reaction in human body (37 ℃) is 50.0 kJ · mol^{-1}. How many times will the reaction be increased if a patient has a fever up to 40 ℃ (suppose that temperature has no effect on enzyme activity).

Solution According to $\ln\frac{k_2}{k_1}=\frac{E_a}{R}\left(\frac{T_2-T_1}{T_1T_2}\right)$, we have

$$\ln\frac{k_{313}}{k_{310}}=\frac{50.0\times10^3\ \mathrm{J\cdot mol^{-1}}}{8.314\ \mathrm{J\cdot mol^{-1}\cdot K^{-1}}}\times\frac{313\ \mathrm{K}-310\ \mathrm{K}}{313\ \mathrm{K}\times310\ \mathrm{K}}=0.186$$

$$k_{313}/k_{310}=1.2$$

SELF-HELP TEST

Multiple Choice

1. If concentrations are measured in moles per liter and time in minutes, the units for the specific rate constant of a third-order reaction are (　　).

(a) $mol \cdot L^{-1} \cdot min^{-1}$　　(b) $L^2 \cdot mol^{-2} \cdot min^{-1}$

(c) $L \cdot mol^{-1} \cdot min^{-1}$　　(d) $mol^{2} \cdot L^{-2} \cdot min^{-1}$

2. The decomposition of $N_2O_5(g) \longrightarrow NO_2(g) + NO_3(g)$ proceeds as a first order reaction with a half-life of 30.0 s at a certain temperature. If the initial concentration $c(N_2O_5)_0 = 0.400\ mol \cdot L^{-1}$, what is the concentration after 120 s? (　　)

(a) $0.000\ mol \cdot L^{-1}$　　(b) $0.100\ mol \cdot L^{-1}$

(c) $0.025\ mol \cdot L^{-1}$　　(d) $0.200\ mol \cdot L^{-1}$

3. What is the rate constant of the reaction in Problem #2? (　　)

(a) $2.31 \times 10^{-2}\ s^{-1}$　　(b) $30.0\ s^{-1}$

(c) $20.7\ s^{-1}$　　(d) $43.3\ s^{-1}$

4. For a reaction for which the activation energies of the forward and reverse directions are equal in value? (　　)

(a) The stoichiometry is the mechanism.

(b) $\Delta H = 0$.

(c) $\Delta S = 0$.

(d) There is no catalyst.

5. The rate law for the hydrolysis of thioacetamide, CH_3CSNH_2,

$$CH_3CSNH_2 + H_2O \longrightarrow H_2S + CH_3CONH_2$$

is rate$=kc(H^+)c(TA)$, where TA is thioacetamide.

In which of the following solutions, all at 25 ℃, will the rate of hydrolysis of thioacetamide (TA) be least? (　　)

(a) $0.10\ mol \cdot L^{-1}$ in TA, $0.20\ mol \cdot L^{-1}$ in HNO_3

(b) $0.15\ mol \cdot L^{-1}$ in TA, $0.15\ mol \cdot L^{-1}$ in HCl

(c) $0.10 mol \cdot L^{-1}$ in TA, $0.080\ mol \cdot L^{-1}$ in HCl

(d) $0.15\ mol \cdot L^{-1}$ in TA, $0.10\ mol \cdot L^{-1}$ in CH_3COOH

6. In Problem #5, if some sodium acetate is added to a solution that is $0.10\ mol \cdot L^{-1}$ in both TA and $H^+(aq)$ at 25 ℃, which statement is right? (　　)

(a) The reaction rate decreases, but k remains the same.

(b) Both the reaction rate and k decrease.

(c) The reaction rate remains the same, but k decreases.

(d) Both the reaction rate and k increase.

7. The relationship between the rate constant and temperature is expressed by the (   ).

(a) arrhenius equation   (b) rate law

(c) integrated rate equation   (d) reaction mechanism

8. Identify the incorrect statement below: (   ).

(a) the rate of a typical reaction doubles or triples with a 10 ℃ rise in temperature

(b) the overall rate of reaction is determined by the rate of the fastest elementary step

(c) the reaction mechanism is typically a series of elementary reactions

(d) reaction orders for a single elementary step are equal to the sum of balancing coefficients of reactants for that step

9. The collision theory of reaction rates:

Ⅰ. helps to expose how temperature affects the rate.

Ⅱ. assumes that the rate depends on the frequency at which reactants collide.

Ⅲ. assumes that reactants must be in correct orientation to react.

Ⅳ. assumes that only collisions with energy above the activation energy are successful.

Which statement is true? (   )

(a) Ⅰ, Ⅱ, and Ⅲ are correct, Ⅳ is incorrect.

(b) Ⅰ, Ⅲ, and Ⅳ are correct, Ⅱ is incorrect.

(c) Ⅱ, Ⅲ, and Ⅳ are correct, Ⅰ is incorrect.

(d) All are correct statements.

10. Identify the incorrect statement below concerning chemical kinetics: (   ).

(a) the rate of a chemical reaction changes with time

(b) the rate constant of a reaction generally depends on the concentrations of species

(c) the rate of a chemical reaction is affected by the temperature of the reaction

(d) the rate law of a chemical reaction bears no relationship with the balancing coefficients of the overall reaction

11. The rate law for the iodine clock reaction is given by: $v = k\,c(IO_3^-)c^2(I^-)c^2(H^+)$, which of the following statement is true ? (   )

(a) This reaction is first order with respect to IO_3^- and third order overall.

(b) This reaction is second order with respect to I^- and third order overall.

(c) This reaction is first order with respect to IO_3^- and fifth order overall.

(d) This reaction is third order with respect to H^+.

12. For the reaction $A+2B \longrightarrow 2C$, the rate law for formation of C is (　　).

(a) $v=kc(A)c^2(B)$

(b) $v=kc(A)c(B)$

(c) $v=kc^2(A)c(B)$

(d) impossible to state from the data given

13. Of the following factors, which cannot affect the rate of a chemical reaction? (　　)

(a) Temperature.

(b) Presence of a catalyst.

(c) Concentration of reactants of the forward reaction.

(d) All can affect the rate.

14. The gas phase reaction $A + B \longrightarrow C$ has a reaction rate which is experimentally observed to follow the relationship $v = kc(A)^2 c(B)$. If the concentration of A is tripled and the concentration of B is doubled, the reaction rate would be increased by a factor of (　　).

(a) 9　　(b) 6　　(c) 18　　(d) 12

15. All of the following are characteristics of a catalyst except one. Which one? (　　)

(a) A catalyst lowers the activation energy for the reaction.

(b) A catalyst reroutes a chemical reaction over a lower energy barrier.

(c) A catalyst may be consumed in a reaction, but then regenerated upon product formation.

(d) A catalyst increases the kinetic energy of the reactant molecules.

16. A proposed mechanism for the decomposition of ozone is

(1) $O_3 \overset{Ar}{\rightleftharpoons} O_2+O$　　(fast, equilibrium)

(2) $O+O_3 \longrightarrow 2O_2$　　(slow)

which species is (are) an unstable intermediate? (　　)

(a) O_2 and O　　(b) O_2　　(c) O　　(d) Ar

17. In Problem #16, which is the best overall rate law consistent with this mechanism? (　　)

(a) $kc(O_3)c(O)$　(b) $kc^2(O_3)$　(c) $kc(O_3)$　(d) $kc^2(O_3)/c(O_2)$

18. Which statement explains why the speed of some chemical reactions is

increased when the surface area of the reactant is increased? ( )

(a) This change increases the density of the reactant particles.

(b) This change increases the concentration of the reactant.

(c) This change exposes more reactant particles to a possible collision.

(d) This change alters the electrical conductivity of the reactant particles.

19. Which of the following is the rate law for a termolecular elementary reaction? ( )

(a) $v = kc(A)$ (b) $v = kc^2(A)$

(c) $v = kc(A)c(S)$ (d) $v = kc(A)c(S)c(C)$

20. Which statement below concerning enzyme is incorrect? ( )

(a) An enzyme is a kind of catalyst with very high efficiency.

(b) An enzyme can speed up many reactions in a wide range of temperature.

(c) An enzyme is a kind of protein.

(d) Enzymes have higher specificity than inorganic catalyst.

21. The first-order rate constant for the decomposition of N_2O_5 in CCl_4 solution is 6.2×10^{-4} min^{-1} at 45 ℃ and 2.1×10^{-3} min^{-1} at 55 ℃. What is the value of the activation energy for this reaction in kilojoules per mole? ( )

(a) 1.1×10^5 (b) 1.1×10^2 (c) 2.5×10^3 (d) 2.5×10^4

22. Which of the following statements is true? ( )

(a) For a reversible reaction, the E_a of endothermic reactions is lower than that of exothermic reactions.

(b) The rate law for a reaction depends on the concentrations of all reactants that appear in the stoichiometric equation.

(c) The rate of a catalyzed reaction is independent of the concentration of the catalyst.

(d) The specific rate constant for a reaction is independent of the concentrations of the reacting species.

23. If the rate law of a reaction, $aA + bB \longrightarrow P$, is $v = kc^a(A)c^b(B)$, which of the following is true regarding the reaction? ( )

(a) Elementary process. (b) Complex reaction.

(c) Molecularity is $(a+b)$. (d) Reaction order is $(a+b)$.

24. In first-order reactions, a decrease in $t_{1/2}$ causes k to ( ).

(a) increase

(b) remain the same

(c) decrease

(d) can't determine effect without more information

25. For a hypothetical reaction $A + 2B \longrightarrow 3C + D$, $dc(C)/dt$ is equal to ( ).

(a) $-dc(A)/dt$ (b) $-dc(B)/dt$

(c) $+3dc(A)/dt$ (d) $-\frac{3}{2}dc(B)/dt$

True or False

1. Reaction rate can be affected by several factors such as temperature, concentration, physical state of reactants, presence of a catalyst. ( )

2. The molecularity of first-order reaction is one. ( )

3. Mechanism of a reaction is composed of a series of single steps. ( )

4. Law of mass action can be used to directly obtain rate law of all reactions. ( )

5. If the half-life has no effect on the initial concentration, the reaction is zero order. ( )

6. A catalyst can change the equilibrium constant of a reaction at a given temperature. ( )

7. For a reaction $A + B \xlongequal{} P$, the overall reaction order determined experimentally is second order, so, this reaction is an elementary process. ( )

8. In a reversible reaction, the activation energy of endothermic reaction is always bigger than that of exothermic reaction. ( )

9. For two reactions at the same temperature, the reaction with the larger E_a will have the smaller k. ( )

10. The activation energy of a reaction depends on temperature. ( )

Fill in the Blanks

1. The rate law of a reaction is $v = kc(A)c^2(B)$, the reaction is ________ order in A and ________ order in B and ________ order overall.

2. The catalytic destruction of ozone occurs via a two-step mechanism, where X can be any of several species:

(1) $X + O_3 \longrightarrow XO + O_2$ (slow)

(2) $XO + O \longrightarrow X + O_2$ (fast)

Here, step ________ is rate-determining step; X acts as ________; XO acts as ________.

3. The two factors that determine whether a collision between two molecules will lead to a chemical reaction are ________ and ________.

4. According to transition state theory, the energy of activated complex is the

________ during the reaction course, therefore it is extremely unstable, and the enthalpy change ($\Delta_r H_m^\ominus$) of an isobar system is the difference in energy between the activation energy of ________ and ________.

5. For the rate law of a first-order reaction, ________ plotting with ________ gives a straight line.

Short Answer Questions

1. What does a balanced chemical equation reveal about the mechanism of a reaction?

2. How does an increase in temperature affect the rate of a reaction? Explain the two factors involved.

3. Why the speed of some chemical reactions is increased when the surface area of the reactant is increased?

4. Which conditions will increase the rate of chemical reaction?

5. In a chemical reaction, how does a catalyst work?

Calculations

1. The half-life of decomposition of N_2O_5(g) is 5.7 h and the initial pressure of N_2O_5(g) has no effect on it.

(a) What is the rate constant of the reaction?

(b) How long does it take for 90% of the compound to decompose?

2. The first-order rate constant for the decomposition of a certain insecticide in water at 12 ℃ is 1.45 yr^{-1}. A quantity of this insecticide is washed into a lake on June 1, leading to a concentration of 5.0×10^{-7} $g\cdot mL^{-1}$ of water. Assume that the effective temperature of the lake is 12 ℃.

(a) What is the concentration of the insecticide on June 1 of the following year?

(b) How long will it take for the concentration of the insecticide to drop to 3.0×10^{-7} $g\cdot mL^{-1}$?

3. The halogen astatine can only be obtained artificially through bombardment. It has been found to be useful for the treatment of certain types of cancer of the thyroid gland. One form of radioactive astatine is a particle emitter with a half-life of 7.21 h. If a sample containing 0.100 mg of astatine is given to a person at 9 a.m. one morning, how much astatine will remain after about 14 h?

4. The hydrolysis of aspirin is a first-order reaction. At 100 ℃ the rate constant and activation energy of this reaction are 7.96 day^{-1} and 56.484 $kJ\cdot mol^{-1}$ respectively. How long will it take when 30% of the aspirin is hydrolyzed at 17 ℃.

5. The kinetics of the reaction $2X + Y \rightleftharpoons Z$ was studied by the method of initial rates, and the following data were obtained at 25 ℃.

Run number	$c(X)_0/(mol \cdot L^{-1})$	$c(Y)_0/(mol \cdot L^{-1})$	Initial rate/$(mol \cdot L^{-1} \cdot s^{-1})$
1	0.20	0.10	7.0×10^{-4}
2	0.20	0.20	1.4×10^{-3}
3	0.40	0.20	1.4×10^{-3}
4	0.60	0.60	4.2×10^{-3}

(a) Deduce the rate law for this reaction. Calculate the numerical value of the specific rate constant and specify its units.

(b) The following three mechanisms have been proposed for this reaction. In these mechanisms M and N are intermediates. What is the rate law to be expected for each mechanism? Which of these mechanisms is consistent with the rate law you deduced in part (a)?

mechanism Ⅰ $X + Y \longrightarrow M$(slow) $X + M \longrightarrow Z$(fast)

mechanism Ⅱ $X + X \longrightarrow M$(fast) $Y + M \longrightarrow Z$(slow)

mechanism Ⅲ $Y \longrightarrow M$(slow) $M + X \longrightarrow N$(fast) $N + X \longrightarrow Z$(fast)

扫码看答案

Chapter 9 Electrochemistry: Chemical Change and Electrical Work

PERFORMANCE GOALS

1. Define oxidation/reduction, oxidizing agent/reducing agent.

2. Apply the rules for assigning oxidation number to atoms in chemical species.

3. Balance oxidation-reduction reactions, using the ion-electron method, for both acidic and basic solutions. Write the cell diagram and the notation of the half-cell.

4. Use standard reduction potentials to determine the direction of spontaneous reaction and rank the relative strengths of oxidizing and reducing agents in a redox reaction under standard conditions.

5. Calculate the equilibrium constant for a reaction from the standard potentials of voltaic cells.

6. Use the Nernst equation to find the potential of an electrode and predict the direction of spontaneity of an oxidation-reduction reaction under nonstandard conditions.

7. Understand the interrelationship of $\Delta_r G_m^\ominus$, $E_{cell}^\ominus$, and $K^\ominus$.

OVERVIEW OF THE CHAPTER

1. Electrochemistry involves oxidation-reduction reactions, also called redox reactions. These reactions involve a change in the oxidation number of one or more elements. In every oxidation-reduction reaction one substance is oxidized (its oxidation number increases) and one substance is reduced (its oxidation number decreases). The substance that is oxidized is referred to as a reducing agent, or reductant, because it causes the reduction of some other substance. Similarly, the substance that is reduced is referred to as an oxidizing agent, or oxidant, because it causes the oxidation of some other substance. An oxidization-reduction reaction can be balanced by dividing the reaction into two half-reactions, one for the oxidation and the other for the reduction, each include a redox couple, Ox/Red. The half-reaction method (Ion-electron method) is an important method for balancing the redox reaction equations: First do atoms other than O and H, then O, next H, and finally charge.

2. In a primary cell, there are two electrodes, chemical changes are used to produce electrical energy, at which oxidation half-reaction occurs at the anode (negative electrode) and reduction half-reaction occurs at the cathode (positive electrode). The overall reaction occurred in a primary cell is a redox reaction. You should write down the notation of a primary cell (or cell diagram) skillfully. In this notation, the anode, or oxidation half-cell, is always written on the left; the cathode, or reduction half-cell, is written on the right. The two electrodes are electrically connected by means of a salt bridge, denoted by two vertical bars. A single vertical line indicates a phase boundary between a solid terminal and the electrode solution. For example,

(−) Graphite | Cl_2(g) | Cl^-(aq) ‖ H^+(aq), MnO_4^-(aq), Mn^{2+}(aq) | graphite (+)

Note that the cell notation gives the species involved in each half-reaction.

3. The absolute value of an electrode potential is unknown but the relative value of an electrode potential can be determined by comparing with a standard hydrogen electrode (SHE) ($\varphi_{SHE}=0.00$ V). The standard electrode potential ($\varphi^\ominus$(Ox/Red)) of an electrode can be determined by constructing a voltaic cell, which consists of a reference half-cell and another half-cell whose potential we want to determine. The standard electrode potential (also called standard reduction potential), $\varphi^\ominus$(Ox/Red), is the electrode potential when the concentrations of solutes are 1 mol · L^{-1}, the gas pressures are 101.3 kPa (simply as 100 kPa), and the temperature has a specified value (usually 25 ℃). The relative strength of the oxidizing agent or the reducing agent can be obtained by comparing with the standard electrode potential ($\varphi^\ominus$(Ox/Red)). The strongest oxidizing agents are the oxidized species with the largest (most positive) $\varphi^\ominus$(Ox/Red) values. The strongest reducing agents are the reduced species with the smallest (most negative) $\varphi^\ominus$(Ox/Red) values.

4. The emf, E_{cell}, is related to the change in Gibbs free-energy, $\Delta_r G_m$: $\Delta_r G_m = -nFE_{cell}$, where n is the number of electrons transferred in a balanced reaction, and F is the Faraday constant, 96500 C · mol^{-1}. Because E_{cell} is related to $\Delta_r G_m$, the sign of E_{cell} indicates whether a redox process is spontaneous: $E_{cell}>0$ indicates a spontaneous process, and $E_{cell}<0$ indicates a nonspontaneous one.

5. The emf of a redox reaction varies with temperature and with the concentrations of reactants and products. The Nernst equation relates the emf under nonstandard conditions to the standard emf and the reaction quotient Q:

$$E_{cell}=E_{cell}^\ominus-\frac{0.05916\ \text{V}}{n}\lg Q$$

The factor 0.05916 is valid when $T=298$ K.

At equilibrium, $Q=K^\ominus$ and $E_{cell}=0$. The standard cell is therefore related to the equilibrium constant. At $T=298$ K, the relation is

$$\lg K^\ominus = \frac{nE_{cell}^\ominus}{0.05916}$$

Figure below summarizes the various relationships among $K^\ominus$, $\Delta_r G_m^\ominus$, and $E_{cell}^\ominus$.

Calorimetric data, $\Delta_r H_m^\ominus$ $\Delta_r S_m^\ominus$

$\Delta_{r1}G_m^\ominus$ $\Delta_{r2}G_m^\ominus$ Hess's law $\Delta_r G_m^\ominus=\Delta_r H_m^\ominus - T\Delta_r S_m^\ominus$

$\Delta_f G_m^\ominus \Leftrightarrow \Delta_r G_m^\ominus \Leftrightarrow K^\ominus$

$\Delta_r G_m^\ominus = -RT\ln K^\ominus$

$\Delta_r G_m^\ominus = \sum \Delta_f G_m^\ominus(\text{product}) - \sum \Delta_f G_m^\ominus(\text{reactant})$

$\Delta_r G_m^\ominus = -nFE_{cell}^\ominus$

$E_{cell}^\ominus = \varphi_{cathode}^\ominus - \varphi_{anode}^\ominus$

$\varphi^\ominus(\text{Ox/Red}) \Leftrightarrow E_{cell}^\ominus$

$E_{cell}^\ominus = \frac{RT}{nF}\ln K^\ominus$

6. The relatively magnitude of electrode potential is affected by concentration, pH and temperature, etc. according to Nernst equation. For any half-cell reaction:

$$p\text{Ox} + ne^- \rightleftharpoons q\text{Red}$$

$$\varphi(\text{Ox/Red}) = \varphi^\ominus(\text{Ox/Red}) + \frac{0.05916\ \text{V}}{n}\lg\frac{(c_{Ox})^p}{(c_{Red})^q}$$

This is the Nernst equation for the electrode. The factor 0.05916 is valid when $T=298$ K. n is the number of electrons involved in the half-cell reaction. c(Ox) refers to the concentration of oxidized species and c(Red) to the concentration of reduced species.

EXAMPLES

1. Would H_2O_2 behave as oxidant or reductant with respect to the following redox couples under standard conditions?

(a) I_2/I^-; (b) Fe^{3+}/Fe^{2+}

Solution

H_2O_2 behaves as oxidant.

$$H_2O_2 + 2H^+ + 2e^- \rightleftharpoons 2H_2O \qquad \varphi^\ominus = 1.776\ \text{V}$$

H_2O_2 behaves as reductant.

$$O_2 + 2H^+ + 2e^- \rightleftharpoons H_2O_2 \qquad \varphi^\ominus = 0.695\ \text{V}$$

(a) $I_2 + 2e^- \rightleftharpoons 2I^-$ $\varphi^\ominus = 0.535$ V

The stronger oxidizing agent is the one involved in the half-reaction with the more positive standard electrode potential, so H_2O_2 behaves as oxidant. The reaction is

$$H_2O_2 + 2H^+ + 2I^- \rightleftharpoons I_2 + 2H_2O \qquad E_{cell}^\ominus = 1.776\ \text{V} - 0.535\ \text{V} = 1.241\ \text{V}$$

(b) $Fe^{3+} + e^- \rightleftharpoons Fe^{2+}$ $\varphi^\ominus = 0.771$ V

H_2O_2 behaves as oxidant. The reaction is

$H_2O_2 + 2H^+ + 2Fe^{2+} \rightleftharpoons 2Fe^{3+} + 2H_2O$ $E^\ominus_{cell} = 1.776\text{ V} - 0.771\text{ V} = 1.005\text{ V}$

H_2O_2 behaves as reductant. The reaction is

$2Fe^{3+} + H_2O_2 \rightleftharpoons 2Fe^{2+} + O_2 + 2H^+$ $E^\ominus_{cell} = 0.771\text{ V} - 0.695\text{ V} = 0.076\text{ V}$

The strength of oxidant and reductant is relative. Such as H_2O_2: If it reacts with a strong oxidant, it will unfold reducing property. When it reacts with a strong reductant, it is an oxidant.

2. Calculate the K_{sp} of Hg_2SO_4 from

$$Hg_2SO_4(s) + 2e^- \rightleftharpoons 2Hg(l) + SO_4^{2-} \qquad \varphi^\ominus = 0.612\text{ V}$$

$$Hg_2{}^{2+} + 2e^- \rightleftharpoons 2Hg(l) \qquad \varphi^\ominus = 0.797\text{ V}$$

Solution

Consider the K_{sp} of Hg_2SO_4.

$$Hg_2SO_4(s) \rightleftharpoons Hg_2{}^{2+}(aq) + SO_4^{2-}(aq) \qquad K_{sp} = [Hg_2{}^{2+}][SO_4^{2-}]$$

A cell can be constructed that has this reaction as the cell reaction by adding Hg(l) on both sides of the above reaction. The two half-reactions are

$$(-)2Hg(l) - 2e^- \rightleftharpoons Hg_2{}^{2+} \qquad \varphi^\ominus = 0.797\text{ V}$$

$$(+)Hg_2SO_4(s) + 2e^- \rightleftharpoons 2Hg(l) + SO_4^{2-} \qquad \varphi^\ominus = 0.612\text{ V}$$

$$Hg_2SO_4(s) \rightleftharpoons Hg_2{}^{2+}(aq) + SO_4^{2-}(aq) \qquad E^\ominus_{cell} = -0.185\text{ V}$$

The equilibrium constant for the cell reaction is K_{sp} for Hg_2SO_4. It can be found by using Equation (8-5):

$$\lg K_{sp} = \frac{nE^\ominus_{cell}}{0.05916} = \frac{2 \times (-0.185)}{0.05916}$$

Thus, we find that $K_{sp} = 5.6 \times 10^{-7}$

SELF-HELP TEST

Multiple Choice

1. Given the following:

$Fe^{2+} + 2e^- \rightleftharpoons Fe$ $\varphi^\ominus = -0.40$ V $Ni^{2+} + 2e^- \rightleftharpoons Ni$ $\varphi^\ominus = -0.25$ V

$Fe^{3+} + e^- \rightleftharpoons Fe^{2+}$ $\varphi^\ominus = +0.77$ V $Br_2 + 2e^- \rightleftharpoons 2Br^-$ $\varphi^\ominus = +1.09$ V

Which of the following reactions is not spontaneous under standard conditions? ( )

(a) $Fe^{2+} + Ni \rightleftharpoons Fe + Ni^{2+}$ (b) $2Fe^{3+} + Ni \rightleftharpoons 2Fe^{2+} + Ni^{2+}$

(c) $2Fe^{2+} + Br_2 \rightleftharpoons 2Fe^{3+} + 2Br^-$ (d) $2Fe + 3Br_2 \rightleftharpoons 2Fe^{3+} + 6Br^-$

2. A substance that will reduce Ag^+ to Ag but will not reduce Ni^{2+} to Ni is $\{\varphi^\ominus(Zn^{2+}/Zn) = -0.76$ V; $\varphi^\ominus(Pb^{2+}/Pb) = -0.13$ V;

$\varphi^{\ominus}(Ag^{+}/Ag)=0.80$ V; $\varphi^{\ominus}(Ni^{2+}/Ni)=-0.26$ V;

$\varphi^{\ominus}(Cd^{2+}/Cd)=-0.40$ V; $\varphi^{\ominus}(Al^{3+}/Al)=-1.66$ V}

(a) Zn (b) Pb (c) Cd (d) Al

3. Given the following standard electrode potentials, {$Co^{2+}(aq)+2e^{-} \rightleftharpoons Co(s)$ $\varphi^{\ominus}=-0.277$ V; $Co^{3+}(aq)+3e^{-} \rightleftharpoons Co(s)$ $\varphi^{\ominus}=+1.113$ V}, calculate $\varphi^{\ominus}$ for the half reaction: $Co^{3+}(aq)+e^{-} \rightleftharpoons Co^{2+}(aq)$

Which one is true? ( )

(a) +1.390 V (b) +1.520 V (c) +1.140 V (d) +3.893 V

4. Given the following: {$\varphi^{\ominus}(Fe^{3+}/Fe^{2+})=+0.77$ V, $\varphi^{\ominus}(Fe^{2+}/Fe)=-0.45$ V, $\varphi^{\ominus}(Sn^{4+}/Sn^{2+})=+0.15$ V,

$\varphi^{\ominus}(Sn^{2+}/Sn)=-0.14$ V}. Under the standard conditions, which group of materials could coexist? ( )

(a) Fe^{3+} and Sn^{2+} (b) Fe and Sn^{4+}

(c) Fe^{2+} and Sn^{2+} (d) Fe^{3+} and Sn^{2+}

5. What is the potential of an electrode consisting of zinc metal in a solution in which the zinc ion concentration is 0.0100 mol · L^{-1}? ( ) {$\varphi^{\ominus}(Zn^{2+}/Zn)=-0.76$ V}

(a) −0.76 V (b) −0.0592 V (c) −0.82 V (d) −0.70 V

6. What half-reaction would occur at the anode of a voltaic cell based on the reaction between iron metal and hydrochloric acid? {$Fe(s)+2HCl(aq) \rightleftharpoons FeCl_2(s)+H_2(g)$} ( )

(a) $Fe \rightleftharpoons Fe^{2+}+2e^{-}$ (b) $2Cl^{-} \rightleftharpoons Cl_2+2e^{-}$

(c) $2H^{+}+2e^{-} \rightleftharpoons H_2$ (d) $Fe^{3+}+e^{-} \rightleftharpoons Fe^{2+}$

7. In the cell reactions: $MnO_4^{-}(aq)+I^{-}(aq) \longrightarrow Mn^{2+}(aq)+I_2(s)$, the number of electrons gained in cathode is ( ).

(a) 2 (b) 5 (c) 10 (d) 4

8. Given the following: {$Fe^{2+}+2e^{-} \rightleftharpoons Fe$ $\varphi^{\ominus}=-0.40$ V}. The $\varphi^{\ominus}$ in the half-cell reaction: $2Fe \rightleftharpoons 2Fe^{2+}+4e^{-}$, is ( )V.

(a) 0.40 (b) −0.20 (c) −0.80 (d) −0.40

9. H_2O_2 behaves as reductant with respect to the following substance at standard concentrations:

{$\varphi^{\ominus}(O_2/H_2O_2)=0.69$ V; $\varphi^{\ominus}(H_2O_2/H_2O)=1.77$ V; $\varphi^{\ominus}(I_2/I^{-})=0.535$ V; $\varphi^{\ominus}(S_2O_8^{2-}/SO_4^{2-})=2.0$ V; $\varphi^{\ominus}(Fe^{3+}/Fe^{2+})=0.771$ V; $\varphi^{\ominus}(Hg^{2+}/Hg_2^{2+})=0.92$ V}

Which one is correct? ( )

(a) SO_4^{2-} (b) I_2 (c) Hg^{2+} (d) Fe^{2+}

10. In the mixture containing Cl^-, Br^-, I^- and S^{2-}, it is assumed that only S^{2-} is oxidized. Which oxidant is the best one? ( ) {$\varphi^{\ominus}(Cl_2/Cl^-)=1.36$ V; $\varphi^{\ominus}(Br_2/Br^-)=1.07$ V; $\varphi^{\ominus}(I_2/I^-)=0.535$ V; $\varphi^{\ominus}(S/S^{2-})=-0.48$ V; $\varphi^{\ominus}(Sn^{4+}/Sn^{2+})=+0.15$ V; $\varphi^{\ominus}(Fe^{3+}/Fe^{2+})=0.77$ V; $\varphi^{\ominus}(MnO_4^-/Mn^{2+})=1.51$ V}

(a) $SnCl_4$ (b) Cl_2 (c) $FeCl_3$ (d) $KMnO_4$

11. Cu will be produced when Fe reacts with $CuCl_2$, while Cu can react with $FeCl_3$. Which is the explanation of this phenomenon? ( ) Assumed: {$\varphi^{\ominus}(Fe^{2+}/Fe)=x$, $\varphi^{\ominus}(Cu^{2+}/Cu)=y$, $\varphi^{\ominus}(Fe^{3+}/Fe^{2+})=z$}

(a) $y>x>z$ (b) $x>y>z$ (c) $z>y>x$ (d) $y>z>x$

12. Given: { $2Ce^{4+}+Co \rightleftharpoons 2Ce^{3+}+Co^{2+}$ $E^{\ominus}_{cell}=1.89$ V}. The standard reduction potential for Co to Co^{2+} is -0.28 V. What is the standard reduction potential for Ce^{4+} to Ce^{3+}? ( )

(a) 1.61 V (b) 2.07 V (c) −0.28 V (d) 1.89 V

13. Based on the following information arrange four metals, A, B, C, and D in order of increasing ability to act as reducing agents.

Ⅰ. Only A, C and D react with 1 mol · L^{-1} HCl to give $H_2(g)$.

Ⅱ. When A is added to solutions of the other metal ions, metallic B and C are formed but not D. ( )

(a) C<B<A<D (b) C<B<D<A (c) B<C<D<A (d) B<C<A<D

14. By how much is the oxidizing power of MnO_4^-/Mn^{2+} couple decreased if the H^+ concentration is decreased from 1.0 mol · L^{-1} to 1.0×10^{-4} mol · L^{-1} at 298 K? ( ) $\varphi^{\ominus}(MnO_4^-/Mn^{2+})=1.51$ V

(a) 1.126 V (b) 0.76 V (c) −0.76 V (d) 0.58 V

15. Which statement is true about the Nernst equation of the half-cell reaction: $H_2O_2-2e^- \rightleftharpoons O_2+2H^+$

(a) $\varphi=\varphi^{\ominus}-\frac{0.05916}{2}\lg\frac{[p(O_2)/p^{\ominus}]c^2(H^+)}{c(H_2O_2)}$

(b) $\varphi=\varphi^{\ominus}+\frac{0.05916}{2}\lg\frac{[p(O_2)/p^{\ominus}]c^2(H^+)}{c(H_2O_2)}$

(c) $\varphi=\varphi^{\ominus}+\frac{0.05916}{2}\lg\frac{[p(O_2)/p^{\ominus}]c(H^+)}{c(H_2O_2)}$

(d) $\varphi=\varphi^{\ominus}+\frac{0.05916}{2}\lg\frac{c(H_2O_2)}{[p(O_2)/p]c^2(H^+)}$

16. Which is the number of electrons lost in the reaction, $MnO_4^-(aq)+I^-(aq) \longrightarrow Mn^{2+}(aq)+I_2(s)$? ( )

(a) 2 (b) 5 (c) 10 (d) 4

17. Which condition will increase the electrode potential of the half-cell

reaction: $O_2 + 2H_2O + 4e^- \rightleftharpoons 4OH^-$? ( )

(a) decreased pH (b) increase pH

(c) decreased the pressure of O_2

(d) put 3 mol · L^{-1} NaOH 50.0 mL into the half-cell

18. Which one of the following is the correct cell notation? ( ) $\varphi^\ominus(Br_2/Br^-) = 1.07$ V; $\varphi^\ominus(Cr_2O_7^{2-}/Cr^{3+}) = 1.33$ V

(a) (+)Pt | $Cr_2O_7^{2-}(c_1)$, $Cr^{3+}(c_2)$, $H^+(c_3)$ ‖ $Br^-(c_4)$ | Br_2(l) | Pt(−)

(b) (−)Pt | $Br^-(c_4)$ | Br_2(l) ‖ $Cr_2O_7^{2-}(c_1)$, $Cr^{3+}(c_2)$, $H^+(c_3)$ | Pt(+)

(c) (−) Pt | Br_2(l) | $Br^-(c_4)$ ‖ $Cr_2O_7^{2-}(c_1)$, $Cr^{3+}(c_2)$ | Pt (+)

(d) (−)Pt | Br_2(l) | $Br^-(c_4)$ ‖ $Cr_2O_7^{2-}(c_1)$, $Cr^{3+}(c_2)$, $H^+(c_3)$ | Pt(+)

19. For the cell reaction, $Zn(s) + 2H^+(c) \rightleftharpoons Zn^{2+}(1.0\ mol \cdot L^{-1}) + H_2(101.3\ kPa)$, $E_{cell} = 0.46$ V. What is the pH of the solution? ( ) $\varphi^\ominus(Zn^{2+}/Zn) = -0.76$ V

(a) 10.2 (b) 5.0 (c) 3.0 (d) 2.5

20. For the voltaic cell consisting of the two redox couples:

$\varphi^\ominus(Ce^{4+}/Ce^{3+}) = +1.61$ V; $\varphi^\ominus(Co^{2+}/Co) = -0.28$ V.

Which statement is true? ( )

(a) oxidation of Ce^{4+} occurs at the anode

(b) the standard cell potential is 1.33 V

(c) C(gr) or Pt(s) can be used as the cathode

(d) the cell reaction is: $2\ Ce^{4+} + Co^{2+} = 2\ Ce^{3+} + Co$

21. If all species are in their standard states, which of the following is the strongest oxidizing agent? ( ) $\varphi^\ominus(Br_2/Br^-) = 1.07$ V; $\varphi^\ominus(Zn^{2+}/Zn) = -0.76$ V; $\varphi^\ominus(Ag^+/Ag) = 0.80$V; $\varphi^\ominus(MnO_4^-/Mn^{2+}) = 1.51$ V.

(a) Br^- (b) Zn^{2+} (c) Mn^{2+} (d) Ag^+

22. Consider the cell Cd(s) | Cd^{2+}(1.0 mol · L^{-1}) ‖ Cu^{2+}(1.0 mol · L^{-1}) | Cu(s). If we wanted to make a cell with a more positive voltage using the same substances, we should ( ).

(a) increase both the [Cd^{2+}] and [Cu^{2+}] to 2.00 mol · L^{-1}

(b) increase only the [Cd^{2+}] to 2.00 mol · L^{-1}

(c) decrease both the [Cd^{2+}] and [Cu^{2+}] to 0.100 mol · L^{-1}

(d) decrease only the [Cd^{2+}] to 0.100 mol · L^{-1}

23. To balance the half-reaction, $MnO_4^- \longrightarrow MnO_2$, in a basic solution, ( ).

(a) 4 OH^-s must appear on the left side of the balanced half-reaction

(b) 4 H_2Os must appear on the left side of the balanced half-reaction

(c) 2 H_2Os must appear on the right side of the balanced half-reaction

(d) 4 OH^-s must appear on the right side of the balanced half-reaction

24. For the cell reaction, $O_2 + 4H^+ + 2Cu \rightleftharpoons 2Cu^{2+} + 2H_2O$, the $E^\ominus_{cell} = 0.89$ V. Which one of the following changes will increase the potential of the cell? (　　)

(a) increase the pH

(b) decrease the concentration of the Cu^{2+}

(c) decrease the partial pressure of O_2

(d) increase the size of the copper anode

25. Given the following: $K_f([Cu(NH_3)_4]^{2+}/Cu)$ and $\varphi^\ominus(Cu^{2+}/Cu)$. The $\varphi^\ominus([Cu(NH_3)_4]^{2+}/Cu)$ in the half-cell reactions: $[Cu(NH_3)_4]^{2+} + 2e \rightleftharpoons Cu + 4NH_3$, is (　　).

(a) $\varphi^\ominus(Cu^{2+}/Cu)+\frac{0.05916\ V}{2}\lg K_f$　(b) $\varphi^\ominus(Cu^{2+}/Cu)-\frac{0.05916\ V}{2}\lg K_f$

(c) $\varphi^\ominus(Cu^{2+}/Cu)+0.05916\ V\lg K_f$　(d) $\varphi^\ominus(Cu^{2+}/Cu)-0.05916\ V\lg K_f$

True or False

1. In a concentration cell, $Cu \mid Cu^{2+}(c_1) \parallel Cu^{2+}(c_2) \mid Cu$, the end of less concentration is anode. (　　)

2. The reducing agent in a redox reaction is oxidized. (　　)

3. If no H_2 is produced with H^+ in reaction, the concentration of H^+ will not be written into Nernst equation. (　　)

4. A reaction that has an electromotive force: $E_{cell}>0$ proceeds spontaneously and rapidly. (　　)

5. The standard hydrogen electrode (SHE) is assigned a voltage of 0.00 V. We use it to determine the relative potentials of other electrodes by measuring the emf's. Thus, the reference chosen for comparing electrode potentials is only the standard hydrogen electrode(SHE). (　　)

6. According to the Nernst equation, the electrode potential value is the same for the reduction from Sn^{4+} at 2 mol · L^{-1} to Sn^{2+} at 4 mol · L^{-1} as for the reduction of Sn^{4+} at 1 mol · L^{-1} to Sn^{2+} at 2 mol · L^{-1}. (　　)

7. The standard electrode potential is the electrode potential when the concentrations of solutes are 1 mol · L^{-1}, the gas pressures are 101.3 kPa, and the temperature has a specified value (usually 25 ℃). (　　)

8. In all voltaic cells reduction occurs at the cathode. (　　)

9. A positive value for the standard cell potential, $E^\ominus_{cell}$, indicates a spontaneous reaction. (　　)

10. The standard electrode potential is related to the nature of oxidant and reductant, but not to the concentration. ( )

Fill in the Blanks

1. Consider the reaction in acid: $Cr_2O_7^{2-}(aq) + Sn^{2+}(aq) \rightleftharpoons Cr^{3+}(aq) + Sn^{4+}(aq)$

Balance the equation in acid: ________. In this reaction, ________ was oxidized; ________ was the oxidizing agent.

2. Consider the cell: $(-)Zn|ZnSO_4(c)||AgNO_3(c)|Ag(+)$. The cell emf will ________ when we increase the concentration of $ZnSO_4$ solution, and ________ when we add $NH_3 \cdot H_2O$ into the $AgNO_3$ solution. (increase, decrease, or unchange)

3. Br_2 can oxidize Fe^{2+} to Fe^{3+}, while Br^- can react with MnO_4^-.

$Br_2 + 2Fe^{2+} \rightleftharpoons 2Br^- + 2Fe^{3+}$, $2MnO_4^- + 10Br^- + 16H^+ \rightleftharpoons 2Mn^{2+} + 5Br_2 + 8H_2O$

The relative strength of oxidants is ________. The relative strength of reductants is ________.

4. When $p_{O_2} = 100$ kPa, $[OH^-] = 10^{-10}$ mol · L^{-1}, and $\varphi^\ominus(O_2/H_2O) = 1.23$ V, the electrode potential in the half-reaction, $O_2 + 4H^+ + 4e^- \rightleftharpoons 2H_2O$, is ________.

5. Among standard electrode potentials, $\varphi^\ominus(Ag^+/Ag)$, $\varphi^\ominus(AgCl/Ag)$, $\varphi^\ominus(AgBr/Ag)$, $\varphi^\ominus(AgI/Ag)$, the highest one in value is ________, the lowest one is ________.

Short Answer Questions

1. Complete and balance the following oxidation-reduction reactions in acidic solution. Write the cell notation and the Nernst equation for the voltaic cells of the following redox reactions:

(a) $3Zn(s) + 2NO_3^-(aq) \rightleftharpoons 3Zn^{2+}(aq) + 2NO(g) + 4H_2O(l)$

(b) $3H_2O_2(aq) + Cr_2O_7^{2-}(aq) + 8H^+ \rightleftharpoons 2Cr^{3+}(aq) + 3O_2(g) + 7H_2O(l)$

$\varphi^\ominus(Zn^{2+}/Zn) = -0.76$ V, $\varphi^\ominus(NO_3^-/NO) = +0.98$ V, $\varphi^\ominus(H_2O_2/O_2) = +0.70$ V, $\varphi^\ominus(Cr_2O_7^{2-}/Cr^{3+}) = 1.33$ V

2. A voltaic cell is constructed from the redox couples, $\varphi^\ominus(Ag^+/Ag) = +0.80$ V, $\varphi^\ominus(Sn^{4+}/Sn^{2+}) = +0.15$ V

The aqueous solutions used are $AgNO_3$, $Sn(NO_3)_4$ and $Sn(NO_3)_2$.

(a) Identify an anode and cathode for the cell.

(b) What is the direction of electron flow?

(c) Write a cell diagram for the voltaic cell.

3. A voltaic cell utilizes the following reaction:

$$Al(s)+3Ag^{+}(aq) \rightleftharpoons Al^{3+}(aq)+3Ag(s)$$

What is the effect on the cell emf of each of the following changes?

(a) Water is added to the anode compartment, diluting the solution.

(b) The size of the aluminum electrode is increased.

(c) A solution of $AgNO_3$ is added to the cathode compartment, increasing the quantity of Ag^+ but not changing its concentration.

(d) HCl is added to the $AgNO_3$ solution, precipitating some of the Ag^+ as AgCl.

4. Use the rules to obtain the oxidation number of the nitrogen atom in each of the following:

(a) NO_2^-; (b) NO_3^-; (c) NO; (d) NO_2; (e) N_2O; (f) N_2; (g) NH_2OH; (h) N_2H_4; (i) NH_3; (j) NH_4^+

5. What is a concentration cell? For a Cu^{2+}/Cu concentration cell to have an emf of 0.100 V, what should the ratio of the $[Cu^{2+}]$ in the two solutions be? Is the more dilute solution in the anode or cathode compartment?

Calculations

1. Consider the following half-reactions:

$$MnO_4^- + 8H^+ + 5e^- \rightleftharpoons Mn^{2+} + 4H_2O \qquad \varphi^{\ominus}=1.48\ V$$

$$Cl_2 + 2e^- \rightleftharpoons 2Cl^- \qquad \varphi^{\ominus}=1.36\ V$$

(a) Calculate the value of $E^{\ominus}_{cell}$ for the cell.

(b) Write the cell reaction.

(c) Calculate $E^{\ominus}_{cell}$ for the cell and show the spontaneity when $[MnO_4^-]=[Mn^{2+}]=[Cl^-]=1.0\ mol \cdot L^{-1}$, $[H^+]=10\ mol \cdot L^{-1}$ and $p_{Cl_2}=100$ kPa.

2. For the cell reaction, $4H^+ + O_2(g) + 4Fe^{2+} \rightleftharpoons 2H_2O + 4Fe^{3+}$, $E^{\ominus}_{cell}=0.48$ V.

(a) What is the $\Delta_r G^{\ominus}_m$ for the reaction?

(b) Determine the equilibrium constant at 298 K for the reaction.

3. A voltaic cell was constructed from the following two half-reactions:

$Au^{3+}(0.10\ mol \cdot L^{-1})+3e^- \rightleftharpoons Au \qquad \varphi^{\ominus}=+1.50\ V$

$VO_2^+(0.10\ mol \cdot L^{-1})+2H^+(pH=4.00)+e^- \rightleftharpoons VO^{2+}(1.0\ mol \cdot L^{-1})+H_2O$

$\varphi^{\ominus}=+1.00\ V$

(a) Write the equation for the anode half-reaction.

(b) Write the equation for the cell reaction.

(c) What is the standard cell potential?

(d) What is the predicted cell potential?

(e) If the measured cell potential is 0.95 V, the $[Au^{3+}]$ is 0.10 mol · L^{-1}, the $[VO_2^+]$ is 0.10 mol · L^{-1}, and the $[VO^{2+}]$ is 1.0 mol · L^{-1}, then what is the actual pH of the solution?

4. For the reactions, $Cr_2O_7^{2-}$ (1.0 mol · L^{-1}) + $6I^-$ (1.0 mol · L^{-1}) + $14H^+$ (pH=7) $\rightleftharpoons$ $2Cr^{3+}$ (1.0 mol · L^{-1}) + $3I_2$ (1.0 mol · L^{-1}) + $7H_2O$ (l)

(a) Write each half-cell reaction, and calculate E_{cell} and $E^{\ominus}_{cell}$ for the cell.

(b) State the direction in which the reaction proceeds spontaneously.

$$\varphi^{\ominus}(Cr_2O_7^{2-}/Cr^{3+}) = 1.33\ V,\ \varphi^{\ominus}(I_2/I^-) = 0.54\ V$$

5. Given the following:

$$Au^{3+}(aq) + 2e^- \rightleftharpoons Au^+(aq) \qquad \varphi^{\ominus} = +1.404\ V$$

$$Au^+(aq) + e^- \rightleftharpoons Au \qquad \varphi^{\ominus} = +1.698\ V$$

(a) Calculate the value of $\varphi^{\ominus}(Au^{3+}/Au)$ for $Au^{3+} \longrightarrow Au$.

(b) Give balanced equations for any reactions that occur. Determine the equilibrium constant at 25 ℃ for this reaction.

扫码看答案

Chapter 10 Atomic Structure and the Periodic Table

PERFORMANCE GOALS

1. Identify the principal energy levels within an atom and state the energy trend among them.

2. For each principal energy level, state the number of sublevels (subshells), identify them by letter, and state the energy trend among them. Sketch the shapes of s and p orbitals.

3. State the number of orbitals in each sublevel.

4. Write the electron configuration of an element up to atomic number 36 based on its location in the periodic table. Correlate the positions of the elements in the periodic table with the arrangement of electrons in each element.

5. Predict the number of unpaired electrons in an atom.

6. Write the electron configuration of ions.

7. Explain trends in atomic radius and electronegativity within the periodic table.

OVERVIEW OF THE CHAPTER

1. To explain the line spectrum of atomic hydrogen, Bohr proposed that the atom's energy is quantized because the electron's motion is restricted to fixed orbits. The electron can move from one orbit to another only if the atom absorbs or emits a photon whose energy equals the difference in energy levels (orbits). Line spectra are produced because these energy changes correspond to photons of specific wavelength.

2. The de Broglie wavelength proposes that all matter have wavelike motion. According to the uncertainty principle, we cannot know simultaneously the exact position and speed of an electron.

3. The electron's wave function (ψ, atomic orbital) is a mathematical description of the electron's wavelike motion in an atom. Each wave function is associated with one of the atom's allowed energy states. The probability of finding the electron at a particular location is represented by ψ^2. Specifying electrons requires four quantum numbers: three (n, l, m) describe the orbitals, and a fourth (m_s) describes electron spin. Three features of the atomic orbital are described by

quantum numbers: size (n), shape (l), and orientation (m_l). A subshell with $l=0$ has a spherical (s) orbital; a subshell with $l=1$ has three, two-lobed (p) orbitals; and a subshell with $l=2$ has five, four-lobed (d) orbitals. In the case of the H atom, the energy levels depend on the n value only.

Name	Symbol	Permitted values	Property
Principal	n	Positive integers (1, 2, 3…)	Orbital energy (size)
Angular momentum	l	Integers from 0 to $n-1$	Orbital shape
Magnetic	m	Integers from $-l$ to $+l$	Orbital orientation
Spin	m_s	$+\frac{1}{2}$ or $-\frac{1}{2}$	Direction of e^- spin

4. The energy of subshells increases as the sum ($n+0.7l$) increases. Thus, the subshells are usually occupied in the order:

1s 2s 2p 3s 3p 4s 3d 4p 5s 4d 5p 6s 4f 5d 6p 7s

5. The electron configuration of an atom describes how the electrons are distributed among the orbitals of the atom. In the aufbau method of filling energy levels, one electron is added to each successive element in accord with the Pauli exclusion principle and Hund's rule. Valence electrons are those involved in forming compounds. An electron in an atom outside the noble-gas or pseudo-noble-gas core is called a valence electron[ns np or $(n-1)$d ns].

It is helpful to go step-by-step in writing electron configurations:

(1) Find the atomic number. (atomic number=the number of electron)

(2) List the subshells in order of increasing energy until you reach the subshell that contains the element.

(3) Put electrons into subshells as superscripts until you reach the element in question. Note that two exception, if the element happens to be chromium or copper.

(4) Add the superscripts and check the total against the atomic number. They should be equal, since the number of protons is the same as the number of electrons in a neutral atom.

(5) The electron configurations of ions are written by starting with the electron configuration of the atoms and then adding or removing the correct number of electrons.

(6) Draw circles (or boxes) for the orbitals of each subshell. A filled subshell should have doubly occupied orbitals (two electrons with opposite spins). For a partially filled subshell, apply Hund's rule, putting electrons into separate orbitals

with the same spin (either all up or all down) before pairing electrons.

(7) If unpaired electrons are present, the ion is paramagnetic.

6. Atomic size increases down a main group and decreases across a period. Generally, electronegativities increase as we go across a period and decrease as we go down a group in the table.

EXAMPLES

1. Give the notation used for each of the following subshells that is an allowed combination. If it is not an allowed combination, explain why.

(a) $n=2$, $l=1$ (b) $n=1, l=1$ (c) $n=4$, $l=2$ (d) $n=5$, $l=3$ (e) $n=4$, $l=0$.

Solution

(a) $n=2$, $l=1$ is an allowed subshell. We use the letter p to express the value of $l=1$, so the correct notation is 2p.

(b) Since l must be at least one less than n, a value of $l=1$ is not possible when $n=1$.

(c) The letter d means that $l=2$, so this subshell is referred to as 4d.

(d) The letter f means that $l=3$, so this subshell is referred to as 5f.

(e) $n=4$, $l=0$ is an allowed subshell. We use the letter s to express the value of $l=0$, so the correct notation is 4s.

2. A neutral atom of a certain element has 27 electrons. Without consulting a periodic table, answer the following questions:

(a) What is the electron configuration of the element?

(b) Is the atom of this element diamagnetic or paramagnetic?

(c) What are the valence electrons in the element?

(d) From (c), give its group and period in the periodic table.

Solution

(a) Using the building-up principle and knowing the maximum capacity of s, p and d subshells, we can write the electron configuration of the element as $1s^2 2s^2 2p^6 3s^2 3p^6 3d^7 4s^2$ or simply $[Ar]3d^7 4s^2$.

[Ar] | ↓↑ | ↓↑ | ↑ | ↑ | ↑ | | ↓↑ |

(b) Looking at the diagrams, you should see that the numbers of unpaired electrons are three for the element. Therefore, the atoms of this element are paramagnetic, with three unpaired spins.

(c) The valence-shell configuration is $3d^7 4s^2$.

(d) Elements with electron configurations ending in *n*s or *n*p are located in A groups whose number equal the sum of the electrons occupying the s and p orbitals in a specific *n* level. The elements of the B groups (Ⅰ B~Ⅷ B) in the middle of periodic table—the transition elements — are metallic elements in which a $(n-1)$d subshell is being filled. It is useful to note that with the exception of groups Ⅰ B, Ⅱ B and Ⅷ B, the number of valence electrons is equal to the group number. You locate this element in a periodic table and find it to be in Period 4, Group Ⅷ B.

SELF-HELP TEST

Multiple Choice

1. The following elements are in the fourth period of the periodic table.

Ca, V, Co, Zn, As

Of those listed the ones that have unpaired electrons in the ground state electronic configuration are ( ).

(a) Ca, V, and Co (b) V, Co, and Zn

(c) Ca, Zn, and As (d) V, Co, and As

2. Which of the following atoms has the largest number of unpaired electrons in its ground state configuration? ( )

(a) Ag (b) Cd (c) Co (d) Cr

3. An element, X, has the electronic configuration $1s^2 2s^2 2p^6 3s^2 3p^3$. The formula of the most probable compound this element will form with calcium, Ca, is ( ).

(a) Ca_3X_2 (b) Ca_2X (c) CaX_2 (d) Ca_2X_3

4. The notation used to designate angular wave function is ( ).

(a) $R_{n,l}(r)$ (b) $Y_{l,m}(\theta,\varphi)$ (c) $R^2_{n,l}(r)$ (d) $Y^2_{l,m}(\theta,\varphi)$

5. Which one of the following is not an allowed orbital notation? ( )

(a) 4s (b) 6p (c) 4f (d) 2d

6. The atom with lowest atomic number and a completely filled 3d subshell in the ground state is ( ).

(a) Cu (b) Ar (c) Cr (d) Zn

7. Which of the following electron configurations could represent a transition element in the ground state? ( )

(a) $1s^2 2s^2 2p^6 3s^2$ (b) $1s^2 2s^2 2p^6 3s^2 3p^6 3d^5 4s^2$

(c) $1s^2 2s^2 2p^6 3s^2 3p^6 3d^{10} 4s^2 4p^4$ (d) $1s^2 2s^2 2p^6 3s^2 3p^6$

8. The element of the most electronegativity is ( ).

(a) Fr (b) H (c) F (d) He

9. Compare the 1s energy level in the helium (He) atom with that in the krypton (Kr) atom. Which one is correct? (　　)

(a) $E_{1s}(He)=E_{1s}(Kr)$　　(b) $E_{1s}(He)<E_{1s}(Kr)$

(c) $E_{1s}(He)>E_{1s}(Kr)$　　(d) $E_{1s}(He)\ll E_{1s}(Kr)$

10. The atom with lowest atomic number that has a ground state electronic configuration of $(n-1)d^6ns^2$ is in the (　　).

(a) second period　　(b) third period

(c) fourth period　　(d) fifth period

11. Which of the following elements is a halogen? (　　)

(a) H　　(b) O　　(c) K　　(d) I

12. Which of the following sets of quantum numbers describes the most easily removed electron in a copper atom in its ground state? (　　)

(a) $n=3$, $l=1$, $m=-1$, $m_s=-\frac{1}{2}$　　(b) $n=4$, $l=2$, $m=0$, $m_s=+\frac{1}{2}$

(c) $n=3$, $l=2$, $m=0$, $m_s=-\frac{1}{2}$　　(d) $n=4$, $l=0$, $m=0$, $m_s=+\frac{1}{2}$

13. Which of the following are the subshells present in the third ($n=3$) shell? (　　)

(a) s, p　　(b) p, d, f　　(c) s, p, d　　(d) s, p, d, f

14. How many electrons could residue in the 4f subshell? (　　)

(a) 6　　(b) 7　　(c) 14　　(d) 10

15. Silicon has two unpaired electrons. This is a result of (　　).

(a) Hund's rule　　(b) the Pauli exclusion principle

(c) the aufbau principle　　(d) Bohr's model

16. What type of orbital may occupied by an electron with the quantum numbers $n=4$, $l=2$. How many orbitals of this type are found in a multielectron atom? (　　)

(a) 4p, 3　　(b) 4d, 5　　(c) 3p, 5　　(d) 4f, 7

17. Which of the following is the valence electron configuration of the Fe^{3+} ion? (　　)

(a) $3d^5$　　(b) $3d^34s^2$　　(c) $3d^6$　　(d) $3d^44s^2$

18. Which set of quantum numbers (n, l, m, m_s) is unacceptable according to the Schrödinger wave equation? (　　)

(a) 3, 0, 0, $+\frac{1}{2}$　　(b) 5, 4, 3, $+\frac{1}{2}$

(c) 5, 4, -3, $+\frac{1}{2}$　　(d) 2, -1, 0, $-\frac{1}{2}$

19. Which of the following electrons is the highest energy state? (　　)

(a) $(3, 1, 1, +\frac{1}{2})$　　(b) $(2, 1, 1, +\frac{1}{2})$

(c) $(2, 1, 0, +\frac{1}{2})$　　(d) $(3, 2, 1, +\frac{1}{2})$

20. Which of the following bonds is the most polar? (　　)

(a) C—O　　(b) B—Cl　　(c) Be—Cl　　(d) Be—F

21. Which of the following incorrectly matches the atom with the correct number of valence electrons? (　　)

(a) chlorine atom, 5 valence electrons

(b) sulfur atom, 6 valence electrons

(c) silicon atom, 4 valence electrons

(d) cobalt atom, 9 valence electrons

22. Which of the following elements fits the general electron configuration $(n-1)d^{10}ns^2np^4$? (　　)

(a) Si　　(b) Se　　(c) S　　(d) O

23. Which one of the following quantum number restrictions is not correct? (　　)

(a) The value of n is restricted to only positive integers.

(b) The value of l is restricted to only positive integers less than n.

(c) The value of m is restricted to the positive and negative integers equal to or greater than $-l$ and equal to or less than $+l$, and zero.

(d) The value of m_s is restricted to $+1/2$ and $-1/2$.

24. Which of the following atoms (in the ground state) does not show paramagnetism? (　　)

(a) copper　　(b) zinc　　(c) sulfur　　(d) sodium

25. All of the following elements typically first lose 4s valence electrons in a chemical reaction except (　　).

(a) potassium　　(b) gallium　　(c) manganese　　(d) calcium

True or False

1. An atom with the electron configuration, $1s^2 2s^2 2p^3 3s^1$, is unstable, but can exist. (　　)

2. In modern quantum theory, the electron of a hydrogen atom can have only certain fixed energies and moves about the nucleus in circular orbits. (　　)

3. Line spectra are observed in atomic emission spectra because electronic energy is quantized. (　　)

4. An electron with the quantum number 4, 3, -2, $+\frac{1}{2}$ would be a "d"

electron. (　　)

5. The Hund's rule states that the total energy of all the electrons is minimized when a sublevel is half-filled or completely filled. (　　)

6. The peak of the radial probability distribution occurs at the distance where the probability density of finding the electron is maximum. (　　)

7. The Heisenberg uncertainty principle is most directly a consequence of the fact that electrons can behave as a wave. (　　)

8. The electron configuration of manganese, $_{25}Mn$, shows that it has 7 unpaired electrons and is paramagnetic. (　　)

9. The elements with the most outer electron configuration, ns^1 or ns^2, would be in the s area. (　　)

10. For an s orbital, $Y_{l,m}(\theta, \varphi)$ is independent of angle and is of constant value. (　　)

Fill in the Blanks

1. The general trends in electronegativity show that it increases as you go ________ and decrease as you go ________ in the table. ________ is the most electronegative.

2. The subshell designation for $n=3$, $l=1$ is ________. It can have ________ possible orientations. The possible values of the four quantum numbers for three electrons in this subshell are ________.

3. The size of an atomic orbital is associated with the ________ quantum number. The quantum number l describes the ________ of an atomic orbital. The orientation of an atomic orbital is determined by the quantum number ________.

4. Complete the following table:

Element	Symbol	Abbreviated electron configuration	Period number	Group number	No. of unpaired electrons
Copper	Cu				

5. For an H atom: E_{3d} ________ E_{4s}. For a Ca atom: E_{3d} ________ E_{4s}. For a Ti atom: E_{3d} ________ E_{4s}. (>, <, or =)

Short Answer Questions

1. State whether or not each of the following sets of quantum numbers describes an allowed state of an electron in an atom. Explain what is wrong with any set of values that does not describe an allowed state.

(a) $n=4$, $l=4$, $m=4$; (b) $n=4$, $l=3$, $m=2$; (c) $n=4$, $l=1$, $m=-2$;

(d) $n=4$, $l=-2$, $m=0$

2. Consider three atomic orbitals (a), (b), and (c), whose outlines are shown below.

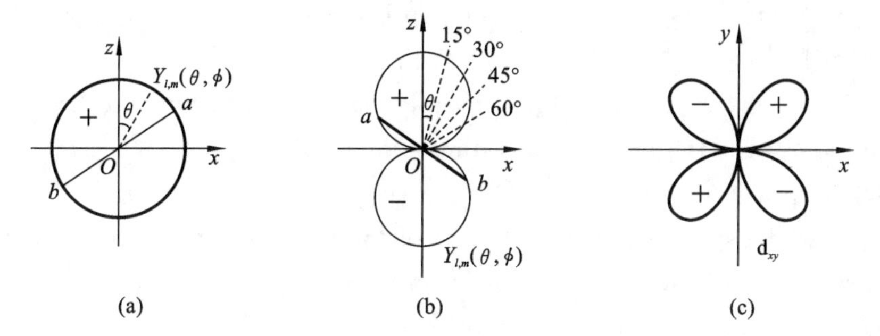

(a) What is the maximal number of electrons that can be contained in orbital (c)?

(b) How many orbitals with the same value of l as orbital (a) can be found in the shell with $n=4$? How many with the same value as orbital (b)? How many with the same value as orbital (c)?

(c) What is the smallest n value possible for an electron in an orbital of type (c)? Of type (b)? Of type (a)?

(d) What are the l values that characterize each of these three orbitals?

(e) Arrange these orbitals in order of increasing energy in the M shell. Is this order different in other shells?

3. Give explanations for your answers to the following questions. What is the maximum number of electrons in an atom that have the following quantum number: (a) $n=3$, (b) $n=3$, $l=2$, (c) $n=4$, $l=3$, $m=2$, (d) $n=2$, $l=1$, $m=0$, $m_s=-1/2$?

4. The quantum numbers that describe the valence electrons for element "A" are (4,0,0,+1/2), (4,0,0,−1/2), (3,2,0,+1/2), (3,2,−1,+1/2), and (3,2,1,+1/2).

(a) What is the symbol of the element?

(b) What is the electron configuration of the element "A"?

(c) Is the atom of this element diamagnetic or paramagnetic?

5. How many unpaired electrons are there in the ground state of each of the following ions?

(a) Cr^{3+}; (b) V^{3+}; (c) Cu^{+}; (d) Mn^{2+}

6. Answer the following questions about the element nitrogen (N).

(a) What is its electron configuration?

(b) What is its group number?

(c) How many unpaired electrons are in an atom of nitrogen?

(d) Is it a metal or nonmetal?

(e) What noble gas has the same electron configuration as its monatomic ion?

(f) What is its polarity (negative or positive) when covalently bonded to (1) oxygen (2) boron?

7. Which group in the periodic table has the following general electron configuration? (n is the principal quantum number.)

(a) ns^2np^4　(b) ns^2np^5　(c) $(n-1)d^{10}ns^1$　(d) $(n-1)d^7ns^2$

8. Write the symbol (not the name!) of the first element in the periodic table that satisfies each of the following conditions:

(a) a completed or filled set of p orbitals

(b) two 4p electrons

(c) its+2 ion has the 15 electrons in the M shell

9. (a) Give the condensed electron configuration for Cr.

(b) Give unique sets of "the four" quantum numbers for each of the electrons in the valence shell.

10. The electron configuration for element "E" is [Ar]$3d^84s^2$.

(a) What is the identity of element "E?"

(b) Give the partial orbital diagram for this atom.

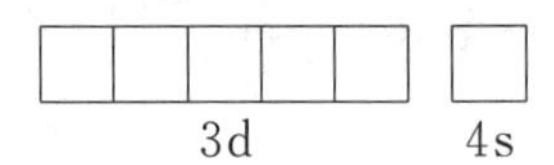

(c) Choose one of the following partial orbital diagrams as the correct+2 ion of this element. Put an "X" in front of the correct one.

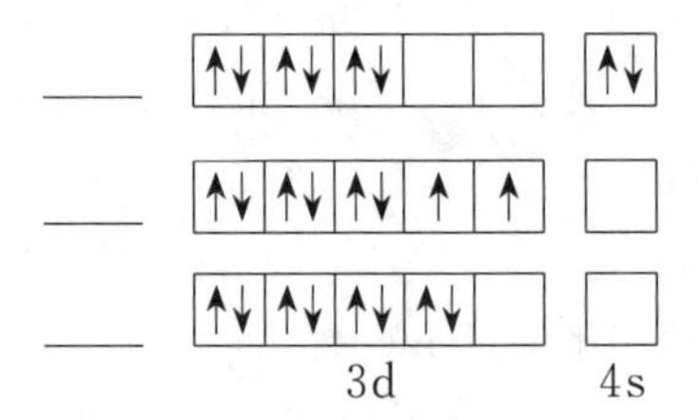

(d) Explain why the diagram you chose in part (c) is more likely than the ones not chosen.

扫码看答案

Chapter 11 Molecular Structure

PERFORMANCE GOALS

1. Be able to predict whether a bond is ionic, nonpolar covalent or polar covalent using electronegativities. Describe the bonding forces in covalent compounds.

2. Describe the orbitals used in the formation of sigma and pi bond.

3. Assign the hybrid orbitals used by a central atom to form bonds and hold lone pairs.

4. Predict the shapes of molecules from the valence-shell electron-pair repulsion (VSEPR) model.

5. Write the molecular orbital diagrams for homonuclear diatomic molecules and ions of first and second period elements.

6. Determine the bond order and the number of unpaired electrons in diatomic species from the molecular orbital diagrams. Be able to compare bond strengths and bond lengths of covalent bonds.

7. Predict the polarity of a molecule from bond polarities and molecular shape.

8. Identify the kinds of intermolecular attractions that are important for a given substance.

OVERVIEW OF THE CHAPTER

1. Valence bond (VB) theory explains that a covalent bond forms when two atomic orbitals overlap. The bond holds two electrons with paired (opposite) spins. A shared pair of valence electrons attracts the nuclei of two atoms and holds them together in a covalent bond while making each atom's outer shell complete.

2. Orbital hybridization allows us to explain how orbitals on isolated atoms mix and change their characteristics during bonding. Based on the observed molecular shape (and the related electron-pair arrangement), we postulate the type of hybrid orbital needed. In certain cases, we need not invoke hybridization at all.

3. The VSEPR theory proposes that each group of electrons around the central atom (single bond, multiple bond, lone pair, or lone electron) remains as far away from the others as possible. Ideal bond angles are prescribed by the regular geometric shapes; deviations from these angles occur when the surrounding atoms or electron groups are not identical. Bond polarity and molecular shape determine

molecular polarity, which is measured as a dipole moment. Molecules with lone pairs of electrons on a central atom are generally polar molecules. Dipole moment of the polar molecules can be nonzero.

To predict the shapes of molecules with the VSEPR theory, we use the following steps:

(1) Determine the total number of electrons in the valence shell of the central atom A. This is done by adding the number of valence electrons originally belonging to the central atom to the number of electrons furnished by another atom for sharing with the central atom. In regular covalent bonds, hydrogen and the halogens (Group ⅦA) donate one electron each for sharing. Elements in the oxygen group (Group ⅥA) are considered to donate no electrons. When acting as the central atom of the molecule, oxygen and each of the other periodic Group ⅥA elements furnish all six of their valence electrons, and the halogens (Group ⅦA) all seven valence electrons. If the species being considered is an ion, add or subtract the number of electrons required to account for the charge on the ion. Finally, divide the total number of electrons surrounding the central atom A in the valence shell by two to obtain the number of electron-pairs.

(2) From Table below, select the proper electron-pair arrangement as indicated by the number of electron pairs surrounding the central atom A. In the case of an odd number of electrons, treat the extra electron (one-half of an electron-pair) as if it were an electron-pair (lone pair).

The electron-pair arrangements (and bond angles) for given numbers of electron pairs are: linear for two pairs (180°); trigonal planar for three pairs (120°); tetrahedral for four pairs (109. 5°); trigonal bipyramidal for five pairs (both 90° and 120°); and octahedral for six pairs (90°).

(3) Use the arrangement of the bonded atoms to determine the molecular geometry, as shown in Table. If all the electron pairs were bonded pairs, the arrangement of electron pairs will be the same as the molecular geometry. But in molecules with lone pairs on central atoms, the molecular geometry differs from the arrangement of electron pairs.

Number of electron pairs	Electron-pair arrangement	Bonding pairs	Lone pairs	Class	Molecular geometry	Example
2(sp)	Linear	2	0	AX_2	Linear	$HgCl_2$, CO_2
3(sp^2)	Trigonal planar	3	0	AX_3	Trigonal planar	BF_3, NO_3^-
		2	1	AX_2E	Bent (or angular)	$PbCl_2$, SO_2

续表

Number of electron pairs	Electron-pair arrangement	Bonding pairs	Lone pairs	Class	Molecular geometry	Example
$4(sp^3)$	Tetrahedral	4	0	AX_4	Tetrahedral	SiF_4, SO_4^{2-}
		3	1	AX_3E	Trigonal pyramidal	NH_3, H_3O^+
		2	2	AX_2E_2	Bent (or angular)	H_2O, H_2S
$5(sp^3d)$	Trigonal bipyramidal	5	0	AX_5	Trigonal bipyramidal	PCl_5, PF_5
		4	1	AX_4E	Seesaw (or distorted tetrahedron)	SF_4, $TeCl_4$
		3	2	AX_3E_2	T-shaped	ClF_3
		2	3	AX_2E_3	Linear	I_3^-, XeF_2
$6(sp^3d^2)$	Octahedral	6	0	AX_6	Octahedral	SF_6, AlF_6^{3-}
		5	1	AX_5E	Square pyramidal	BrF_5, SbF_5^{2-}
		4	2	AX_4E_2	Square planar	ICl_4^-, XeF_4

4. Molecular orbital(MO) theory treats a molecule as a collection of nuclei with molecular orbitals delocalized over the entire structure. Atomic orbitals of comparable energy can be added and subtracted to obtain bonding and antibonding MOs, respectively. To interact effectively and form MOs, principles are accepted, (1) that appropriate wave functions for two atoms can be combined only if they represent similar energy states, (2) that extensive overlap of appropriate atomic orbitals can occur, and (3) that these orbitals bear the same symmetry with respect to the molecular axis. Bonding MOs have most of their electron density between the nuclei and are lower in energy than the atomic orbitals; most of the electron density of antibonding MOs does not lie between the nuclei, so these MOs are higher in energy. MOs are filled in order of their energy with electrons having opposing spins. MO diagrams show the energy levels and orbital occupancy. Those for the homonuclear diatomic molecules of Period 2 explain observed bond energy, bond length, and magnetic behavior.

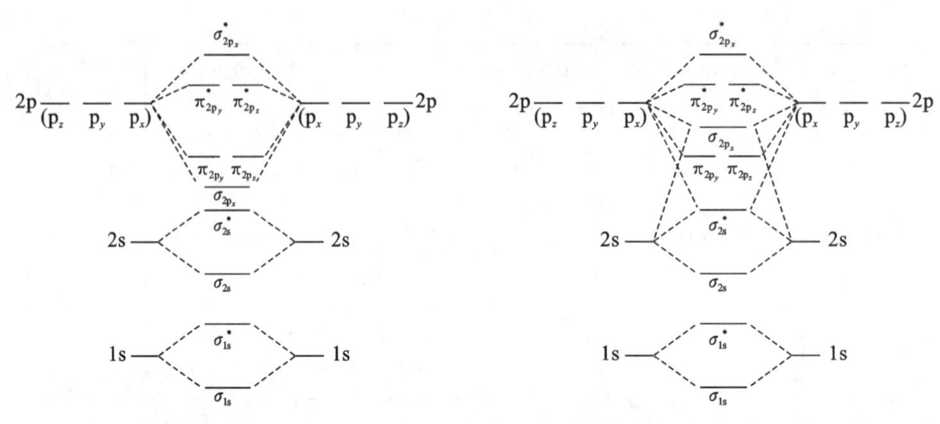

A. MO energy levels for O_2, F_2 and Ne_2.

B. MO energy levels for B_2, C_2 and N_2.

5. Intermolecular forces are much weaker than bonding (intramolecular) forces. Dipole-dipole forces occur between oppositely charged poles on polar molecules. Hydrogen bond, a special type of dipole-dipole force, occurs when H bonded to N, O, or F is attracted to the lone electron pair of other N, O, or F atoms on either another molecule or the same one. Electron clouds can be distorted (polarized) in an electric field. Dipole-induced dipole forces arise between a charge and the dipole it induces in another molecule. London forces are instantaneous dipole-induced dipole forces that occur among all particles and increase with number of electrons (molar mass).

EXAMPLES

1. (a) Predict the molecular geometry of the following molecules: NF_3, BCl_3, $CHCl_3$. (b) Predict whether each of the molecules in part (a) is polar or nonpolar. Explain your answers.

Solution For NF_3. The molecular shape is trigonal pyramidal. We know that F (EN=3.98) is more electronegativity than N (EN=3.04), so the bond dipoles point toward F. Since the bond dipoles partially reinforce each other, the molecular dipole points toward F. Therefore, NF_3 is polar.

For BCl_3. The molecular shape is trigonal planar. Since Cl (EN=3.16) is farther to the right in Period 2 than B (EN=2.04), it is more electronegativity, so each bond dipole points toward Cl. However, the bond angle is 120°, so the three bond dipoles counterbalance each other, and BCl_3 has no molecular dipole. Therefore, BCl_3 is nonpolar.

For $CHCl_3$. The molecular shape is tetrahedral. In CCl_4, the surrounding atoms are all Cl atoms. Although each C—Cl bond is polar, the molecule is nonpolar because the individual bond polarities counterbalance each other. In $CHCl_3$, H substitutes for one Cl atom, disrupting the balance and giving chloroform a significant dipole moment.

2. Arrange the following species in order of increasing bond energy: O_2, O_2^+, O_2^-. Which of these is paramagnetic? Explain your answers by drawing an energy level diagram showing the electronic configuration of each of these species.

Solution Remember that beginning with O_2, we have the normal filling order for MOs: σ_{2p_x} before π_{2p_y} (π_{2p_z}). The neutral molecule has 12 valence electrons; the cation has 11; the anion has 13. The molecular electron configurations (valence only) and bond order for each molecule is:

O_2: $[(\sigma_{2s})^2(\sigma_{2s}^*)^2(\sigma_{2p_x})^2(\pi_{2p_y})^2(\pi_{2p_z})^2(\pi_{2p_y}^*)^1(\pi_{2p_z}^*)^1]$ Bond order$=\frac{1}{2}(8-4)$
$=2$

O_2^+: $[(\sigma_{2s})^2(\sigma_{2s}^*)^2(\sigma_{2p_x})^2(\pi_{2p_y})^2(\pi_{2p_z})^2(\pi_{2p_y}^*)^1]$ Bond order$=\frac{1}{2}(8-3)=2.5$

O_2^-: $[(\sigma_{2s})^2(\sigma_{2s}^*)^2(\sigma_{2p_x})^2(\pi_{2p_y})^2(\pi_{2p_z})^2(\pi_{2p_y}^*)^2(\pi_{2p_z}^*)^1]$ Bond order$=\frac{1}{2}(8-5)$
$=1.5$

Based on bond order, the order of increasing bond energy is $O_2^- < O_2 < O_2^+$.

All electrons are paired in a diamagnetic molecule. A paramagnetic molecule has one or more unpaired electrons. All molecules are described as paramagnetic with the unpaired electrons.

3. In each of the following pairs, identify all the intermolecular forces present and select the substance with the lower vapor pressure at a given temperature:

(a) CO_2 or SO_2; (b) CH_3CH_2OH or CH_3OCH_3

Solution

(a) London forces increase roughly with molecular weight. The molecular weights for SO_2 and CO_2 are 64 amu and 44 amu, respectively. Therefore, the London forces between SO_2 molecules should be greater than between CO_2 molecules. Moreover, because SO_2 is polar but CO_2 is not, there are dipole-dipole forces between SO_2 molecules but not between CO_2 molecules. We conclude that sulfur dioxide has the lower vapor pressure.

(b) Dimethyl ether and ethanol have the same molecular formulas but different structural formulas. The molecular weights are equal, and therefore the London forces are approximately the same. Both consist of polar molecules and contain dipole-dipole forces. However, there will be strong hydrogen bonding in ethanol but not in dimethyl ether. We expect ethanol to have the lower vapor pressure.

SELF-HELP TEST

Multiple Choice

1. The geometry of the carbonate ion, CO_3^{2-}, is (　　).

(a) T shaped　　(b) trigonal pyramidal

(c) tetrahedral　　(d) trigonal planar

2. Pi (π) bonding occurs in each of the following except (　　).

(a) CO_2　　(b) CH_4　　(c) CN^-　　(d) C_2H_4

3. Each of the following molecules has a nonzero dipole moment except (　　).

(a) C_6H_6　　(b) CO　　(c) SO_2　　(d) NH_3

4. Which of the following diatomic species do you expect to have the longest bond length? (　　)

(a) N_2^+　　(b) CO　　(c) O_2^-　　(d) O_2^+

5. Which of the following solvents will molecular iodine, I_2, dissolve most easily in? (　　)

(a) HCl　　(b) H_2O　　(c) CH_3OH　　(d) CCl_4

6. Which of the following best describes the hybrids used by S in the sulfite ion, SO_3^{2-}? (　　)

(a) sp　　(b) sp^2　　(c) sp^3　　(d) d^2sp^3

7. The VSEPR formula, the number of pairs of valence shell electrons (on the carbon atom), the geometry, and approximate H—C—H bond angle for the CH_3^+ ion are respectively (　　).

(a) AX_3E_2, 5, T-shaped, $<90°$　　(b) AX_3, 3, trigonal planar, 120°

(c) AX_3, 3, trigonal pyramid, 120°　(d) AX_3E, 4, trigonal pyramid, $<109.5°$

8. In which of the following molecules does the central atom use sp^2 hybrid atomic orbitals in forming bonds? (　　)

(a) SO_2　　(b) CS_2　　(c) H_2S　　(d) NH_3

9. Which of the following contains a coordinate covalent bond? (　　)

(a) NH_4Cl　　(b) BCl_3　　(c) $BaCl_2$　　(d) HCl

10. There are both ionic and covalent bonds in each of the following compounds except for (　　).

(a) $CaCO_3$　　(b) Sr_3N_2　　(c) $NaNO_3$　　(d) $(NH_4)_3PO_4$

11. Which of the following molecules is nonplanar? (　　)

(a) C_6H_6　　(b) SO_3　　(c) CF_4　　(d) XeF_4

12. Which of the following is nonpolar, but contains polar bonds? (　　)

(a) SO_2　　(b) H_2O　　(c) NO_2　　(d) SO_3

13. In one of the following triatomic molecules the observed bond angle is 116°49′. Which of these molecules would you expect to have a bond angle of about this magnitude? (　　)

(a) H_2O　　(b) OF_2　　(c) CS_2　　(d) O_3

14. In which of the following compounds do the bonds have the largest percentage of ionic character? (　　)

(a) N_2O_4　　(b) H_2O　　(c) HF　　(d) IBr

15. Which of the following diatomic gases has a boiling point very close to the boiling point of the rare gas Ar? (　　)

(a) NO　　(b) F_2　　(c) Cl_2　　(d) HCl

16. On the basis of the relative strengths of intermolecular forces, one can predict that the order of decreasing boiling points of the following three substances is (　　).

(a) $CH_3OH > CH_4 > H_2$　　(b) $CH_3OH > H_2 > CH_4$

(c) $CH_4 > CH_3OH > H_2$　　(d) $CH_4 > H_2 > CH_3OH$

17. Which hybrids can be used for bonding in a square planar molecule or ion? (　　)

(a) sp^3　　(b) dsp^2　　(c) sp^2　　(d) sp^3d

18. "Two atoms each provides two electrons that are shared by the two atoms." This is a description of a (　　).

(a) double covalent bond.　　(b) single covalent bond.

(c) triple covalent bond.　　(d) quadruple covalent bond.

19. Bromine, Br_2, boils at 58.8 ℃, while iodine monochloride, ICl, boils at 97.4 ℃. The principal reason ICl boils almost 40 ℃ higher than Br_2 is that (　　).

(a) the molecular weight of ICl is 162.4 while that of Br_2 is 159.8

(b) ICl is an ionic compound, while Br_2 is molecular

(c) London dispersion forces are stronger for ICl than for Br_2

(d) ICl is polar, while Br_2 is nonpolar

20. For the PH_3 molecules (　　).

(a) the bond angles are 120° and the structure is trigonal planar

(b) the bond angles are $<109.5°$ and $>90°$ and the structure is trigonal planar

(c) the bond angles are $<109.5°$ and $>90°$ and the structure is trigonal pyramidal

(d) the bond angles are $>109.5°$ and $<180°$ and the structure is tetrahedral

21. Combining orbitals of nearly the same energy to form orbitals of equal energy is a process called (   ).

(a) oxidation (b) hybridization (c) resonance (d) spin

22. The carbon atoms in ethane (C_2H_6), ethene (C_2H_4) and ethyne (C_2H_2) provide examples of the three common types of hybridization. In the order given above the type of hybridization corresponds to (   ).

(a) sp^3, sp^2, sp (b) sp, sp^2, sp^3 (c) sp, sp^3, sp^2 (d) sp^3, sp, sp^2

23. Sigma (σ) bonding occurs (   ).

(a) s-s (b) s-p_x (c) p_x-p_x (d) all of the above

24. A non-metal usually forms two covalent bonds in its compounds. How many electrons will it have in its valence level? (   )

(a) 2 (b) 4 (c) 6 (d) 8

25. Which of the following molecular pairs would have exclusively London-type intermolecular forces? (   )

(a) CH_3OH and H_2O (b) HBr and HCl

(c) N_2 and H_2O (d) benzene (C_6H_6) and CCl_4

True or False

1. As bond order increases, both bond length and bond energy increase. (   )

2. According to the valence shell electron pair repulsion (VSEPR) theory, the electron-pairs associated with the central atom of a covalent molecule include both σ bond pairs and the lone pairs, but not π bond pairs. (   )

3. If we combine a 1s and all three 3p orbitals to get four new hybrid orbitals, they are called sp^3 hybrid orbitals. (   )

4. It can be expected that the C_2 molecule is less stable than the B_2 molecule. (   )

5. Atomic orbitals of a given type always overlap with other atomic orbitals of the same type (s orbitals overlap only with other s orbitals, p orbitals with other p orbitals, etc.) (   )

6. The predicted electron-pair arrangement for water is tetrahedral with 109.5° bond angle. But the actual angle is 104°45′ because of the repulsion of the two unshared electron pairs. (   )

7. A molecule which contains polar bonds will always have a dipole moment. (   )

8. Hydrogen bonds are covalent bonds between hydrogen and oxygen. (   )

9. According to VB theory, you might expect the number of bonds formed by a given atom to equal the number of unpaired electrons in its valence shell. No bond can form in the absence of initially unpaired electrons. ( )

10. End-to-end overlap results in a bond with electron density above and below the bond axis. ( )

Fill in the Blanks

1. Covalent bond based upon orbital overlap can be of two types: ________. The characteristic of the covalent bonds is ________.

2. There are three main types of intermolecular forces known collectively as van der Waals forces: ________. ________ exist between all molecules.

3. We can use ________ to predict bond polarity and use ________ to determine molecular polarity.

4. A coordinate covalent bond is possible for one atom to ________ and the other atom to ________.

5. To interact effectively and form MOs, principles are accepted, ________, ________, and ________.

Short Answer Questions

1. Predict the geometry, of each of the following species and account for this geometry by describing the hybrid orbital used by the central atom.

(a) NH_2^-; (b) NO_2; (c) XeF_4; (d) NO_2^+

2. Explain why BF_3 is a nonpolar molecule, even though F is considerably more electronegative than B.

3. Explain why the bond angle in NF_3 is 102° and not 109.5°.

4. Use VSEPR theory, to predict that IF_4^- is square planar and not tetrahedral. What kind of hybrid atomic orbitals is used by I to bond to F in IF_4^-?

5. (a) Predict whether each of the following triatomic molecules is linear or bent: O_3, CS_2, NO_2, HCN, H_2S. Explain your answers. (b) Predict whether each of the molecules in part (a) is polar or nonpolar. Explain your answers.

6. Determine the electron-pair arrangement, molecular shape, ideal bond angle (s) and the direction of any deviation from these angles for each of the following.

(a) O_3; (b) H_3O^+; (c) ClF_3; (d) $HgCl_2$; (e) ICl_4^-; (f) OF_2.

7. For molecules of general formula AX_n (where $n>2$), how do you determine if a molecule is polar?

8. Describe the electronic structure of each of the following. Using molecular orbital theory, calculate the bond order of each and decide whether it should be

stable. For each state whether the substance is diamagnetic or paramagnetic.

(a) B_2; (b) B_2^+; (c) O_2^-

9. What kinds of intermolecular forces (London, dipole-dipole, hydrogen bonding) are expected in the following substances?

(a) methane, CH_4;

(b) trichloromethane (chloroform), $CHCl_3$;

(c) butanol (butyl alcohol), $CH_3CH_2CH_2CH_2OH$.

10. Arrange the following substances in order of increasing boiling points. Explain the reasons for the order you chose.

(a) N_2; (b) HF; (c) CO; (d) H_2

扫码看答案

Chapter 12 Coordination Complexes

PERFORMANCE GOALS

1. Write formulas of coordination complexes. Identify the ligands and their donor atoms. Determine coordination number and oxidation state of the metal, and the charge on any complex ion.

2. Give a valence bond theory description of a coordination complex and show the number of unpaired electrons and the hybrid orbitals used by the metal ion.

3. Use crystal field theory to give quite satisfactory explanations of color as well as of structure, stability and magnetic properties for many coordination complexes. Understand the difference between high-spin and low-spin states, and in which d configurations they occur.

4. Calculate the concentrations of the species present in a complex ion equilibrium from K_f. Given K_{sp} and K_f calculate the solubility of a slightly soluble ionic compound in an excess of the complexing agent. Explain the redox properties of metal complexes.

5. Determine whether a molecule or ion can serve as a chelate ligand. Know factors that influence the stability of a chelate.

OVERVIEW OF THE CHAPTER

1. Coordination complexes consist of a complex ion and charge-balancing counter ions. The complex ion has a central metal ion bonded to neutral and/or anionic ligands, which act as Lewis bases with one or more donor atoms. The coordination number is the number of donor atoms that are bonded to the central atom. For coordination complexes with unidentate ligands, the coordination number is equal to the number of ligands. For those with polydentate ligands, however, it is not true. The coordination number is often influenced by the electron configuration of the central atom, space effect, electrostatic interaction, etc. The coordination number of a metal ion is related to space geometries. The most common geometry is octahedral (six ligand atoms bonding). Formulas and names of coordination complexes follow systematic rules.

2. Valence bond theory pictures bonding in complex ions as arising from coordinate covalent bonding between Lewis bases (ligands) and Lewis acids (metal ions). Ligand lone pairs occupy hybridized metal ion orbitals to form complexes

with characteristic shapes. The geometrical structure of coordination complexes can be predicted from their coordination numbers using VSEPR theory with some modifications. Hybrid orbitals for various coordination numbers and geometries are shown in table below. When transition metal ions form complexes, it is experimentally observed that some of the complexes have the same magnetic moment as the free (uncomplexed) metal ion, and others have a smaller magnetic moment. Thus many complexes, but not all, can be divided into two groups: (1) Inner orbital complexes, for which the number of unpaired electrons, and therefore the magnetic moment, is less than that of the free ion. Hybrid orbitals can result from the hybridization of $(n-1)$d, ns and np orbitals. (2) Outer orbital complexes, for which the magnetic moment is the same as that of the free ion. Hybrid orbitals can result from the hybridization of ns, np and nd orbitals. For transition metal ions with configuration d^1, d^2, d^3, d^8, d^9, or d^{10}, there are no "inner orbital" versus "outer orbital" complexes. If transition-metal ions have configurations d^4, d^5, d^6, or d^7, which kind of complexes is formed is determined by electronegativity of the ligands (or the magnetic moment).

Coordination number	Hybrid orbitals	Geometries	Examples
2	sp	Linear	$[Ag(NH_3)_2]^+$, $[AgCl_2]^-$, $[Au(CN)_2]^-$
4	sp^3	Tetrahedral	$[Ni(CO)_4]$, $[Cd(CN)_4]^{2-}$, $[ZnCl_4]^{2-}$, $[Ni(NH_3)_4]^{2+}$
	dsp^2	Square planar	$[Ni(CN)_4]^{2-}$, $[PtCl_4]^{2-}$, $[Pt(NH_3)_2Cl_2]$
6	d^2sp^3	Octahedral	$[Fe(CN)_6]^{3-}$, $[Co(NH_3)_6]^{3+}$, $[Fe(CN)_6]^{4-}$, $[PtCl_6]^{2-}$
	sp^3d^2	Octahedral	$[FeF_6]^{3-}$, $[Fe(SCN)_6]^{3-}$, $[Co(NH_3)_6]^{2+}$, $[Ni(NH_3)_6]^{2+}$

3. Crystal field theory explains color and magnetism of complexes. As the result of a surrounding field of negative ligands, the metal d-orbital energies split. This crystal field splitting energy (Δ) depends on the charge of the metal ion and the crystal field strength of the ligand. Its magnitude influences the energy of the photon absorbed (color) and the number of unpaired d electrons (paramagnetism). Strong-field ligands, such as CN^- in $[Co(CN)_6]^{3-}$, create a large Δ and produce low-spin complexes that absorb light of higher energy (shorter λ); the reverse is true for weak-field ligands. Note that orbital diagrams for the d^1 through d^{10} ions in

octahedral complexes show that high-spin/low-spin options are possible only for d^4, d^5, d^6, and d^7 ions.

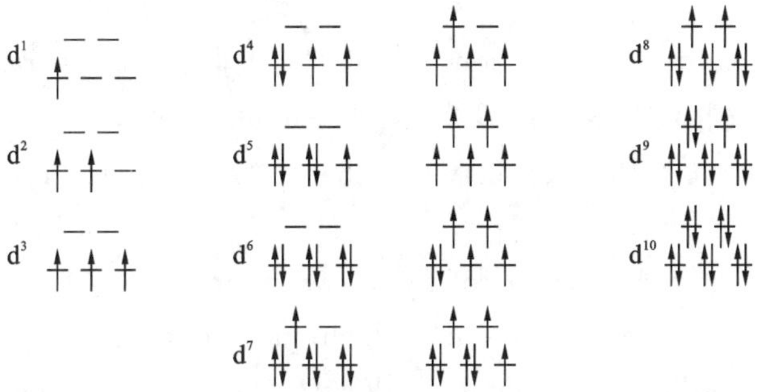

$\Delta_o > P$ (low-spin) $\Delta_o < P$ (high-spin)

The crystal field stabilization energy (CFSE) of a complex is a measure of the net energy of stabilization (compared to the ion in a spherical field) gained by a metal ion's nonbonding d electrons as a result of complex formation. In general, a larger negative number indicates that the complex is more stable for a given ligand.

$$\text{CFSE} = xE\,d_\varepsilon + yE\,d_\gamma + (n_2 - n_1)P$$

4. A complex ion consists of a central metal ion covalently bonded to two or more negative or neutral ligands. Its stability is described by a formation constant K_f. The larger the K_f, the more stable the complex ion for ions of the same coordination number. For the different coordination number, compare the stability of the complex by calculation. If a system at complex ion equilibria is disturbed by a change in solution acidity, precipitator, or other ligands, the system will shift its position to counteract the effect of the disturbance. A ligand solution increases the solubility of an ionic precipitate if the cation forms a complex ion with the ligand. On the other hand, adding precipitator shifts the equilibrium from complex ions to the slightly soluble ionic compounds. When both K_f for the complex ion and K_{sp} for the slightly soluble ionic compound are small, a net reaction occurs in the direction producing the slightly soluble ionic compounds.

5. A complex formed by polydentate ligands is frequently quite stable and is called a chelate. These ligands are called chelating agents. Among the chelating agents the widely employed are the salts of ethylenediaminetetraacetic acid (EDTA), usually as the sodium salt. Polydentate ligands form more stable complexes than unidentate ligands, due to the fully available entropy contribution from desolvation. Factors that influence the stability of a chelate are the size and the number of chelate rings. The maximum stability of the chelate usually arises from five-membered or six-membered rings. The stability of the chelate in general

increases with the number of rings formed.

EXAMPLES

1. Hexaaquairon (Ⅱ) ion, $[Fe(H_2O)_6]^{2+}$, is paramagnetic while hexacyanoferrate (Ⅱ), $[Fe(CN)_6]^{4-}$, is diamagnetic.

(a) Explain the difference between the magnetism of these two complexes using VB theory.

(b) What is the hybridization of these two complexes?

(c) Which one is inner-orbital and which one is outer-orbital complex?

Solution Consider the bonding in $[Fe(H_2O)_6]^{2+}$. The configuration of the iron atom is $[Ar]3d^6 4s^2$, and the configuration of Fe^{2+} is $[Ar]3d^6$. The orbital diagram of the ion is

Fe^{2+}:[Ar] ↑↓ ↑ ↑ ↑ ↑ (3d) □ (4s) □□□ (4p) □□□□□ (4d)

If electron pairs from six H_2O: ligands are to bond to Fe^{2+}, forming six equivalent bonds, hybrid orbitals will be required. Because the 3d orbitals have electrons in them, they cannot be used for bonding to ligand orbitals unless some of the electrons are removed. Suppose you use two of the empty 4d orbitals instead. Hybrid orbitals with an octahedral arrangement can be formed with the one 4s orbital, the three 4p orbitals, and two 4d orbitals. We will call the hybrid orbitals formed from them sp^3d^2 hybrid orbitals. Then the orbital diagram of the complex ion would be

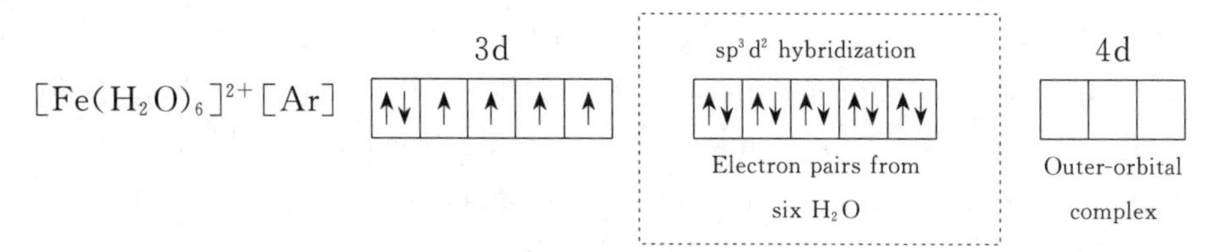

Note that there are four unpaired electrons in 3d orbitals on the iron atom, which explains the paramagnetism of this complex ion. The bonding in other octahedral complexes of iron(Ⅱ) is not essentially the same. Suppose, however, that in forming a complex ion of Fe^{2+}, the 3d electrons pair up so that two of the 3d orbitals are unoccupied and can be used to form d^2sp^3 hybrid orbitals. Six equivalent hybrid orbitals on the metal ion can result from the hybridization of two 3d, one 4s, and three 4p orbitals. The orbital diagram for the iron atom in $[Fe(CN)_6]^{4-}$ is

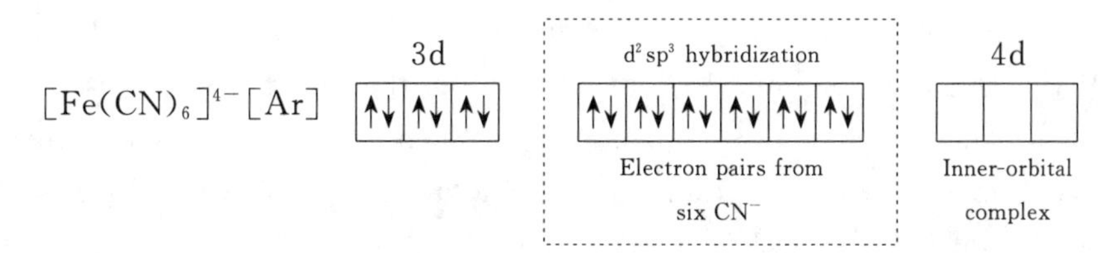

2. (a) Calculate the concentration of Ag^+, in an aqueous solution prepared as 0.10 mol · L^{-1} $AgNO_3$ and 3.0 mol · L^{-1} NH_3.

$$Ag^+(aq) + 2NH_3(aq) \rightleftharpoons [Ag(NH_3)_2]^+(aq) \qquad K_f = 1.7 \times 10^7$$

(b) What is the molar solubility of AgBr(s) in 3.0 mol · L^{-1} NH_3?

$$AgBr(s) + 2NH_3(aq) \rightleftharpoons [Ag(NH_3)_2]^+(aq) + Br^-(aq) \qquad K^\ominus = 8.0 \times 10^{-6}$$

Solution

(a) In 1 L of solution, you initially have 0.10 mol Ag^+(aq) from $AgNO_3$. This reacts to give 0.10 mol $[Ag(NH_3)_2]^+$, leaving $(3.00 - 2 \times 0.10)$ mol NH_3, which equals 2.80 mol NH_3. You now look at the equilibrium for the dissociation of $[Ag(NH_3)_2]^+$.

Concentration/(mol · L^{-1})	$[Ag(NH_3)_2]^+(aq) \rightleftharpoons$	$Ag^+(aq)$ +	$2NH_3(aq)$
Initial	0.1	0	2.8
Change	$-x$	$+x$	$+2x$
Equilibrium	$0.1-x$	x	$2.8+2x$

Substituting into the formation constant gives

$$K_f = \frac{[Ag(NH_3)_2{}^+]}{[Ag^+][NH_3]^2} = \frac{0.1-x}{x\,(2.8+2x)^2} = 1.7 \times 10^7$$

If you assume x to be small compared with 0.10, you have

$$\frac{x\,(2.8)^2}{0.1} = 5.9 \times 10^{-8}$$

and

$$x = 7.5 \times 10^{-10}\ \text{mol} \cdot L^{-1}$$

(b) Concentration/(mol · L^{-1})

	$AgBr(s) + 2NH_3(aq) \rightleftharpoons$	$[Ag(NH_3)_2]^+(aq)$ +	$Br^-(aq)$
Initial	3.0	0	0
Change	$-2S$	S	S
Equilibrium	$3.0-2S$	S	S

Substituting into the equilibrium constant equation gives

$$\frac{S^2}{(3.0-2S)^2} = 8.0 \times 10^{-6}$$

You solve this equation by taking the square root of both sides. Hence,

$$S = 8.4 \times 10^{-3}\ \text{mol} \cdot L^{-1}$$

The molar solubility of AgBr(s) in 3.0 $mol \cdot L^{-1}$ NH_3 is 8.4×10^{-3} $mol \cdot L^{-1}$.

3. A Cu electrode is immersed in a solution that is 1.00 $mol \cdot L^{-1}$ in $[Cu(NH_3)_4]^{2+}$ and 1.00 $mol \cdot L^{-1}$ in NH_3. When the cathode is a standard hydrogen electrode, the emf of the cell is found to be +0.08 V. What is the formation constant for $[Cu(NH_3)_4]^{2+}$? [$\varphi^\ominus(Cu^{2+}/Cu) = 0.342$ V]

Solution The process can be written:

$$2H^+(aq) + 2e \rightleftharpoons H_2(g) \quad \varphi^\ominus(H^+/H_2) = 0.0 \text{ V}$$

$$Cu(aq) + 4NH_3(aq) - 2e \rightleftharpoons [Cu(NH_3)_4]^{2+}(aq) \quad \varphi^\ominus([Cu(NH_3)_4]^{2+}/Cu) = ? \text{ V}$$

$$2H^+(aq) + Cu(aq) + 4NH_3(aq) \rightleftharpoons H_2(g) + [Cu(NH_3)_4]^{2+}(aq) \quad E^\ominus_{cell} = 0.08 \text{ V}$$

$$E^\ominus_{cell} = 0.08 \text{ V} = \varphi^\ominus(H^+/H_2) - \varphi^\ominus([Cu(NH_3)_4]^{2+}/Cu)$$

$$\varphi^\ominus([Cu(NH_3)_4]^{2+}/Cu) = -0.08 \text{ V}$$

$$Cu^{2+}(aq) + 2e \rightleftharpoons Cu(g) \quad \varphi^\ominus(Cu^{2+}/Cu) = 0.342 \text{ V}$$

$$Cu(aq) + 4NH_3(aq) - 2e \rightleftharpoons [Cu(NH_3)_4]^{2+}(aq)$$

$$\varphi^\ominus([Cu(NH_3)_4]^{2+}/Cu) = -0.08 \text{ V}$$

$$Cu^{2+}(aq) + 4NH_3(aq) \rightleftharpoons [Cu(NH_3)_4]^{2+}(aq) \quad E^\ominus_{cell} = ?$$

Since we know $\varphi^\ominus$ values for two steps and the overall reaction, we can calculate $E^\ominus$ for the formation reaction and then K_f, using $\lg K^\ominus = \dfrac{nE^\ominus}{0.05916 \text{ V}}$ for the step.

$$E^\ominus_{cell} = \varphi^\ominus(Cu^{2+}/Cu) - \varphi^\ominus([Cu(NH_3)_4]^{2+}/Cu) = 0.342 \text{ V} - (-0.08) \text{ V} = 0.422 \text{ V}$$

$$\lg K_f = \frac{2 \times 0.422}{0.05916} = 14.27$$

$$K_f = 1.8 \times 10^{14}$$

SELF-HELP TEST

Multiple Choice

1. Which of the following complexes is colorless? (　　)

(a) $[Ni(CN)_4]^{2-}$　　(b) $[Zn(NH_3)_4]^{2+}$

(c) $[Cr(H_2O)_6]^{3+}$　　(d) $[Co(NH_3)_4]^{2+}$

2. Amongst $[Ni(CO)_4]$, $[Ni(CN)_4]^{2-}$ and $[NiCl_4]^{2-}$ (　　).

(a) $[Ni(CO)_4]$ and $[NiCl_4]^{2-}$ are diamagnetic, but $[Ni(CN)_4]^{2-}$ is paramagnetic

(b) $[NiCl_4]^{2-}$ and $[Ni(CN)_4]^{2-}$ are diamagnetic, but $[Ni(CO)_4]$ is paramagnetic

(c) $[Ni(CO)_4]$ and $[Ni(CN)_4]^{2-}$ are diamagnetic, but $[NiCl_4]^{2-}$ is paramagnetic

(d) $[Ni(CO)_4]$ is diamagnetic, but $[NiCl_4]^{2-}$ and $[Ni(CN)_4]^{2-}$ are paramagnetic

3. Amongst the following ions which one has the highest paramagnetism? ( )

(a) $[Cr(H_2O)_6]^{3+}$ (b) $[Fe(H_2O)_6]^{2+}$

(c) $[Cu(H_2O)_6]^{2+}$ (d) $[Zn(H_2O)_6]^{2+}$

4. The central metal oxidation state, coordination number, and the overall charge on the complex ion in $NH_4[Cr(NH_3)_2(NCS)_4]$ are respectively ( ).

(a) −3, 4, −1 (b) +1, 4, +1 (c) +3, 6, −1 (d) −3, 2, −1

5. The coordination number of Co^{3+} in the $[Co(en)(C_2O_4)_2]^-$ complex is ( ).

(a) 4 (b) 6 (c) 2 (d) 5

6. The $[Ni(H_2O)_6]^{2+}$ ion is green whereas the $[Ni(NH_3)_6]^{2+}$ ion is purple. Which statement is correct? ( )

(a) The complementary color of green is yellow.

(b) The complementary color of purple is red.

(c) $[Ni(H_2O)_6]^{2+}$ absorbs light with a shorter wave length than $[Ni(NH_3)_6]^{2+}$.

(d) $[Ni(NH_3)_6]^{2+}$ absorbs light with a shorter wave length than $[Ni(H_2O)_6]^{2+}$.

7. The geometries of $[AlCl_4]^-$ and $[Ag(NH_3)_2]^+$ are respectively ( ).

(a) trigonal pyramidal, bent (b) trigonal pyramidal, linear

(c) octahedral, tetrahedral (d) tetrahedral, linear

8. Which of the following statements about the coordination number of a cation is true? ( )

(a) Most metal ions exhibit only a single, characteristic coordination number.

(b) The coordination number is equal to the number of ligands bonded to the metal atom.

(c) For most cations, the coordination number depends on the size, structure, and charge of the ligands.

(d) The most common coordination numbers are 4, 6, and 8.

9. Concentrated ammonia solution is added to an aqueous solution of each of the following salts. In which one does a precipitate form? ( )

(a) $Ni(NO_3)_2$ (b) $ZnCl_2$ (c) $Mg(NO_3)_2$ (d) $CoSO_4$

10. What is the ratio of uncomplexed to complexed Zn^{2+} ion in a solution that is 10 mol · L^{-1} in NH_3 if the stability constant of $[Zn(NH_3)_4]^{2+}$ is 3×10^9? ( )

(a) 3×10^{-14} (b) 3×10^{-11} (c) 3×10^{-12} (d) 3×10^{-13}

11. Which of the following complexes is not a chelate? (　　)

(a) $[Ni(en)_2]Cl_2$　　(b) $[Co(en)(C_2O_4)_2]^-$

(c) $[Fe(C_2O_4)_3]^{3-}$　　(d) $[Ag(S_2O_3)_2]^{3-}$

12. A 0.020 mol · kg^{-1} solution of each of the following compounds is prepared. Which solution would you expect to freeze at −0.142 ℃? (　　)

(a) $Na[Co(EDTA)]$　　(b) $[Cr(NH_3)_5Cl]Cl_2$

(c) $[Cr(NH_3)_6]Cl_3$　　(d) $[Co(en)_2Cl_2]Cl$

13. The formation constant, K_f is "a" for $[Ag(S_2O_3)_2]^{3-}$ and "b" for $[Ag(CN)_2]^-$. The equilibrium constant for the reaction is (　　).

$$[Ag(S_2O_3)_2]^{3-} + 2CN^- \rightleftharpoons [Ag(CN)_2]^- + 2S_2O_3^{2-}$$

(a) ab　　(b) $a+b$　　(c) b/a　　(d) a/b

14. A compound has the empirical formula $CrCl_3 \cdot 4NH_3$. The molar conductivity of a dilute aqueous solution of this compound is about the same as that of a solution of sodium chloride of the same concentration. When excess sulfuric acid is added to this compound, no NH_4^+ ions are detected in the resulting solution. The correct formula of this compound is (　　).

(a) $[CrCl_2(NH_3)_4]Cl$　　(b) $[Cr(NH_3)_4]Cl_3$

(c) $[Cr(NH_3)_4Cl]Cl_2$　　(d) $[Cr(NH_3)_3 \cdot Cl_3]$

15. For $[CoF_6]^{3-}$ (F^- is a weak-field ligand.) the number of unpaired electrons would be (　　).

(a) 5　　(b) 6　　(c) 4　　(d) 3

16. The most likely to be high-spin is (　　).

(a) square planar $[Pt(NH_3)_4]^{2+}$　　(b) tetrahedral $[FeCl_4]^{2-}$

(c) octahedral $[Fe(CN)_6]^{4-}$　　(d) square planar $[Ni(CN)_4]^{2-}$

17. The hybridization diagram

1s	2s	2p	3s	3p	3d	4s	4p
⇅	⇅	⇅⇅⇅	⇅	⇅⇅⇅	⇅⇅⇅⇅ [⇅	⇅	⇅⇅⇅]

represents the bonding of a complex of the metal ion (　　).

(a) Zn^{2+}　　(b) Cu^{2+}　　(c) Co^{2+}　　(d) Ni^{2+}

18. Of the following complexes, the one with the largest value of the crystal field splitting energy, Δ_o, is (　　).

(a) $[Co(NH_3)_6]^{3+}$　　(b) $[Co(NH_3)_6]^{2+}$

(c) $[Ir(NH_3)_6]^{3+}$　　(d) $[Rh(NH_3)_6]^{3+}$

19. Which of the following is not a complex? (　　)

(a) chlorophyll　　(b) hemoglobin　　(c) Teflon　　(d) vitamin B_{12}

20. If Pt^{2+} in $[PtCl_4]^{2-}$ gives four dsp^2 hybrid orbitals available for accepting lone pairs from Cl^- ligands, what is the geometry of $[PtCl_4]^{2-}$? ( )

(a) tetrahedral (b) octahedral (c) square planar (d) seesaw

21. When we add $NH_3 \cdot H_2O$ into the half cell reaction, $Cu^{2+} + 2\,e \rightleftharpoons Cu$, the value of $\varphi^{\ominus}(Cu^{2+}/Cu)$ will ( ).

(a) increase

(b) remain the same

(c) decrease

(d) depend on the $NH_3 \cdot H_2O$ concentration

22. Which of the following complexes is an outer-orbital complex? ( )

(a) $[Fe(CN)_6]^{3-}$ ($\mu=1.73\mu_B$) (b) $[Zn(CN)_4]^{2-}$ ($\mu=0$)

(c) $[Fe(CN)_6]^{4-}$ ($\mu=0$) (d) $[Ni(CN)_4]^{2-}$ ($\mu=0$)

23. Which of the following complexes is a low-spin complex? ( )

(a) $[FeF_6]^{3-}$ (b) $[Co(NH_3)_6]^{2+}$

(c) $[CrCl_6]^{3-}$ (d) $[Zn(NH_3)_4]^{2+}$

24. The relative strength of oxidant is ( ).

(a) $Co^{3+} = [Co(CN)_6]^{3-}$ (b) $Co^{3+} > [Co(CN)_6]^{3-}$

(c) $Co^{3+} < [Co(CN)_6]^{3-}$ (d) none of them

25. Which of the following complexes of the same concentration has the largest osmotic pressure? ( )

(a) $[Cu(NH_3)_4]SO_4$ (b) $[Co(en)_2Cl_2]Cl$

(c) $K_4[Fe(CN)_6]$ (d) $[Cr(NH_3)_6]Cl_3$

True or False

1. The coordination number of Fe^{3+} in $[Fe(en)_2(H_2O)_2]^{3+}$ is four. ( )

2. Low-spin complexes usually absorb higher-energy (shorter wavelength) light than do high-spin complexes. ( )

3. A ligand acts as a Lewis base in metal complexes. ( )

4. A metal ion with a d^8 valence electron configuration in an octahedral field of ligands can form low-spin complexes, depending on the nature of the ligands. ( )

5. $[Ni(en)_3]^{2+}$ has a larger formation constant than that of $[Ni(NH_3)_6]^{2+}$ because of the chelate effect. ( )

6. Myoglobin is a globular protein containing a porphyrin, a large nitrogen-containing chelate. ( )

7. All coordination complexes are composed of both inner (coordination

sphere) and outer sphere. ( )

8. Both V^{3+} in $[V(NH_3)_6]^{3+}$ and Co^{3+} in $[Co(NH_3)_6]^{3+}$ give d^2sp^3 hybridization to form inner orbital complexes. Thus, they should have the same stabilities. ( )

9. All complexes with a coordination number of 4 have a tetrahedral structure. ( )

10. Ligand increases the solubility of slightly soluble ionic compounds if they form complex ions with the metal ions. On the other hand, adding precipitator shifts the equilibrium from complex ions to the slightly soluble ionic compounds. When both K_f for the complex ion and K_{sp} for the slightly soluble ionic compound are small, a net reaction occurs in the direction producing the slightly soluble ionic compounds. ( )

Fill in the Blanks

1. The name of $[Cr(H_2O)(en)(C_2O_4)(OH)]$ is ________; the coordination sphere is ________; its oxidation state of Cr is ________; its coordination number is ________.

2. If you examine any transition-metal ion that has configurations ________, you find two spin possibilities (low-spin and high-spin). If you examine metal ions with configurations ________, you find only one spin possibility.

3. In terms of structure, the stability of a chelate is related to ________ and ________.

4. A measure of the tendency of a metal ion to form a particular complex ion is given by the ________. The larger K_f is, the more stable is the corresponding coordination complex ion, for ________. For the different coordination number, compare the stability of the complex by ________.

5. The reaction, $[Fe(CN)_6]^{3-} \rightleftharpoons Fe^{3+} + 6CN^-$, is allowed to come to equilibrium. Then certain changes (left column of the following table) are made on this equilibrium. Considering each change separately, state the effect (increase, decrease, no change) that the specified change will have on the stability of $[Fe(CN)_6]^{3-}$. Temperature and volume are constant.

Change	Stability of $[Fe(CN)_6]^{3-}$	Reason
Adding 0.1 $mol \cdot L^{-1}$ HCl		
Adding 0.1 $mol \cdot L^{-1}$ NaOH		
Adding KCN (s)		

Short Answer Questions

1. Cobalt (Ⅱ) has both outer-orbital and inner-orbital octahedral complex ions. Describe the bonding in both $[Co(H_2O)_6]^{2+}$ and $[Co(CN)_6]^{4-}$, using valence bond theory. How many unpaired electrons are there in each complex ion?

2. Oxyhemoglobin, with an O_2 bound to iron, is a low-spin Fe(Ⅱ) complex; deoxyhemoglobin, without the O_2 molecule, is a high-spin complex. How many unpaired electrons are centered on the metal ion in each case? Explain in a general way why the two forms of hemoglobin have different colors (hemoglobin is red, whereas deoxyhemoglobin has a bluish cast).

3. The crystal field splitting energy, Δ_o, and the pairing energy, P, for $[Mn(H_2O)_6]^{2+}$ are 93.29 kJ · mol^{-1} and 304.98 kJ · mol^{-1}, respectively.

(a) Calculate the crystal field stabilization energy of the complex, $[Mn(H_2O)_6]^{2+}$.

(b) How many unpaired electrons are in the complex?

(c) Indicate the spin state on the metal atom.

(d) Describe the metal hybrid orbitals used for bonding using valence bond theory.

(e) What is the valence bond description of $[Mn(H_2O)_6]^{2+}$? Is it an inner-orbital complex?

4. Write the formula and name of

(a) a complex ion having Cr^{3+} as the central ion and two NH_3 molecules and four Cl^- ions as ligands.

(b) a complex ion of iron(Ⅲ) having a coordination number of 6 and CN^- as ligands.

(c) a coordination compound comprising two types of complex ions: One is a complex of Cr(Ⅲ) with ethylenediamine (en), having a coordination number of 6; the other, a complex of Ni(Ⅱ) with CN^-, having a coordination number of 4.

(d) a complex of Ni^{2+} with NH_3 and Cl^-, having a square planar arrangement and the same osmotic pressure of $CaCl_2$ of the same concentration.

5. Write equations to represent the following observations.

(a) A mixture of $Mg(OH)_2$(s) and $Zn(OH)_2$(s) is treated with NH_3(aq). The $Zn(OH)_2$ dissolves but the $Mg(OH)_2$(s) is left behind.

(b) When NaOH(aq) is added to $CuSO_4$(aq), a pale blue precipitate forms. If NH_3(aq) is added, the precipitate redissolves, producing a solution with an intense deep blue color. If this deep blue solution is made acidic with HNO_3(aq), the color is converted back to pale blue.

(c) When $AgNO_3$(aq) is added to NaCl(aq), a white precipitate forms. If NH_3(aq) is added, the precipitate redissolves, producing a transparent solution. If KBr(aq) is added, a pale yellow precipitate forms. If $Na_2S_2O_3$(aq) is added, the precipitate redissolves, producing a solution with a brown color. If KI(aq) is added, a yellow precipitate forms. If NaCN (aq) is added, the precipitate redissolves, producing a transparent solution.

Calculations

1. An industrial chemist converts $[Zn(H_2O)_4]^{2+}$ to the more stable $[Zn(NH_3)_4]^{2+}$ by mixing 50.0 L of 0.0020 mol · L^{-1} $[Zn(H_2O)_4]^{2+}$ and 25.0 L of 0.15 mol · L^{-1} NH_3. What is the final $[Zn(H_2O)_4]^{2+}$? K_f of $[Zn(NH_3)_4]^{2+}$: 7.8×10^8.

2. At 25 ℃ the equilibrium constant for the reaction $Cr(OH)_3 + OH^- \rightleftharpoons [Cr(OH)_4]^-$ has been reported to be 0.40. If K_{sp} for $Cr(OH)_3$ is 6.3×10^{-31} at this temperature,

(a) what is the pH of the solution if Cr^{3+} can be precipitated completely? Assume that for a complete precipitation, the metal ion concentration must be less than 1.0×10^{-5} mol · L^{-1}.

(b) At what concentration of NaOH is present initially if 0.10 mole of $Cr(OH)_3$ are dissolved in 1 L solution?

(c) Calculate K_f for $[Cr(OH)_4]^-$.

3. A critical step in black-and-white film developing (see photo) is the removal of excess AgBr from the film negative by "hypo", an aqueous solution of sodium thiosulfate ($Na_2S_2O_3$), through formation of the complex ion $[Ag(S_2O_3)_2]^{3-}$. Calculate the solubility of AgBr in (a) H_2O; (b) 1.0 mol · L^{-1} hypo. K_f of $[Ag(S_2O_3)_2]^{3-} = 4.7 \times 10^{13}$ and K_{sp} of AgBr $= 5.0 \times 10^{-13}$.

4. The following concentration cell is constructed.

$$(-)Ag|Ag^+(0.10\ mol \cdot L^{-1}[Ag(CN)_2]^-,\ 0.10\ mol \cdot L^{-1}\ CN^-) \| Ag^+(0.10\ mol \cdot L^{-1}) | Ag\ (+)$$

If K_f for $[Ag(CN)_2]^-$ is 5.6×10^{18}, what value would you expect for E_{cell}?

5. The molecule methylamine (CH_3NH_2) can act as a unidentate ligand. The following are equilibrium reactions and the thermochemical data at 298 K for reactions of methylamine and en with Cd^{2+}(aq):

$$Cd^{2+}(aq) + 4CH_3NH_2(aq) \rightleftharpoons [Cd(CH_3NH_2)_4]^{2+}(aq)$$

$$\Delta_r H_m^\ominus = -57.3\ kJ \cdot mol^{-1};\ \Delta_r S_m^\ominus = -67.3\ J \cdot mol^{-1} \cdot K^{-1};$$

$$\Delta_r G_m^\ominus = -37.2\ \text{kJ} \cdot \text{mol}^{-1}$$

$$Cd^{2+}(aq) + 2en(aq) \rightleftharpoons [Cd(en)_2]^{2+}(aq)$$

$$\Delta_r H_m^\ominus = -56.5\ \text{kJ} \cdot \text{mol}^{-1};\ \Delta_r S_m^\ominus = +14.1\ \text{J} \cdot \text{mol}^{-1} \cdot \text{K}^{-1};$$

$$\Delta_r G_m^\ominus = -60.7\ \text{kJ} \cdot \text{mol}^{-1}$$

(a) Calculate $\Delta_r G_m^\ominus$ and the equilibrium constant $K^\ominus$ for the following ligand exchange reaction:

$$[Cd(CH_3NH_2)_4]^{2+}(aq) + 2en(aq) \rightleftharpoons [Cd(en)_2]^{2+}(aq) + 4CH_3NH_2(aq)$$

(b) Based on the value of $K^\ominus$ in part (a), what would you conclude about this reaction? What concept is demonstrated?

(c) Determine the magnitudes of the enthalpic ($\Delta_r H_m^\ominus$) and the entropic ($-T\Delta_r S_m^\ominus$) contributions to $\Delta_r G_m^\ominus$ for the ligand exchange reaction. Explain the relative magnitudes.

(d) Based on information in this exercise, predict the sign of $\Delta_r H_m^\ominus$ for the following hypothetical reaction:

$$[Cd(CH_3NH_2)_4]^{2+}(aq) + 4NH_3(aq) \rightleftharpoons [Cd(NH_3)_4]^{2+}(aq) + 4CH_3NH_2(aq)$$

扫码看答案

Chapter 13 Titrimetric Methods of Analysis

PERFORMANCE GOALS

1. Define, describe, and contrast theses terms: random error, systematic error, precision, and accuracy.

2. Know significant figures, especially mathematical applications.

3. Calculate mean, standard deviation, relative standard deviation, confidence intervals.

4. Know how to determine the end point volume and calculate equivalence point volume (what's the difference?). Define indicators and examine the pH range of various ones.

5. Calculate the pH at any point for titration of: (1) Strong base with strong acid; (2) Strong acid with strong base; (3) Weak base with strong acid; (4) Weak acid with strong base; and (5) Diprotic acids/bases with strong bases/acids.

6. Know the redox titration methods involving permanganate, dichromate, and iodine.

7. Know the indicators, masking agents, and calculations for EDTA titrations.

OVERVIEW OF THE CHAPTER

In a titrimetric method of analysis the volume of titrant reacting stoichiometrically with the analyte provides quantitative information about the amount of analyte in a sample. The volume of titrant required to achieve this stoichiometric reaction is called the equivalence point. Experimentally we determine the titration's end point using a visual indicator that changes color near the equivalence point. Alternatively, we can locate the end point by recording a titration curve showing the titration reaction's progress as a function of the titrant's volume. In either case, the end point must closely match the equivalence point if a titration is to be accurate. Knowing the shape of a titration curve is critical to evaluating the feasibility of a proposed titrimetric method.

Many titrations are direct, in which the titrant reacts with the analyte. Other titration strategies may be used when a direct reaction between the analyte and titrant is not feasible. In a back titration a reagent is added in excess to a solution containing the analyte. When the reaction between the reagent and the analyte is complete, the amount of excess reagent is determined titrimetritally. In a displacement titration the analyte displaces a reagent, usually from a complex, and the amount of the displaced reagent is determined by an appropriate titration.

Titrimetric methods have been developed using acid-base, complexation, redox, and precipitation reactions. Acid-base titrations use a strong acid or strong base as a titrant. The most common titrant for a complexation titration is EDTA. Because of their stability against air oxidation, most redox titrations use an oxidizing agent as a titrant. Titrations with reducing agents also are possible. Precipitation titrations usually involve Ag^+ as either the analyte or titrant.

EXAMPLES

1. A 0.6839 g sample of a mixture containing Na_2CO_3, $NaHCO_3$, and inert impurities is titrated with 0.2000 mol · L^{-1} HCl requiring 23.10 mL to reach the phenolphthalein end point and an additional 26.81 mL to reach the modified methyl orange end point. What is the percent, each of Na_2CO_3 and $NaHCO_3$ in the mixture?

Solution Titrating to the phenolphthalein end point neutralizes CO_3^{2-} to HCO_3^-, but does not lead to a reaction of the titrant with HCO_3^-. Thus

$$\text{Moles of } Na_2CO_3 = 0.02310 \text{ L} \times 0.200 \text{ mol} \cdot L^{-1} = 0.00462 \text{ mol}$$

$$\text{Mass of } Na_2CO_3 = 0.02310 \text{ L} \times 0.2000 \text{ mol} \cdot L^{-1} \times 106 \text{ g} \cdot mol^{-1} = 0.4897 \text{ g}$$

The percent of Na_2CO_3 by mass, therefore, is

$$0.4897 \text{ g}/0.6839 \text{ g} \times 100\% = 71.60\%$$

Titrating to the methyl orange end point neutralizes CO_3^{2-} to H_2CO_3, and HCO_3^- to H_2CO_3. The conservation of protons, therefore, requires that

Moles of HCl to the methyl orange end point = moles of Na_2CO_3 + moles of $NaHCO_3$

Or

$$0.02681 \text{ L} \times 0.2000 \text{ mol} \cdot L^{-1} = 0.02310 \text{ L} \times 0.2000 \text{ mol} \cdot L^{-1} + \text{mass of } NaHCO_3/\text{molar mass}$$

Solving for the grams of bicarbonate gives

$$\text{Mass of } NaHCO_3 = (0.02681 \text{ L} - 0.02310 \text{ L}) \times 0.2000 \text{ mol} \cdot L^{-1} \times 84 \text{ g} \cdot mol^{-1} = 0.06233 \text{ g}$$

The percent of $NaHCO_3$ by mass, therefore, is

$$0.06233 \text{ g}/0.6839 \text{ g} = 9.11\%$$

2. A 2.622 g sample of a bleach was placed into an Erlenmeyer flask and treated with excess KI, producing I_2. The liberated I_2 was determined by titrating

with 0.1109 mol · L^{-1} $Na_2S_2O_3$, requiring 35.58 mL to reach the starch indicator end point. Report the percent of NaClO by mass in the sample of bleach.

Solution The amount of I_2 formed is determined by a back titration with $Na_2S_2O_3$.

$$NaClO + 2HCl = Cl_2 + NaCl + H_2O$$

$$Cl_2 + 2KI = I_2 + 2KCl$$

$$I_2 + 2Na_2S_2O_3 = 2NaI + Na_2S_4O_6$$

The stoichiometry of a redox reaction is given by the conservation of electrons between the oxidizing and reducing agents; thus

$$n(NaClO) = n(Cl_2) = n(I_2) = n(2Na_2S_2O_3)$$

$$c(Na_2S_2O_3) \times V(Na_2S_2O_3) = \frac{2 \times \text{mass of NaClO}}{\text{molar mass of NaClO}}$$

that is solved for the grams of NaClO.

Mass of NaClO = $1/2 \times 0.03558\ L \times 0.1109\ mol \cdot L^{-1} \times 74.5\ g \cdot mol^{-1} = 0.1470\ g$

Thus, the percent of NaClO by mass in the sample is

$$0.1470\ g/2.622\ g = 5.61\%$$

SELF-HELP TEST

Multiple Choice

1. The following titration curve is of a ( ).

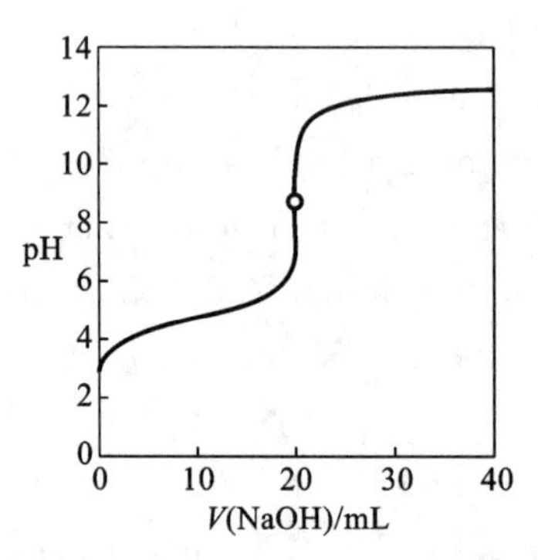

(a) weak acid/strong base (b) weak base/strong acid

(c) strong acid/strong base (d) strong base/weak acid

2. In the titration curve above, at the equivalence point the solution is ( ).

(a) weak acid (b) strong acid (c) strong base (d) weak base

3. A potassium permanganate solution is prepared by dissolving 4.74 g $KMnO_4$ in water and diluting to 500 mL. How many milliliters of this will react with the iron in 0.500 g of an ore containing 12.48% Fe? ( ) $M(Fe) = 55.8\ g \cdot$

mol^{-1}, $M(KMnO_4)=158.0\ g \cdot mol^{-1}$.

(a) 46.4 mL (b) 18.6 mL (c) 7.43 mL (d) 14.9 mL

4. The pH at the equivalence point of an acid-base titration is 3.8. This result would be consistent with the titration of a ( ).

(a) strong acid with a strong base (b) strong acid with a weak base

(c) weak acid with a strong base (d) weak acid with a weak base

5. The equivalence point in an acid-base titration will have a pH of 7 for the titration of ( ).

(a) OH^- with water

(b) ammonia with H_3O^+(aq)

(c) acetic acid with potassium hydroxide

(d) hydrochloric acid with potassium hydroxide

6. The acid-base indicator methyl red has a K_a of 1×10^{-4}. Its acidic form is red while its alkaline form is yellow. If methyl red is added to a colorless solution with a pH=7, the color will be ( ).

(a) pink (b) red (c) orange (d) yellow

7. Which indicator should be used in the titration of a weak base with a strong acid? ( )

(a) 2,4-dinitrophenol ($pK_a=3.5$) (b) bromothymol blue ($pK_a=7.0$)

(c) cresol red ($pK_a=8.0$) (d) alizarin yellow R ($pK_a=11.0$)

8. A 0.250 g sample of impure $AlCl_3$ is titrated with $0.100\ mol \cdot L^{-1}$ $AgNO_3$, requiring 48.6 mL. What volume of $0.100\ mol \cdot L^{-1}$ EDTA would react with a 0.350 g sample? ( ) (EDTA reacts with Al^{3+} in a 1 : 1 ratio.) $M(AlCl_3)=133\ g \cdot mol^{-1}$.

(a) 22.7 mL (b) 7.57 mL (c) 11.4 mL (d) 15.1 mL

9. A 425.2 mg sample of a purified monoprotic organic acid is titrated with $0.1027\ mol \cdot L^{-1}$ NaOH, requiring 28.78 mL. What is the formula weight of the acid? ( )

(a) 106 (b) 60.6 (c) 287.8 (d) 143.9

10. The purity of a 0.287 g sample of $Zn(OH)_2$ is determined by titrating with a standard HCl solution, requiring 24.8 mL. The HCl solution was standardized by precipitating AgCl in a 25.0 mL aliquot and weighing (0.721 g AgCl obtained). What is the purity of the $Zn(OH)_2$? ( ) $M(AgCl)=143\ g \cdot mol^{-1}$, $M(Zn(OH)_2)=99.4\ g \cdot mol^{-1}$, $M(Cl)=35.45\ g \cdot mol^{-1}$.

(a) 55.5% (b) 43.4% (c) 21.7% (d) 86.7%

11. A sample of pure $KHC_2O_4 \cdot H_2C_2O_4 \cdot 2H_2O$ (three replaceable hydrogens)

requires 46.2 mL of 0.100 mol · L^{-1} NaOH for titration. How many milliliters of 0.100 mol · L^{-1} $KMnO_4$ will the same-size sample react with? ( )

(a) 36.9 mL (b) 12.3 mL (c) 38.5 mL (d) 30.8 mL

12. A 0.500 g sample containing Na_2CO_3 plus inert matter is analyzed by adding 50.0 mL of 0.100 mol · L^{-1} HCl, a slight excess, boiling to remove CO_2, and then back-titrating the excess acid with 0.100 mol · L^{-1} NaOH. If 3.6 mL NaOH is required for the back-titration, what is the percent Na_2CO_3 in the sample? ( ) $M(Na_2CO_3)=106.0$ g · mol^{-1}.

(a) 24.6% (b) 98.4% (c) 49.2% (d) 47.1%

13. In the Liebig titration of cyanide ion, a soluble complex is formed; and at the stoichiometric point, solid silver cyanide is formed, signaling the end point:

$$2CN^- + Ag^+ \longrightarrow Ag(CN)_2^- \text{ (titration)}$$

$$Ag(CN)_2^- + Ag^+ \longrightarrow Ag[Ag(CN)_2] \text{ (end point)}$$

A 0.4723 g sample of KCN was titrated with 0.1025 mol · L^{-1} $AgNO_3$, requiring 34.95 mL. What is the percent purity of the KCN? ( ) $M(KCN)=$ 65.12 g · mol^{-1}.

(a) 24.70% (b) 49.40% (c) 98.79% (d) 47.1%

14. Chloride in serum is determined by titration with $Hg(NO_3)_2$: $2Cl^- + Hg^{2+} = HgCl_2$. The $Hg(NO_3)_2$ is standardized by titrating 2.00 mL of a 0.0108 mol · L^{-1} NaCl solution, requiring 1.12 mL to reach the diphenylcarbazone end point. A 0.500 mL serum sample is treated with 3.50 mL water, 0.50 mL 10% sodium tungstate solution, and 0.50 mL of 0.33 mol · L^{-1} H_2SO_4 solution to precipitate proteins. After the proteins are precipitated, the sample is filtered through a dry filter into a dry flask. A 2.00 mL aliquot of the filtrate is titrated with the $Hg(NO_3)_2$ solution, requiring 1.23 mL. Calculate the chloride in the serum. $M(Cl)=35.45$ g · mol^{-1}.

Which one is correct ? ( )

(a) 0.210 g · L^{-1} (b) 0.420 g · L^{-1} (c) 0.840 g · L^{-1} (d) 4.20 g · L^{-1}

15. What principle does an adsorption indicator work on? ( )

(a) The change in pH of the solution causes the indicator to shift from the acid form to the conjugate base or the base form to the conjugate acid producing a change in color.

(b) The charge on the surface of a colloidal particle changes, attracting the indicator to the surface of the particle producing a change in color.

(c) The removal of the analyte allows the reaction of an ion previously added to the analyte to form a soluble colored complex.

(d) The indicator, In^{m-}, is added to the solution of analyte, forming a colored metal-indicator complex, MIn^{n-m}. As EDTA is added, it reacts first with the free analyte, and then displaces the analyte from the metal-indicator complex, bringing about a change in the solution's color.

16. A 0.2521 g sample of an unknown weak acid is titrated with a 0.1005 $mol \cdot L^{-1}$ solution of NaOH, requiring 42.68 mL to reach the phenolphthalein end point. Which of the following compounds is most likely to be the unknown weak acid? ( )

(a) ascorbic acid, $C_6H_8O_6$[monoprotic, $M(C_6H_8O_6)=176.1\ g \cdot mol^{-1}$]

(b) malonic acid, $C_3H_4O_4$[diprotic, $M(C_3H_4O_4)=104.1\ g \cdot mol^{-1}$]

(c) succinic acid, $C_4H_6O_4$[diprotic, $M(C_4H_6O_4)=118.1\ g \cdot mol^{-1}$]

(d) citric acid, $C_6H_8O_7$[triprotic, $M(C_6H_8O_7)=192.1\ g \cdot mol^{-1}$]

17. The number of significant figures in 0.0003701 is ( ).

(a) 3 (b) 4 (c) 7 (d) 8

18. Titration of I_2 against thiosulfate is a standard laboratory titration. Which statement is correct? ( )

(a) Solutions of I_2 are prepared in aqueous KI because I_2 is insoluble in water.

(b) I_2 is oxidized during the titration.

(c) $S_2O_3^{2-}$ is reduced during the titration.

(d) No indicator is usually used in this redox titration.

19. Which of the following acids can't be titrated with 0.1000 $mol \cdot L^{-1}$ NaOH? ( )

(a) HCOOH ($K_a=1.8\times10^{-4}$) (b) HAc ($K_a=1.8\times10^{-5}$)

(c) H_2SO_4 (d) NH_4Cl ($K_b(NH_3)=1.8\times10^{-5}$)

20. What is EDTA? ( )

(a) An indicator used in this titration.

(b) A molecule which complexes to the indicator in the titration reaction.

(c) The titrant used for measuring the amount of zinc.

(d) The buffer of the titration reaction.

21. At which point in a titration does the end point occur? ( )

(a) when the acid and base present completely react with each other.

(b) when the indicator changes color.

(c) when the solution has a pH equal to 7.

(d) when the pH of the solution no longer changes.

22. A question like this one is on the "real" test: A standard solution of sodium hydroxide can be used in a titration experiment to determine the formula

mass of a solid acid. A common mistake in such a titration experiment is the failure to rinse the buret with the standard solution after the final water rinse but before measurements of the volume of the standard solution are taken. This mistake accounts for which of the following results? (　　)

Ⅰ. The volume of the standard solution used in the titration reaction is reported too large.

Ⅱ. The volume of the solute used to dissolve the unknown acid is reported too small.

Ⅲ. The number of moles of unknown acid used in the titration reaction is reported too large. (　　)

(a) Ⅰ only　　(b) Ⅱ and Ⅲ only

(c) Ⅲ only　　(d) Ⅰ and Ⅲ only

23. The solution that is dispensed from the buret in a volumetric analysis is called the (　　).

(a) standard solution　　(b) primary standard

(c) indicator　　(d) analyte

24. What is the reason that for EDTA titrations it is best to have the solution relatively basic? (　　)

(a) To optimize the concentration of deprotonated EDTA.

(b) To prevent the formation of precipitate oxides.

(c) To keep the EDTA stable in the presence of air.

(d) To make the K_f as small as possible.

25. Which indicator is used in the Mohr method? (　　)

(a) adsorption indicator　　(b) $NH_4Fe(SO_4)_2 \cdot 12H_2O$

(c) $KMnO_4$　　(d) K_2CrO_4

True or False

1. The stoichiometric point of a titration is the point at which the reaction is complete. (　　)

2. A standard solution is prepared by dissolving a known amount of sufficiently pure reagent in a known volume of solvent. (　　)

3. The Mohr method involves adding excess standard silver nitrate solution to a chloride solution and then back-titrating the excess silver with standard potassium thiocyanate solution. (　　)

4. The end point in a permanganate titration coincides with the equivalence point. (　　)

5. The titration of weak base with a strong acid would be expected to have an

equivalence point at a pH of less than 7.0. ( )

6. The accuracy of the end point depends on the strength of the metal-indicator complex relative to that of the metal-EDTA complex. If the metal-indicator complex is too strong, the end point is signaled before reaching the equivalence point. ( )

7. When phenolphthalein is used as the indicator in a titration of an HCl solution with a solution of NaOH, the indicator undergoes a color change from clear to red at the end point of the titration. This color change occurs abruptly because the solution being titrated undergoes a large pH change near the end point of the titration. ( )

8. The thiosulfate solution was standardized with potassium iodate. An indicator is needed; in that case we used starch that forms a blue colour with iodine. Starch should be added at the beginning of the titration. ( )

9. Iodometry is the titration of iodine (I_2) produced when an oxidizing analyte is added to excess I^- (iodide). Then the iodine (I_2) is usually titrated with standard thiosulfate solution. ( )

10. In the Fajans' method, the determination of Cl^- is direct titration with standard $AgNO_3$ solution and the end point is detected by an adsorption indicator. ( )

Fill in the Blanks

1. Titrations can be classified by the type of reaction. Different types of titration reaction include: ________. Titrimetric methods are classified into four groups based on the manner of titration involved. These groups are ________. The end point in a precipitation titration can be detected in a variety of ways. They are ________.

2. Hydrochloric acid and sodium hydroxide are not used as primary standards because ________. Hydrochloric acid may be standardized by ________. Sodium hydroxide may be standardized against ________.

3. Potassium permanganate, $KMnO_4$, is widely used as an oxidizing agent in volumetric analysis. $KMnO_4$ is not used as primary standards because ________. Standardization may be accomplished using the primary standard reducing agents such as ________, using ________ to signal the end point.

4. The pH is almost always buffered in EDTA titrations due to ________. Simple adjustment of the pH is sometimes not always enough for selective EDTA titrations. ________ may be added to bind to specific metal cations strongly so they

won't react with EDTA. Examples of masking agents are ________.

5. Volhard method is an indirect titration procedure for determining anions (Cl^-, Br^-, I^-, SCN^-) that precipitate with ________, and it is performed in ________.

Short Answer Questions

1. Aqueous sodium carbonate (in the flask) is to be titrated with hydrochloric acid (in the burette).

(a) Would you choose methyl orange or phenolphthalein for this titration?

(b) Explain the reasons for your choice.

(c) What colour change would you expect to see at the end point?

(d) Explain why the addition of too much indicator could lead to an inaccurate titration result.

(e) The laboratory has run out of both methyl orange and phenolphthalein. Below are listed some indicators that are available. Which would you use to replace your original choice? Explain your reasons.

Indicator	**pK_a**	**Colour change**
Bromophenol blue	4.0	Yellow to blue
Bromothymol blue	7.0	Yellow to blue
Thymol blue	8.9	Yellow to blue

2. How does titration of a strong, monoprotic acid with a strong base differ from titration of a weak, monoprotic acid with a strong base with respect to the following:

(a) quantity of base required to reach the equivalence point;

(b) pH at the beginning of the titration;

(c) pH at the equivalence point;

(d) pH after addition of a slight excess of base;

(e) choice of indicator for determining the equivalence point.

3. Indicate for each example the analyte, the titrant and the indicator.

	Titration example	Analyte	Titrant	Indicator
Acid-base	Quantification of acetic acid in vinegar			
Complexometric	Water hardness (calcium and magnesium)			
Precipitation	Quantification of chloride (Cl^-) in water			
Redox	Quantification of hydrogen peroxide (H_2O_2)			

4. Briefly explain the difference, if any, between the following. (a) qualitative

analysis and quantitative analysis; (b) accuracy and precision; (c) end point and equivalence point; (d) standard solution and primary standard; (e) titration and standardization.

5. What are the general procedures to conduct a titrimetric analysis?

Calculations

1. An alloy of chromel containing Ni, Fe, and Cr was analyzed by a complexation titration using EDTA as the titrant. A 0.7176 g sample of the alloy was dissolved in HNO_3 and diluted to 250 mL in a volumetric flask. A 50.00 mL aliquot of the sample, treated with pyrophosphate to mask the Fe and Cr, required 26.14 mL of 0.05831 mol · L^{-1} EDTA to reach the murexide end point. A second 50.00 mL aliquot was treated with hexamethylenetetramine to mask the Cr. Titrating with 0.05831 mol · L^{-1} EDTA required 35.43 mL to reach the murexide end point. Finally, a third 50.00 mL aliquot was treated with 50.00 mL of 0.05831 mol · L^{-1} EDTA, and back titrated to the murexide end point with 6.21 mL of 0.06316 mol · L^{-1} Cu^{2+}. Report the weight percents of Ni, Fe, and Cr in the alloy.

2. The amount of ascorbic acid, $C_6H_8O_6$, in orange juice was determined by oxidizing the ascorbic acid to dehydroascorbic acid, $C_6H_6O_6$, with a known excess of I_3^-, and back titrating the excess I_3^- with $Na_2S_2O_3$. A 5.00 mL sample of filtered orange juice was treated with 50.00 mL of excess 0.01023 mol · L^{-1} I_3^-. After the oxidation was complete, 13.82 mL of 0.07203 mol · L^{-1} $Na_2S_2O_3$ was needed to reach the starch indicator end point. Report the concentration of ascorbic acid in milligrams per 100 mL.

3. A mixture containing only KCl and NaBr is analyzed by the Mohr method. A 0.3172 g sample is dissolved in 50 mL of water and titrated to the Ag_2CrO_4 end point, requiring 36.85 mL of 0.1120 mol · L^{-1} $AgNO_3$. A blank titration requires 0.71 mL of titrant to reach the same end point. Report the percent of KCl by mass and NaBr in the sample.

4. The purity of a pharmaceutical preparation of sulfanilamide, $C_6H_4N_2O_2S$, can be determined by oxidizing the sulfur to SO_2 and bubbling the SO_2 through H_2O_2 to produce H_2SO_4. The acid is then titrated with a standard solution of NaOH to the bromothymol blue end point, where both of sulfuric acid's acidic protons have been neutralized. Calculate the purity of the preparation, given that a 0.5136 g sample required 48.13 mL of 0.1251 mol · L^{-1} NaOH.

5. The alkalinity of natural waters is usually controlled by OH^-, CO_3^{2-}, and

HCO_3^-, which may be present singularly or in combination. Titrating a 100.0 mL sample to a pH of 8.3 requires 18.67 mL of a 0.02812 mol · L^{-1} solution of HCl. A second 100.0 mL aliquot requires 48.12 mL of the same titrant to reach a pH of 4.5. Identify the sources of alkalinity and their concentrations in parts per million.

扫码看答案

Chapter 14 Ultraviolet Visible Spectrophotometry

PERFORMANCE GOALS

1. Understand the relationship between molecular structure and absorption spectrum. Be able to draw the absorption spectrum.

2. Know the typical wavelength (or frequency or energy) regions covered in each spectroscopy method.

3. Know the conceptions of absorbance, transmittance, absorptivity, and molar absorptivity.

4. Understand Beer's law——be able to calculate concentrations from known absorptivities and vice versa. Describe the deviations from Lamber-Beer's law.

5. Know the main components of spectrophotometer, understand their functions.

6. Be familiar with the methods to improve sensitivity and accuracy.

7. Know the qualitative methods of UV-vis spectrophotometry, be able to determine the concentration of sample by most common quantitative methods such as single point standardization and standard curve method.

OVERVIEW OF THE CHAPTER

1. Spectrophotometry is a branch of spectroscopy dealing with measurement of radiant energy transmitted or reflected by a body as a function of wavelength. In chemistry and physics, different types of spectrophotometers cover wide ranges of the electromagnetic spectrum: ultraviolet (UV, 200～400 nm), visible light (400～760 nm), infrared (IR, 760～3×10^5 nm). When a beam of radiation is passed through an absorbing substances, the absorption of radiation usually result in energy transitions in matter. An object has a particular color for one of two reasons: It transmits light of only that color or it absorbs light of the complementary color. A plot of the amount of radiation absorbed by a sample as a function of the wavelength is called an absorption spectrum. The high sensitivity of a spectrophotometry makes it an ideal technique for determining micro-constituents or trace constituents.

2. When a beam of monochromatic radiation of radiant power I_0 is directed at an aqueous solution of a substance, absorption takes place and the beam of radiation

leaving the sample has radiant power I_t. The ratio of I_t/I_0 is known as transmittance:

$$T = \frac{I_t}{I_0}$$

The absorbance (A) of a sample is the negative logarithm of the transmittance:

$$A = -\lg T = \lg \frac{I_0}{I_t}$$

Lambert-Beer's law shows that absorbance is proportional to the product of the sample path length and concentration:

$$A = \varepsilon bc$$

When ε has $L \cdot mol^{-1} \cdot cm^{-1}$ unit, we call it the molar absorptivity (formerly called the extinction coefficient). Molar absorptivity is a constant for a particular substance at any given wavelength.

The use of blanks is prevalent and very important in spectroscopy to negate the effects of background. A reference solution is one that does not have any chemical that you are measuring or detecting. Usually, it can be as simple as just plain distilled water if you are measuring an aqueous solution. Or, in more complex cases like that during the determination an acid is added to the solution for a desired pH, a reagent, which has absorbance at the measuring wavelength, is added to create color, etc, the blank is all those items except your desired chemical.

The most common application of the spectrophotometer is for quantitative analysis. The prerequisite for such analysis is a known absorption spectrum of the compound under investigation. Of particular importance is the maximum absorption (at λ_{max}), which can be easily obtained by plotting absorbance vs. wavelength at a fixed concentration. Next, a series of solutions of known concentration are prepared and their absorbance is measured at λ_{max}. Plotting absorbance vs. concentration, a calibration curve can be determined and fit using linear regression. An unknown concentration can be deduced by measuring absorbance at the absorption maximum and comparing it to the standard curve. Caution: The Lambert-Beer's law is only obeyed (the standard curve is linear) for reasonably dilute solutions. Only those points in the linear range of the standard curve may be used for accurate concentration determination.

For some systems, however, absorbance varies in a nonlinear way with respect to concentration. Such behavior is called deviations from Beer's law. Deviations from Beer's law can occur for a number of reasons: (1) the fact that a band width containing light of more than one wavelength is passed through the sample;

(2) chemical reactions of solute, such as dissociations or associations; (3) stray or scattered light, fluorescence of solutes, and other factors can also cause deviation.

Actually, few analytes absorb strongly enough to be determined directly without prior chemical treatment. In most cases, this problem can be overcome by adding a substance (or substances) that reacts with the analyte to produce an absorbing species. Such substances are called chromophoric reagents or just chromophores. The reaction between the analyte and the chromophore must be quantitative; the absorbing product should be stable long enough to allow the chemist to make the necessary measurements. Moreover, the chromophore must be highly selective during its reaction with analyte. Namely, it should not react with other substances present in the sample to form interfering absorbing species. The following are some common and important factors involved in the formation of absorbing compounds.

(1) pH Since pH plays an important role in complex formation, proper adjustment of pH or the use of a buffer often eliminates certain interfering reactions.

(2) Reagent concentration Since either a short of reagents or a large surplus of reagents can cause deviation from Beer's law, an optimum concentration of reagents should be determined.

(3) Time Formation of the absorbing complex may be slow, in some cases requiring several minutes or a few hours.

(4) Temperature The optimum temperature should be established in the procedure. Certain reactions require elevated temperature to decrease the time necessary for complete color development.

(5) Stability If the absorbing complex formed is not very stable, the absorbance measurement should be made as soon as possible. If the absorbing complex is photosensitive, precautions should be taken in order to avoid its photodecomposition.

(6) Order of mixing reagents Frequently, it is important to add the reagents in a specified sequence; otherwise, full color development will not be possible or interfering reactions can occur.

Under the best of conditions, the accuracy of photometric procedure is limited at both low and high values of absorbance. Small errors in measuring the transmittance cause large relative errors in the calculated concentration at low and high transmittances. The concentration as a function of the transmittance is given by the equation:

$$\frac{\Delta c}{c}=\frac{0.434\Delta T}{T\lg T}$$

the relative error in the concentration, for a given ΔT(eg. $\Delta T=\pm 0.01$), has its smallest value (when $T=0.368$ or when $A=0.434$). The concentration of a sample solution or the path length or both should be adjusted so that the absorbance will be within the range of approximately 0.2～0.7.

3. There are many different types of spectrophotometers. They all have some components in common: a light source, a monochromator for wavelength dispersion, a transparent sample container, a light detector, and a device for measuring output from the detector. Light sources can be either a tungsten filament lamp for emission of visible radiation, or a hydrogen discharge lamp for the ultraviolet region. Monochromator' s function is to disperse the light into a spectrum of varying wavelengths and to enable specific wavelength selection. The monochromator's dispersion device can be either a prism or a grating. Glass or quartz containers called cells or cuvettes are suitable for liquid samples. The walls of cells should be of uniform thickness. Several types of detectors are used in absorption spectrophotometry, including photomultiplier tubes, photodiodes, photodiode arrays (PDAs), and charge-coupled devices (CCDs). A common detector for visible light is a phototube. Photomultiplier tubes are highly sensitive, have fast response times, and are especially useful for measuring low levels of light.

4. 751-G spectrophotometers were the first ultraviolet-visible instrument produced on a large scale in our country. The 751-G spans the wavelength region 200～1000 nm by employing a hydrogen discharge lamp for the ultraviolet region and a tungsten lamp for the visible near-infrared region. The 30°quartz Littrow prism is rotated so that the proper radiation will pass through the exit slit. A calibrated dial which is attached to the prism indicates the wavelengths being used, The slit widths are adjusted manually, two interchangeable phototubes are used; one is most sensitive in the ultraviolet and blue region (200～625 nm) and the other in the red range (625～1000 nm).

In principle, any molecule that absorbs UV radiation will probably give rise to a characteristic electronic spectrum. This provides a method for identifying structural components in such molecules. In addition to characteristic λ_{max} values, the molar absorptivities are also important in both qualitative and structural applications because this information can sometimes differentiate two compounds that absorb at the same wavelength.

EXAMPLES

1. The transmittance of a solution is found to be 85.0% when measured in a cell whose path length is 1.00 cm. What is the percent transmittance if the path length is increased to 4.00 cm?

Solution

$A=-\lg T=\varepsilon bc$

$T=\frac{1}{10^{\varepsilon bc}}$

$b_1=1.00$ cm $\quad b_2=4.00$ cm

$T_1=85.0\%=\frac{1}{10^{\varepsilon b_1 c}}$

$T_2=\frac{1}{10^{\varepsilon b_2 c}}=(\frac{1}{10^{\varepsilon b_1 c}})^4=(T_1)^4=(85.0\%)^4=52.2\%$

2. A colored substance M has an absorption maximum at 520 nm. A solution containing 2.00 mg M per liter has an absorbance of 0.840 using a 2.00 cm cell. The formula weight of M is 150.

(a) Calculate the molar absorptivity of M at 400 nm.

(b) How many milligrams of M are contained in 25.0 mL of a solution giving an absorbance of 0.250 at 400 nm when measured with a 1.00 cm cell?

Solution

(a) $A=\varepsilon bc$

$$\varepsilon=\frac{A}{bc}=\frac{0.840}{2\text{ cm}\times\frac{2.0\times10^{-3}\text{ g}\cdot\text{L}^{-1}}{150\text{ g}\cdot\text{mol}^{-1}}}=3.15\times10^4\text{ L}\cdot\text{mol}^{-1}\cdot\text{cm}^{-1}$$

(b) $\frac{A_1}{A_2}=\frac{\varepsilon b_1 c_1}{\varepsilon b_2 c_2}$

$\frac{0.840}{0.250}=\frac{2\times2.0}{1\times(x/0.025)}$

$x=0.0298$ mg

SELF-HELP TEST

Multiple Choice

1. Light with a wavelength of 800 nm has an energy of (　　).

(a) 2.48×10^{-19} J　　(b) 2.48×10^{-28} J

(c) 5.30×10^{-31} J　　(d) 5.30×10^{-28} J

2. Which one of the following expressions is incorrect ? (　　)

(a) $T=10^{-abc}$　　(b) $A=abc$

(c) $-\lg(1/T)=abc$　　(d) $\lg(I_t/I_0)=-abc$

3. A liquid sample absorbs light of wavelength 510 nm. The solution will appear ( ).

(a) yellow　(b) purple　(c) red　(d) colorless

4. The visible portion of the electromagnetic spectrum occurs between ________ and ________ nm. ( )

(a) 1, 10　(b) 10, 300　(c) 400, 760　(d) 800, 1200

5. If a sample transmits 75% of the incident light, it has an absorbance of ( ).

(a) 0.125　(b) 1.88　(c) −0.125　(d) 0.188

6. A sample in a 1.0 mm cell transmits 75.0% of the incident light at 560 nm. If the solution is 0.075 $mol \cdot L^{-1}$, its molar absorptivity is ( )

(a) 1.67 $L \cdot mol^{-1} \cdot m^{-1}$　　(b) 1.67 $L \cdot mol^{-1} \cdot cm^{-1}$

(c) 16.7 $L \cdot mol^{-1} \cdot cm^{-1}$　　(d) 16.7 $L \cdot mol^{-1} \cdot mm^{-1}$

7. Beer's law for a mixture says that the total absorbance is the ________ of the individual absorbances ( ).

(a) average　　(b) geometric average

(c) product　　(d) sum

8. A cuvette should be ( ).

(a) thoroughly rinsed and dried with an absorbent towel before use

(b) use without rinse

(c) rinsed and oven dried before use

(d) rinsed and allowed to drain before use

9. A sample absorbs too strongly at a particular wavelength. You could decrease the absorbance at that wavelength by each of the following except ( ).

(a) increasing the molar absorptivity

(b) using a cuvette with a shorter path length

(c) decreasing the molar absorptivity

(d) quantitatively diluting the solution

10. Spectrophotometric analysis based on Beer's law ( ).

(a) can only be done in the ultraviolet region of the spectrum

(b) requires the use of monochromatic light

(c) can only be done in the visible region of the spectrum

(d) must be done using a single beam instrument

11. Which of the following relationships between absorptivity (a) and molar

absorptivity (ε) is correct? (　　)

(a) $\varepsilon = aM$　　(b) $\varepsilon = a/M$　　(c) $\varepsilon = aM/1000$　　(d) $\varepsilon = 1000a/M$

12. A deuterium arc lamp is commonly used as a source for which region of the electromagnetic spectrum? (　　)

(a) Infrared　　(b) Visible　　(c) Ultraviolet　　(d) vacuum ultraviolet

13. Lamber-Beer's law effectively states that the relationship between the absorbance of a solution and the concentration of the absorbing species in a solution is linear. This relationship is most likely to fail when (　　).

(a) the absorbing species is very dilute

(b) the absorbing species participates in a concentration-dependent chemical equilibrium

(c) a mixture of ions are present in the solution evaluated

(d) polychromatic light pass through the solution

14. A sample and its blank had a percent transmittance of 45.4% and 97.5%, respectively. What is the absorbance due to the analyte? (　　)

(a) 0.011　　(b) 0.343　　(c) 0.232　　(d) 0.332

15. Which of the following is proportional to concentration? (　　)

(a) Percent transmittance.

(b) Transmittance.

(c) Both absorbance and transmittance.

(d) Absorbance.

16. The absorbance of a 2.31×10^{-5} mol · L^{-1} solution of a compound is 0.822 at 266 nm in a 1.00 cm cuvette. What is the sample's percent transmittance? (　　)

(a) 15.1%　　(b) 0.151　　(c) 66.4%　　(d) 6.64%

17. The ratio of I_t/I_0 is known as (　　).

(a) absorbance　　(b) extinction coefficient

(c) transmittance　　(d) light density

18. Which depicts the correct order for the parts in the schematic of a general scanning spectrophotometer? (　　)

(a) Light source, wavelength selector, sample compartment, light detector, and read-out device.

(b) Light source, sample compartment, wavelength selector, light detector, and read-out device.

(c) Sample compartment, light source, wavelength selector, and light detector.

(d) Light source, sample compartment, light detector, and read-out device.

19. A solution containing c mol · L^{-1} the absorbing substance was observed to transmit T_0 of the incident light compared to an appropriate blank. What fraction of light would be transmitted by a solution of the absorbing substance four times as concentrated? ( )

(a) $4T_0$ (b) $T_0/4$ (c) $T_0^{1/4}$ (d) T_0^4

20. A c_x mol · L^{-1} solution of compound X from a spectrophotometric analysis has a maximum absorbance of A at 400 nm in a 1.00 cm cell, while c_y mol · L^{-1} solution of compound X has the same absorbance of A at the same wavelength in a 2.00 cm cell. Give the relationship between c_x and c_y( ).

(a) $c_x=c_y$ (b) $c_y=2c_x$ (c) $c_x=1/4c_y$ (d) $c_x=2c_y$

21. To establish a standard curve for a chemical, the spectrophotometer wavelength is set on which value? ( )

(a) the lowest wavelength possible

(b) the highest wavelength possible

(c) the wavelength at which the chemical's absorption value is the lowest

(d) the wavelength at which the chemical's absorption value is the highest

22. When the solution of the absorbing substance is diluted, the maximum absorption wavelength for this substance will ( ).

(a) shift to the longwave (b) shift to the shortwave

(c) not change (d) be uncertain

23. Factor that affects the molar absorptivity (ε) is ( ).

(a) path lengths of cells

(b) concentration of the absorbing substance

(c) molar mass of the absorbing substance

(d) wavelengths of incident light

24. Using a standard curve, if you know the absorbance of an unknown sample, what else can be determined about the unknown? ( )

(a) the wavelength of maximum absorbance.

(b) the molecular weight of the sample.

(c) the concentration of the sample.

(d) the identity of the sample.

25. A spectrophotometer measures ( ).

(a) light given off by a substance

(b) light changed (change in wavelength) by a substance

(c) light that passes through a substance

(d) light that is fluoresced by a substance

True or False

1. A liquid sample absorbs light of blue, the solution will appear blue. ( )

2. A molecule can absorb some of the light only if it can accommodate that additional energy by promoting electrons to higher energy levels. ( )

3. The molar absorptivity of a particular compound is wavelength-independent. ( )

4. Glass cells are suitable for measurements with visible radiation but cannot be used in the ultraviolet because of their strong absorption. Quartz or fused silica cells, although more expensive, can be used in either ultraviolet or visible spectrophotometry. ( )

5. Transmittance is the fraction of incident light that passes through a sample. ( )

6. Cupric in water can be directly determined by UV-vis spectrophotometry. ( )

7. Maximum selectivity and sensitivity are found at wavelengths where maximum absorption of light occurs. ( )

8. When the relative uncertainty in concentration is limited by the % T read-out resolution, the precision of the analysis can be improved by redefining the standards used to define 100% T and 0% T. ( )

9. To calibrate the spectrophotometer we need use water as a reference tube. ( )

10. The concentration of an analyte in solution will affect the wavelength absorption maximum for that compound. ( )

Fill in the Blanks

1. The essential components of a spectrophotometer consist of ________, ________, ________, ________, and ________.

2. ________ or ________ should be adjusted so that the absorbance will be within the range of approximately 0.2~0.7.

3. Absorption spectrum is ________.

4. Beer's law holds strictly for ________ radiation, since the absorptivity varies with wavelength.

5. ε is ________. A large value of ε implies that ________.

Short Answer Questions

1. What's the difference between molar absorptivity and absorbance?

2. How to use standard curve method to determine concentrations of a solution?

3. Write the expression for Lambert-Beer's law and state significations of the symbols.

4. What are the five basic elements of a monochromator?

5. What are the three assumptions necessary for Lambert-Beer's law to be valid?

Calculations

1. During an assay of the thiamine (Vitamin B_1) content of a pharmaceutical preparation, the percent transmittance scale was accidentally read, instead of the absorbance scale of the spectrophotometer. One sample gave a reading of 82.2%T, and a second sample gave a reading of 50.7%T at a wavelength of maximum absorbance. What is the ratio of concentrations of thiamine in the two samples?

2. A 0.325 g sample of steel is analyzed for its manganese content by dissolving the sample in nitric acid, oxidizing the manganese to the intensely purple permanganate ion (MnO_4^-), and then diluting the solution with water to 250.0 mL in a volumetric flask. The absorbance at 525 nm in a 1.00 cm cell is 0.296. The molar absorptivity of MnO_4^- at 525 nm is 2.24×10^3 L · mol^{-1} · cm^{-1}. Calculate the mass percent of Mn in the steel. (The atomic weight of manganese is 54.938 g · mol^{-1}.)

3. The drug tolbutamide ($M = 270.0$ g · mol^{-1}), a treatment for type 2 diabetes, has a molar absorptivity of 703 L · mol^{-1} · cm^{-1} at 262 nm. One tablet was dissolved in 250.00 mL of water. A 10.00 mL aliquot of this solution was diluted to 100.00 mL in a volumetric flask. This diluted solution exhibited an absorbance of 0.275 at 262 nm in a 1.00 cm cell. Calculate the mass (in mg) of tolbutamide in the tablet.

4. A new water-soluble anti-diabetic drug with a molecular weight of 208.4 g · mol^{-1} has an absorption maximum at 281 nm and a molar absorptivity at this wavelength of 5.12×10^3 L · mol^{-1} · cm^{-1}. One tablet of the drug was crushed and quantitatively transferred to a 100 mL volumetric flask and the flask was filled to the mark with deionized water. This solution had an absorbance of 0.691 at 281 nm. A blank was prepared by treating a tablet with identical composition but without the anti-diabetic drug in an identical manner. The absorbance of this blank

solution was 0.048 at 281 nm in a 1.00 cm cuvette. Calculate the mass (mg) of the anti-diabetic drug in the tablet.

5. A solution containing two complexes (X and Y) was analyzed with a 721 instrument using 1.00 cm cells. Experimentally, it was determined that complex X has a molar absorptivity of 52800 L · mol^{-1} · cm^{-1} at 460 nm, while complex Y has a molar absorptivity of 2160 L · mol^{-1} · cm^{-1} at this wavelength. The absorbance of the solution at 460 nm was recorded as 0.462. A second reading was taken at 680 nm where the molar absorptivity of complex X was reported to be 16800 L · mol^{-1} · cm^{-1}, and the molar absorptivity of complex Y is 1082 L · mol^{-1} · cm^{-1}. The absorbance of the solution at 680 nm was found to be 0.185. Calculate the concentration of complex X in the solution.

扫码看答案

主要参考文献

[1] 冯清.基础化学学习与解题指南(双语版)[M]. 武汉:华中科技大学出版社,2009.

[2] Qing Feng,Shaoqian Liu. Basic Chemistry[M]. Wuhan:Huazhong University of Science & Technology Press,2008.

[3] 魏祖期,刘德育. 基础化学[M]. 8 版. 北京:人民卫生出版社,2013.

[4] Raymond Chang,Jason Overby. General Chemistry:The Essential Concepts [M]. 6th ed. New York: McGraw-Hill Company,2015.

[5] Daniel L. Reger, Scott R. Goode, Edward E. Mercer. Chemistry: Principles & Practice[M]. Rochester:Saunders College Publishing,1993.

[6] Theodore L. Brown, H. Eugene LeMay, Julia R. Burdge. Chemistry: The Central Science[M]. 9th ed. New York:Peason Education, Inc. ,2003.

[7] Martin S. Silberberg. Chemistry: The Molecular Nature of Matter and Change[M]. 2th ed. New York:McGraw-Hill Company,2000.

[8] H. Stephen Stoker. General, Organic, and Biological Chemistry [M]. Houghton:Houghton Mifflin Company,1998.

[9] Ralph H. Petrucci, Willian S. Harwood. General Chemistry: Principles and Modern Applications[M]. New Jersey:Prentic-Hall, Inc. ,1997.

[10] A. Douglas. Overhead Transparencies to Accompany [for] Fundamentals of Analytical Chemistry[M]. New York:Thomason Learning, Inc. ,1996.

[11] 大连理工大学无机化学教研室. 无机化学[M]. 5 版. 北京:高等教育出版社,2006.